U0145520

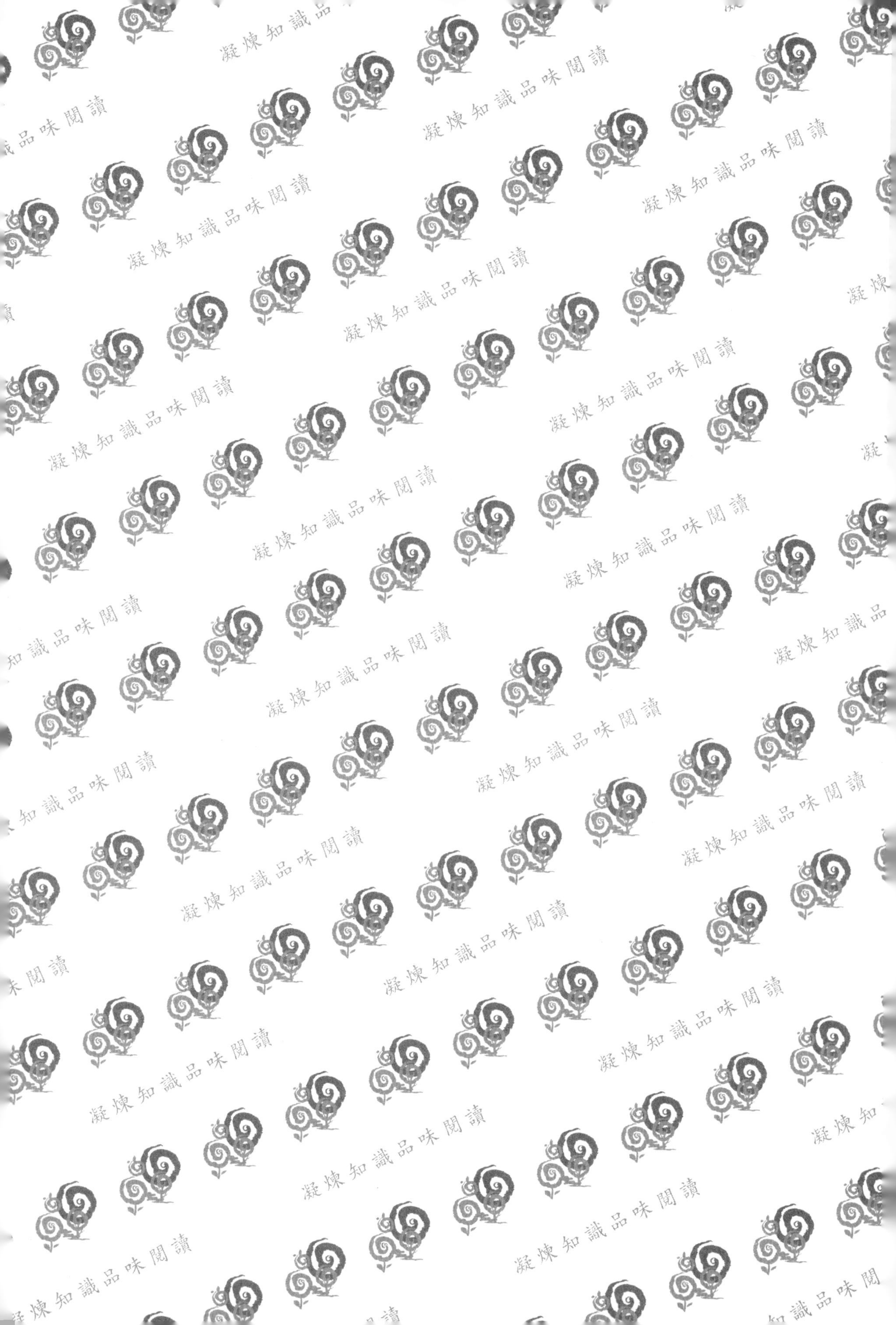

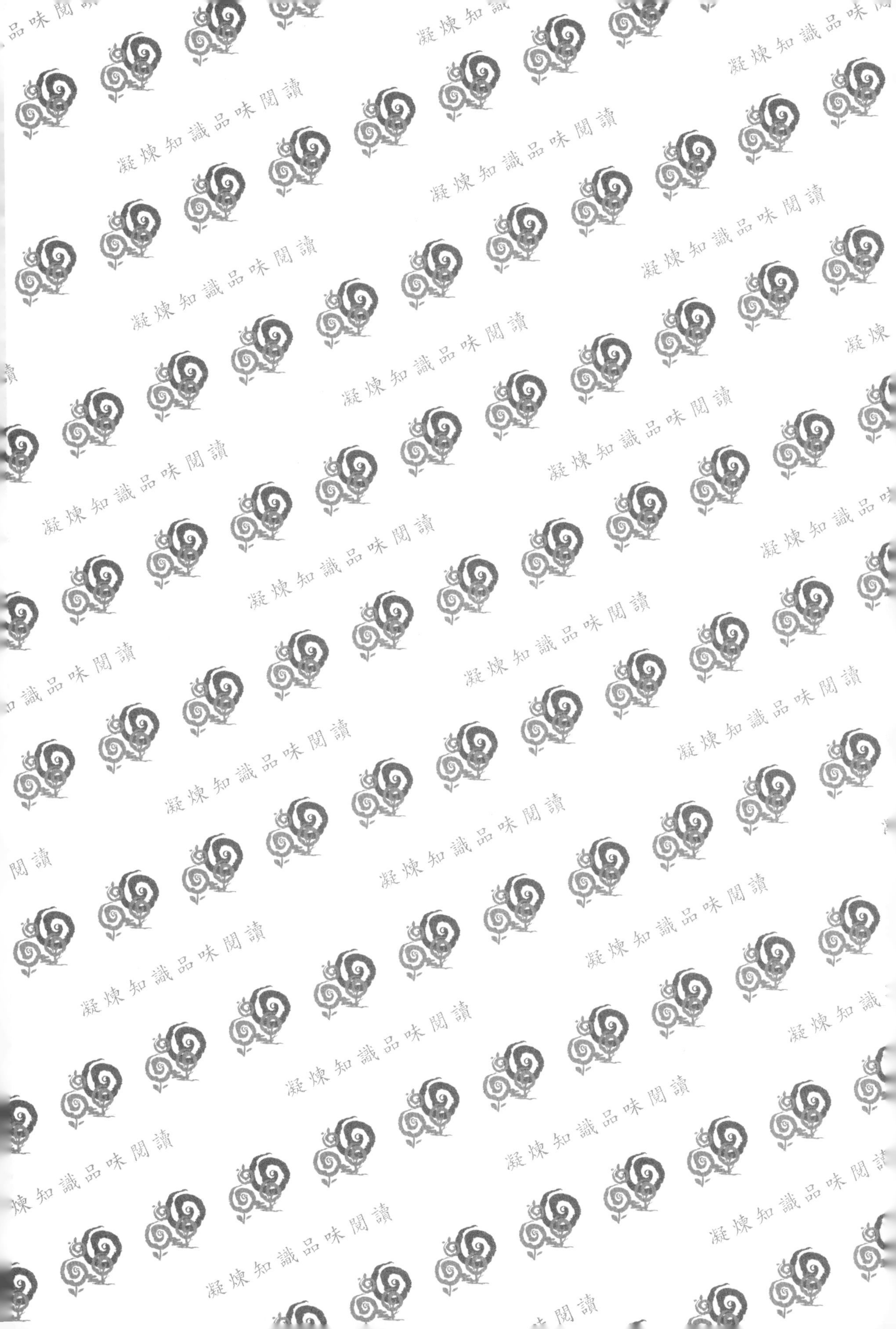
凝煉知識品味閱讀

企業管理 第2版

精華理論與本土案例

● 戴國良 博士 著 ●

五南圖書出版公司 印行

作者序言

本書重要性

「企業管理」是所有商學院或管理學院的核心基礎課程，是一門非常重要的起步課程。它包括著企業經營知識與企業管理知識的組合體，也是企業界作爲一個經營者或中高階主管必備的知識與常識。企業管理學不好，或缺乏這方面正確與堅定的信念，是斷然無法把公司經營好，也難以成爲一位優秀的經理人才或管理幹部。

本書特色

本書內容具備以下 5 項特色：

第一：本書架構完整、嚴謹，內容充實。包括企業經營與管理應具備的全方位知識。

第二：與現代企業管理最新發展趨勢結合，與時俱進。

第三：本書既有理論精華重點式摘述，亦包括企業實務內涵與案例，可謂同時兼顧理論與實務相互結合之重要性與應用性。

第四：本書對於任何年輕朋友想創業者，或是正在創業的朋友們，確是一本很好的參考工具書。能夠充分且眞心的理解及閱讀完本書，必將是您們實踐創業與經營企業成功的最大保證。

第五：本書編著撰寫盡可能以精簡式、要點式、重點式及圖表式等方法加以呈現內容，相信能易於閱讀、學習及眞正理解。

感謝與祝福

本書能夠順利完成，衷心感謝我的家人、我在世新大學的各位長官、同事及同學們，以及所有採用本書的所有老師、同學及讀者們。由於您們的指教、鼓勵及期許，才使本書得以順利出版問世。

最後，謹以幾句我最喜歡的座右銘及人生勉語，贈送給所有的好朋友們：

- 「在變動的年代裡，堅持不變的眞心相待。」

‧「在變動的年代裡，堅持不變的真心相待。」

‧「感恩的人，恆被人感恩；愛人的人，恆被人愛。」

‧「挑戰困難的報酬，就是每過一關，自己就有更佳的實力。」

‧「從來不能把學習這二個字，放下。」

‧「改變一生的美好相逢。」

‧「命運可以被安排，但人生都要自己左右。」

‧「心胸有多大，事業就有多大。」

‧「博學、審問、愼思、明辨，然後力行。」

‧「沒有行動的願景，只不過是個夢想；而沒有願景的行動，則是件苦差事；但有願景，也有行動，就是美夢成眞的希望。」

‧「有才無德；其才難用；有德無才；其德可用；品德第一，能力第二。」

‧「人有悲歡離合，月有陰晴圓缺，此事古難全，但願人長久，千里共嬋娟。」

衷心祝福所有的好朋友們，有一個美麗的人生旅程！

作者　戴國良
敬上
tai_kuo@emic.com.tw

目　錄

第1篇　企業概論　1

第1章　企業經營概論與實務之探討　3

第一節　企業的本質　4
第二節　企業管理的資源及其運作目標　12
第三節　企業經營型態　17
第四節　最新經營管理趨勢——公司治理　23
第五節　願景經營與情境規劃　34

第2章　企業經營管理及管理者角色　41

第一節　企業營運管理的循環內容　42
第二節　企業經營管理的六大角色　47
第三節　經理人（管理者）的角色　49
第四節　企業與外部關係人　54

第3章　企業管理的經營趨勢及新課題　61

第一節　企業功能與管理功能　62
第二節　企業經營八大趨勢　68
第三節　企業管理出現七項新課題　73

第四節　企業長青成功經營之道　76
第五節　企業創新　82
第六節　變革管理的五大關鍵因素　85
第七節　長壽企業的五大基因　87

第4章　企業經營生態、企業社會責任及危機管理　91

第一節　企業社會責任　92
第二節　台積電的三大基石——願景、價值觀及策略　96
第三節　經營環境的4C與對策4C　97
第四節　企業自我診斷的六大重點　100
第五節　微利時代下，低價競爭的七項條件來源　103
第六節　企業再造與如何度過不景氣　105
第七節　企業衰敗——突顯十大弊病　108
第八節　危機管理　110

第5章　企業研究環境、監測環境與因應對策　117

第一節　企業為何要研究環境　118
第二節　影響企業的直接與間接環境　119
第三節　監測環境　121
第四節　SWOT分析　124

第6章　企業的直接環境分析　127

第一節　企業與供應商環境　128
第二節　企業與顧客群環境　130
第三節　企業與競爭者環境　133
第四節　企業與產業環境　134
第五節　波特教授的產業獲利五力分析架構　138
第六節　企業與其他壓力團體　142

第2篇　管理概論　145

第7章　管理思想學派與管理哲學　147

第一節　「管理」的涵義　148
第二節　管理思想學派　151
第三節　管理哲學與人性因素　161
第四節　全球管理學大師——彼得・杜拉克理論精華　165

第8章　組織力　177

第一節　組織的理論　178
第二節　組織設計因素與原則　182
第三節　組織部門設計類型分析　187
第四節　幕僚與直線　201
第五節　影響員工士氣的11項要素　204

第9章　規劃力　209

第一節　規劃的理論　210
第二節　企劃功能興起與企劃案的種類　217
第三節　企劃案內容撰寫的八項共同重要原則　222
第四節　撰寫企劃案的步驟與過程注意要點　227
第五節　如何成為「企劃高手」　235
第六節　企劃人員的九大守則與七大禁忌　239

第10章　領導力　251

第一節　領導理論概述　252
第二節　如何成為卓越的領導者　265
第三節　授權、分權與集權　282

第 11 章　溝通協調與激勵　291

第一節　溝通與協調　292
第二節　激勵　306

第 12 章　決策力　317

第一節　決策理論　318
第二節　成功企業的決策制定分析　323
第三節　利用邏輯樹來思考對策及探究原因　329
第四節　培養決策能力　332

第 13 章　績效考核力與經營分析力　339

第一節　績效控制（考核）　340
第二節　經營分析與數字管理的指標項目　353
第三節　預算管理制度　363
第四節　BU 利潤中心制度　367
第五節　如何有效控制（降低）成本　370

第 3 篇　企業經營管理綜合篇　375

第 14 章　企業經營管理重要專業重點觀念綜述　377

第 15 章　企業經營與管理的 124 個重要知識　397

參考書目　437

第 1 篇　企業概論

第 1 章　企業經營概論與實務之探討

第 2 章　企業經營管理及管理者角色

第 3 章　企業管理的經營趨勢及新課題

第 4 章　企業經營生態、企業社會責任及危機管理

第 5 章　企業研究環境、監測環境與因應對策

第 6 章　企業的直接環境分析

第 1 章

企業經營概論與實務之探討

第一節　企業的本質

第二節　企業管理的資源及其運作目標

第三節　企業經營型態

第四節　最新經營管理趨勢——公司治理

第五節　願景經營與情境規劃

第一節　企業的本質

企業的本質（the nature of business）就是在提供優質的「產品」（product）及「服務」（service），以滿足消費者的需求，從而獲利，然後，才有力量擴大事業規模，提供消費者更多、更好的產品及服務。例如：汽車廠提供轎車出售，而消費者購買之後，可以作爲交通工具，亦可作爲顯示身分的象徵（例如：賓士車）。此滿足了消費者有形及無形的生理與心理需求，而汽車廠則獲得收入與成本的差價利潤。

一、爲什麼要研究「企業」

企業很重要，因爲一個社會有 3 種生生不息的營運系統（見圖 1-1）：

1. 政府服務系統。
2. 非營利企業系統（例如：學校、醫院、基金會、功德會等）。
3. 營利企業系統。

〈企業將是每個人至少 20 年以上朝夕相處的工作場所〉

而事實上，絕大部分的人，都是在營利企業上班工作，因此企業是大多數人就業的場所及收入來源。當民營企業發展不佳時，社會就會出現失業率，並且顯得不安定。就一般人而言，除了政府公務人員及學校老師外，大概至少要花 20 年以上時間，在企業界上班賺薪水。

另外，企業也是整個社會日常活動的重心所在，它提供產品與服務給所有社會大衆，它是所有社會進步與服務的最大推力。試想，除了學生以外，一般上班族、家庭主婦或退休人員，每天必會接觸營利企業所提供的產品及服務，不管吃的、用的、住的、穿的、看的等，均與營利企業息息相關。

因此，企業實在太重要了，每個人都應該了解企業。

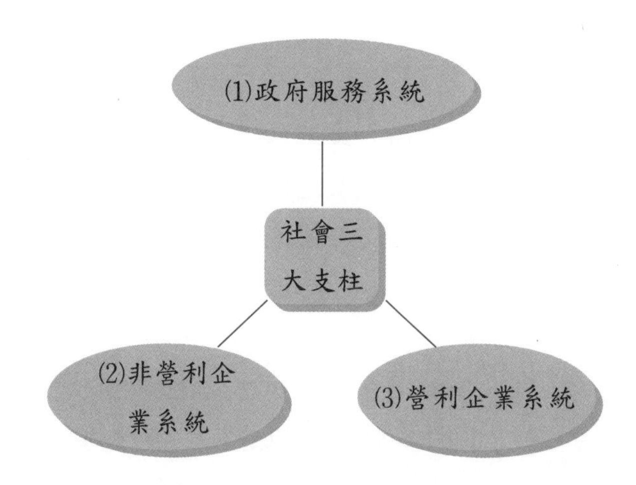

圖 1-1　社會有 3 種營運系統，企業系統最重要

二、企業營運與參與者

企業營運的系統，包括三大類：

・企業主（公司的大股東、董事會成員、董事長或總經理）

・員工

・顧客（消費者）

如圖 1-2 所示。

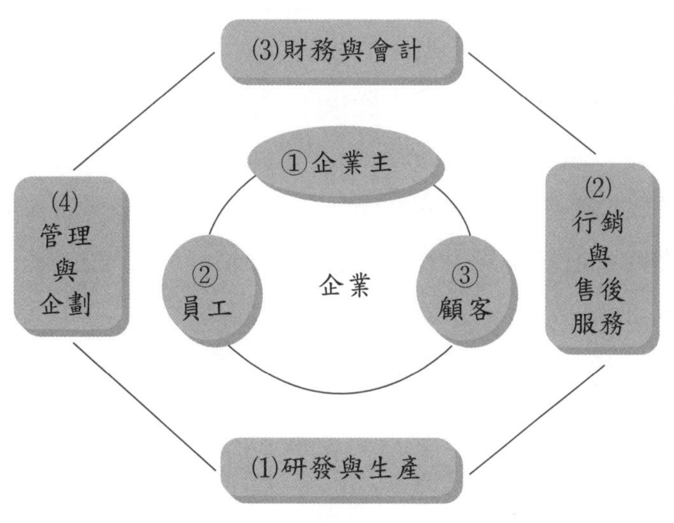

圖 1-2　企業營運與參與者

㈠ 企業主

企業主提供了企業營運所必需的資金來源，包括股東自己的資金以及向銀行融資的資金。在臺灣，企業主經常就是董事長；在美國則並不完全是如此，企業主可能是董事會成員，但會另聘專業人士任執行長、總經理或總裁。

㈡ 員工

對於員工，企業主則必須展開管理功能，以計畫、組織、領導、指揮、協調、溝通、激勵及考核員工的所有作業，以達成企業獲利目標。

㈢ 顧客

而對於顧客，企業主則必須督導所屬員工展開市場調查、消費者研究、產品設計、廣告活動、促銷活動及人員銷售或通路銷售等，讓公司的產品或服務，能得到顧客的認同及喜愛，而願意花錢購買。

三、企業兩大目標：「獲利」並兼具「社會責任」

㈠ 獲利：稅後純益額、EPS、ROE 三高目標

只要是營利企業，必然都以追求獲取「利潤」（profit）爲最大與最主要的目標，來向所有股東及董事成員負責。因爲不賺錢的企業是浪費社會資源，並對不起所有出資的股東，以及廣大的投資大衆。因此，沒有一家長期虧損的企業，是值得繼續營運下去的，因爲股東不支持。而企業獲利就會表現在其股價的上升及公司總市值（market value）的提高。只要公司股價及公司總市值上升，大衆股東就獲得投資報酬的回饋。目前，在實務上，企業獲利的指標，除了稅前淨利額外，最主要是看每股盈餘（Earnings Per Share, EPS）的高低及股東權益（Return On Equity, ROE）報酬率的高低，這些最後都會反應在公司股價上。（註：EPS = 稅後純益額 ÷ 在外流通總股數；ROE = 稅後純益額 ÷ 股東權益總額）

㈡ 社會責任

當然，企業的目標，並非只有賺錢獲利而已。一個廣受社會大衆所肯定

的企業，還必須兼具擔負社會責任（social responsibilities）。亦即，企業獲利取之於社會，應該回饋於社會。因此，國內企業也常成立各種文教基金會、公益基金會或財團法人等，以具體行動，用資金、物品或服務，為社會弱勢族群、學生、病患、低收入戶、兒童、老人等提供資源與贊助，希望他們的生活得到照顧。因此，有些企業在風災、地震時，捐獻給受災戶；有些企業捐獻電腦與軟體給偏遠學校；有些企業提供獎助學金給學生；有些企業贊助養護社區公園。

總之，企業的社會責任及道德，已成為企業存在與追求的不可推卸的企業責任。若輕忽此種社會責任，則經常會被冠上不義及不利財團或政商勾結之不好印象。

1. 社會責任觀點的演變

在工業革命與資本主義盛行之後，當時的社會責任觀點是以公司股東為唯一對象。因為股東是私有企業的所有權者，亦即是老闆。企業經營的最後責任就是對這些股東負責，盡力為他們賺取最大的利潤。

1970 年代後，美國已進入「富裕社會」，然而在富裕中仍有很多貧窮、種族歧視、產品危害、水汙染、空氣汙染、職業安全、失業及福利不足等問題層出不窮，導致大眾及政府對企業之社會責任問題有了新的觀點：那就是企業不應只以追求利潤最大化為目標，而應付出一部分心力在客戶與廣大的社會群眾需求上。從此，社會責任形成企業關注與討論的焦點。

2. 社會責任的重要性

社會責任與道德（ethic）對企業很重要，因為它為企業與消費者雙方之間建立了信任及信心。不合道德的、不善盡社會責任的任何行為，都將為企業帶來負面聲譽、銷售減少、市場占有率下降，甚至消費者會採取法律控訴行動。

而有深度社會責任及道德的企業，將會獲得消費者的信任與尊敬，以更遠的眼光來看，將會形成顧客的忠誠及口碑，更有助企業的銷售及獲利。

3. 社會責任的構面

企業的社會責任，包括 4 個構面：(1) 是經濟的；(2) 是法律的；(3) 是道德的；⑷是自發性的。如圖 1-3 金字塔所示。

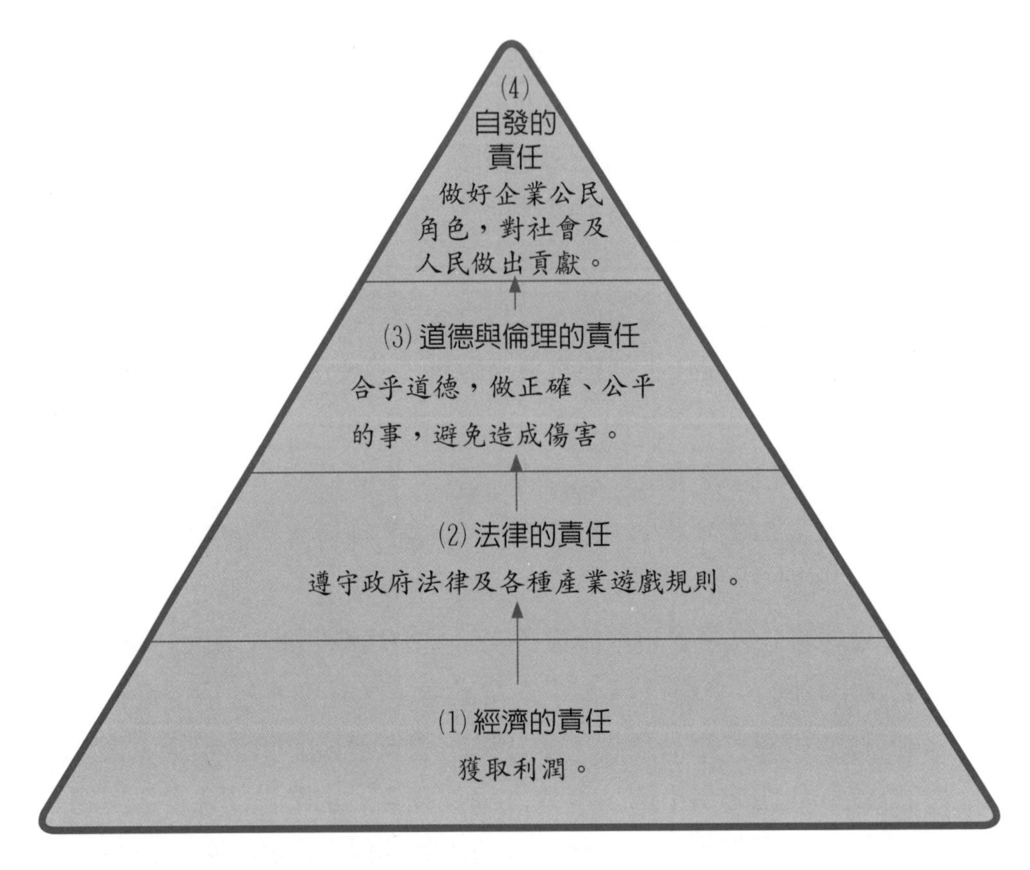

圖 1-3　企業的社會責任

⑴企業的「經濟責任」

所謂企業的經濟責任，係指企業應該以公正合理的價格與適當的品質，將產品或服務供應到消費者市場，並充分有效率地使用其資源，此乃企業之經濟責任。

⑵企業的「法律責任」

企業運作是在一個社會體系內，因此必須遵守政府所訂的各項制度、規章及法律，並且以符合社會正常慣例加以營運。企業應避免違反法律，而使社會失序。

⑶企業的「倫理責任」

人性有人性的倫理，企業也有企業的倫理。企業的倫理責任，就是所提供之產品或服務，必須有益於消費者或無害於消費者。此外，在產銷過程中，其所產生之外部成本必須降到最小，不可形成大衆所負擔的社會成本與民衆損失。例如：不要製造假酒、或用壞掉的原物料加工成食品販售，也不要銷售過期的不良商品。

(4) 企業的「自由裁量責任」

所謂企業的自由裁量責任，係指企業對於非法律規定、亦非絕對義務之社會事務，企業得自由裁量是否必須去做。例如：慈善事業、文教獎金、捐助地方政府、公益廣告等均屬之。

綜合以上說明，我們可以對「社會責任」定義爲：「企業的社會責任，包括經濟、法律、倫理與自由裁量，它是社會一直期望企業承擔與實現者。」因爲只有企業有資源力量、有能力、有財富去執行這些工作。

4. 支持社會責任論點

在支持社會責任的理念上，主要有以下論點（圖 1-4）：

(1) 社會責任「最符合企業的長期利益」（favorable long-run result）

善盡社會責任之企業，能獲得消費者之信賴，樹立良好企業形象，並能招攬優秀人才，對企業之長期利潤獲取及扎根，應予肯定。

(2) 擔負社會責任「可以提升公司的公共形象」（good corporate image）

善盡社會責任之企業，可讓消費者覺得企業非僅營私利，適時回饋社會，眞正做到所謂的「取之於社會，用之於社會」的最高精神。再透過媒體報導，企業最佳之公共形象便可深植於大衆心中。

(3) 企業擁有豐富資源，是有能力做到的（enough capabilities to do）

企業體內擁有諸如人力、物力、財力、設備等各種豐富資源，對社會問題之解決，因而有十足能力做到，因此，應該善盡企業責任。

(4) 避免政府立法限制

政府若立法管制，對企業可能造成更大限制與衝擊。因此，不如主動就其能力所及，善盡企業之社會責任，以期減少損失。例如：2003 年臺灣微軟（Microsoft Taiwan）公司被公平會認爲臺灣地區的 Windows 售價太高，而涉及不公平競爭之調查糾舉。最終迫使臺灣微軟降價二成到四成之間，並且在各方面大做捐贈公益活動，以免社會反彈聲浪太大。

(5) 企業主之自我實現理念

有些企業家終其一生賺取不少財富，但仍覺缺少什麼，那就是社會責任。因此他願意放更多心血在社會文化、教育、娛樂、濟貧等工作上，以求更多的安心與滿足。

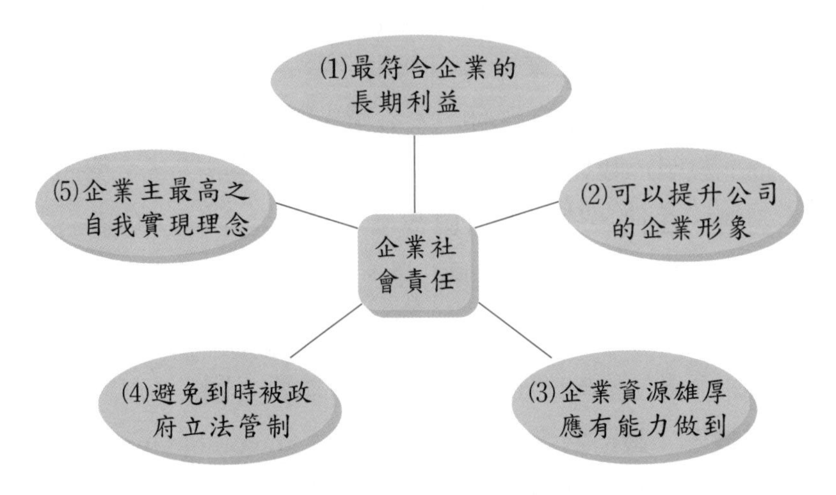

圖 1-4　企業善盡社會責任之五大原因

5. 企業受批判之原因

今日企業普遍受到大眾批判或不滿，主因在以下幾點（圖 1-5）：

(1) 消費大眾的覺醒，必須加強監督力

過去大眾對於資本主義與私營企業認為是理所當然，也是最好的制度。但是觀看現代高度資本主義發展的結果，卻相對帶來不小的負面結果，而且對其過程中自私、官商勾結、貧富差距大、掏空公司資產、醜陋之運作手段感到不齒，普遍有為富不仁之感受，於是乎大眾覺醒了。

(2) 大眾傳播不斷揭露企業的不法面

現代各種大眾傳播媒體異常迅速發達，各媒體為求競爭得勝，也不斷挖掘及報導有關社會、企業、政治、經濟及有頭有臉企業負責人等黑暗面，並且大膽批判企業做假帳所帶給投資人損失的傷害。此都給一般消費者一種覺醒教育。

⑶ 社會對企業有愈來愈高的期望

由於教育水準提高、經濟發展，使得高水準的大衆對企業的要求與期望愈來愈高。

⑷ 企業的權力與影響力日益擴張，令人憂心

現代企業組織有日趨擴大傾向，大企業擁有大部分的社會資源，亦即有了大部分的權力與自主權，可以爲所欲爲做任何事。大衆對此趨勢倍感憂心。

⑸ 被誤解的企業

有些企業因不善於媒體公關，常遭誤解，但卻不做或不知道做任何公開澄清與解釋。就此點，現代企業已有危機處理能力，並及時加以解決。

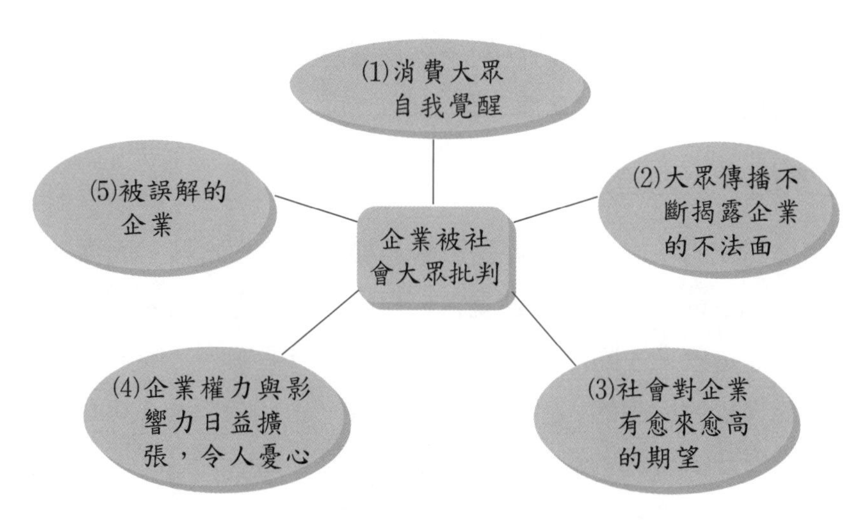

圖 1-5　企業受大衆批判的原因

第二節　企業管理的資源及其運作目標

對於企業管理的基本認識，應該從企業必須擁有哪些資源，然後這些資源經過周全與良好的價值鏈運作搭配過程，企業終於能夠產生獲利，並達成其存在的使命。

一、企業經營管理的「內部資源」

企業經營管理能夠獲得順暢運作並在競爭環境中，取得競爭優勢及市場地位，主要是緣於公司內部資源擁有的多寡及其素質如何而定。一般來說，企業的內部資源大致可包括以下 10 種（圖 1-6）：

㈠ 企業的「人力資源」

人是組織運作的基本單位，亦是影響組織成效的根本核心因素。而人力資源（human resources）的思考重點就在公司是否有優秀的人才團隊、幹部團隊及經營團隊。而這些人才團隊彼此之間是否又能溝通協調、團結合作，發揮最大的人力潛能。依據所謂的二八理論（20：80），即企業在 1,000 人員工中，作爲基層、中層及高層的主管級人員，則至少要有 200 人以上，才可以有效的領導這個 1,000 人企業。

㈡ 企業的「資金資源」（Capital Resources）

企業的財務資金，可說是企業的心臟中樞，一旦財務資金管理不當而造成短缺匱乏時，企業就有可能無法營運。尤其是在不景氣時代，以及網路泡沫化時刻，很多無法創造營收及獲利來源的公司，都紛紛宣布關門大吉。因此企業如何從內部及外部來源，取得適時、適當的資金資源以保持心臟適當的跳動，也是非常重要之事。尤其，很多大企業，其實常向銀行進行聯貸，取得銀行大量資金奧援，才能有效擴張事業版圖。資金是企業集團擴張版圖的最重要力量之一。因爲，有了充裕的資金，就能找到好的人才團隊及購置土地、廠房與設備。

㈢ 企業的「機械設備資源」（Equipment Resources）

機械設備是企業製造產品或提供服務的必要設施條件。企業如何取得一流先進的精密與自動化機械設備，透過良好的製程管理，以製造出最適品質的產品，才具備市場競爭力。

㈣ 企業的「資訊資源」（Information Resources）

企業營運自然要蒐集企業內部的營運數據資訊及外部環境變化的資訊情報，才能策訂因應的對策與行動方案。因此企業內部常設有經營分析單位或企劃單位，大抵就是從事這方面的工作。企業資訊來源，可以區分爲公司內部資訊及外部市場資訊這二種。

㈤ 企業的「物力資源」（Material Resources）

企業必須採購原物料或是零組件，然後透過生產過程或是組裝加工過程，最後才能做出產品，提供給顧客。因此，物力資源的掌握良好，才能使生產作業順暢。特別是一些關鍵的零組件來源，如果國內、外供應商很少的話，就經常被上游供應商所控制，包括價格及供應數量。

㈥ 企業的「市場行銷資源」（Marketing Resources）

企業必須將製造出來的產品或是服務賣出去，才能產生毛利額，扣掉管銷費用，才能產生最後的獲利。因此，企業的外銷業務部門、內銷的業務部門、各店面、各通路關係資源等，就形成行銷獲利產生的直接資源。因此，如何有效管理好直接及間接的行銷通路資源，將是重點所在。

㈦ 企業的「時間資源」（Time Resources）

企業經營好一些、差一些，有時候是有時間因素的考量。例如：有些產品有淡旺季區分，有些產品也有成長期與成熟期區分，有些則面對經濟景氣或不景氣階段，因此時機（timing）的掌握運用也是一項重要因素。古人說「天時、地利、人和」，天時即爲此意。三國時代諸葛孔明要攻打曹操大軍曾說過：「萬事具備，只欠東風」，即在等待東風掀起的天時機會到來。就組織用語來說，就是指如何及時卡位成功。

㈧ 企業的「品牌資源」（Brand Resources）

品牌已成爲愈來愈重要的無形寶貴資源。尤其像跨國企業之所以能在全球各地所向無敵，就是因爲它有一個全球性品牌。例如：IBM、Dell 電腦、P&G 日用品、McDonald's 速食、柯達相紙、TOYOTA 汽車、微軟辦公室軟體、7-11 便利超商、Coca-Cola 可口可樂、iPhone 手機、新加坡航空、NISSAN 汽車、BENZ 汽車、BMW 汽車、HYATT 君悅大飯店、CNN 新聞、Disney 迪士尼樂園、LV、Dior、CHANEL、GUCCI 名牌商品，及 Panasonic、Acer、ASUS、BenQ 等品牌，已成功對消費者取得情感、認同、信賴、忠誠與生活的結合。品牌資產（brand assets）已被鑑定具有無上價值。

㈨ 企業的「信譽資源」

信譽資源（reputation resources）已日趨重要，公司是否誠信、是否大家都說好、是否能長期累積成良好的企業形象，而獲得該產業界及社會大衆的認同，將是非常寶貴的資源。因此，企業不僅追求營運績效，更重視社會公益活動，並且成立各種文教基金會、慈善基金會等，扮演好企業公民（corporate citizen）的角色。

㈩ 企業的「組織文化資源」（Organizational Culture Resources）

只要是二、三十年以上的企業，都可看出他們各自特有的企業文化及組織文化。有些公司重視公平、有些重視創新、有些重視績效、有些重視品質，而這些都會成爲全體員工心中的引導與方針，並成爲無所不在的心靈規範，甚至成爲團結凝聚力的自然力量來源。所以我們可以看出來，凡是經營成功的企業，必有它們獨特的組織文化及企業文化，此種資源已內化在每一個成員的心中及行動中。

茲將上述 10 種企業經營管理內部資源，圖示如圖 1-6 所示。

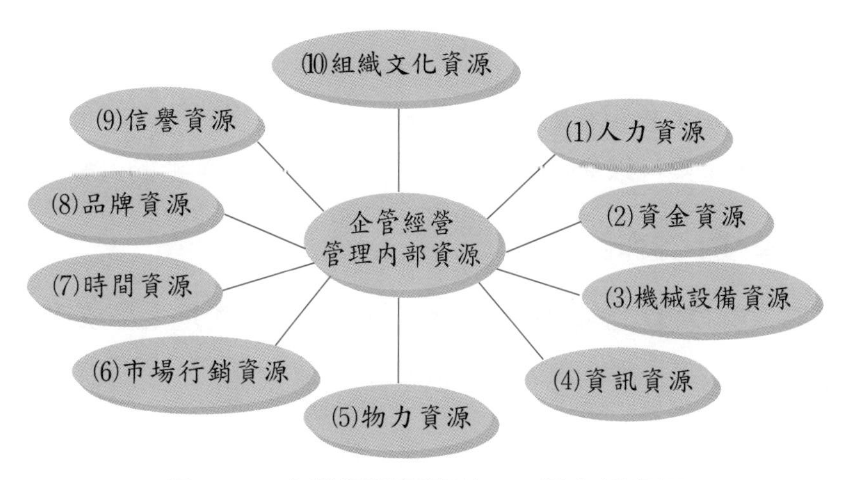

圖 1-6　企業經營管理的 10 種內部資源

二、企業資源運作目標

前面所提到的各種企業內部資源，在營運過程中，都希望它們能產生應有的功能，進而達成基本目標，這些目標包括：

㈠「決策性」運作目標

對企業資源運作，要下達之決策（decision-making）爲何？

㈡「成長性」運作目標

企業資源運作，要促進公司的成長（growth），形成一個永續的成長型企業。

㈢「流動性」運作目標

企業資源不能有所閒置，應充分發揮流動（liquidity）功能，包括處分掉或是啓動運用。

㈣「效率性」運作目標

企業資源的投入與產出之比，要追求最大效率（efficiency）。亦即在一定投入下，希望有最大產出量，並且在最快的時間內，達成既定目標。

㈤「收益性」運作目標

企業資源最後要重視它的收益性（revenue）及獲利性，才有力量再做其他發展。因爲，企業可以拿賺來的錢，再去做新的投資與新的研發。

㈥「規模性」運作目標

企業必須有規模經濟運作，才會有競爭力。生產量太少或連鎖店不夠多，均將使成本提高，無法跟大企業相抗衡。另外，國際化及全球化，也是大規模的必走之途。

㈦「安定性」運作目標

企業經營必須在既有良好基礎上尋求擴充，不能過於急速擴充，例如：進入本身企業所不熟悉的事業領域，或是超出自身資金力量所能負荷。因此必須重視安定性（stability），包括財務結構與營業結構的安定性在內。

㈧「生產性」運作目標

企業資源希望每一項的資源都能派上用場，都能發揮它應有的功能及生產力（productivity）。企業每一個人、每一塊錢、每一種物料，都應能有生產力價值，沒有生產力的話，就是冗員、冗資及冗物，反而形成企業的沉重包袱及進步障礙。

㈨「速度性」運作目標

企業經營所面對的今日環境，是高度變化與競爭激烈的，今日擁有第一名市場地位，明天有可能被追趕過去。因此，必須隨時檢視市場與顧客的意見，及時予以回應。

㈩「創新性」運作目標

美國策略大師 Gary Hamel 在其《啓動革命》著作中，曾提出影響 21 世紀企業經營成效的關鍵力量，是 I 的力量，即創新（innovation）的力量。經濟學大師熊彼德亦曾提出「創新性的毀滅」經濟理論，這些理論在在指出，創新的必要性及重要性，因爲經營者都知道，沒有創新，就不會有領先。

茲將上述企業資源運作所追求的 10 種目標，彙整如圖 1-7 所示。

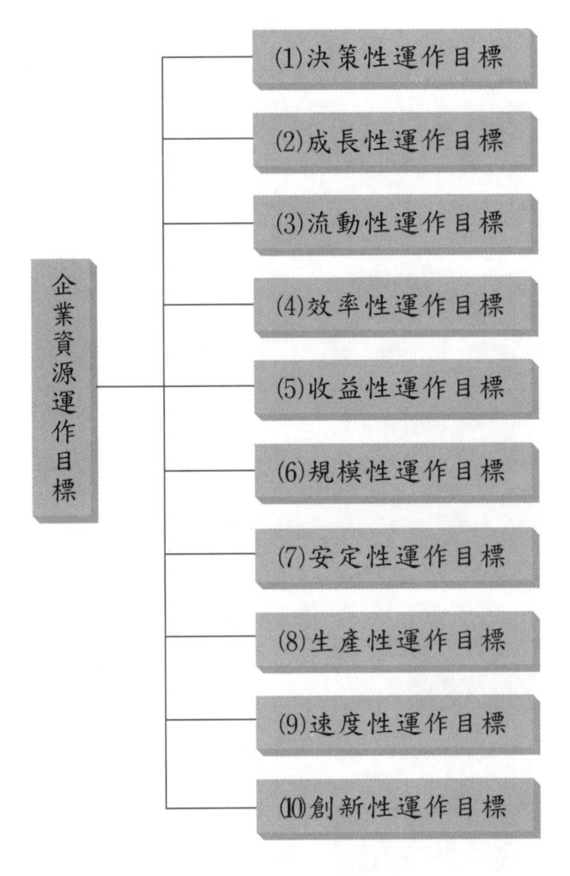

圖 1-7　企業資源運作的十大目標

第三節　企業經營型態

一、營利企業型態

根據《公司法》對公司概念的定義爲：「公司者謂以營利爲目的，依公司法組織、登記、成立之社團法人。」

依此定義，企業公司構成之要件有三：一是應以營利爲目的、二是應依照公司法組織登記成立、三是應爲社團法人。有關企業經營型態之各種區分如下，並如圖 1-8 所示。

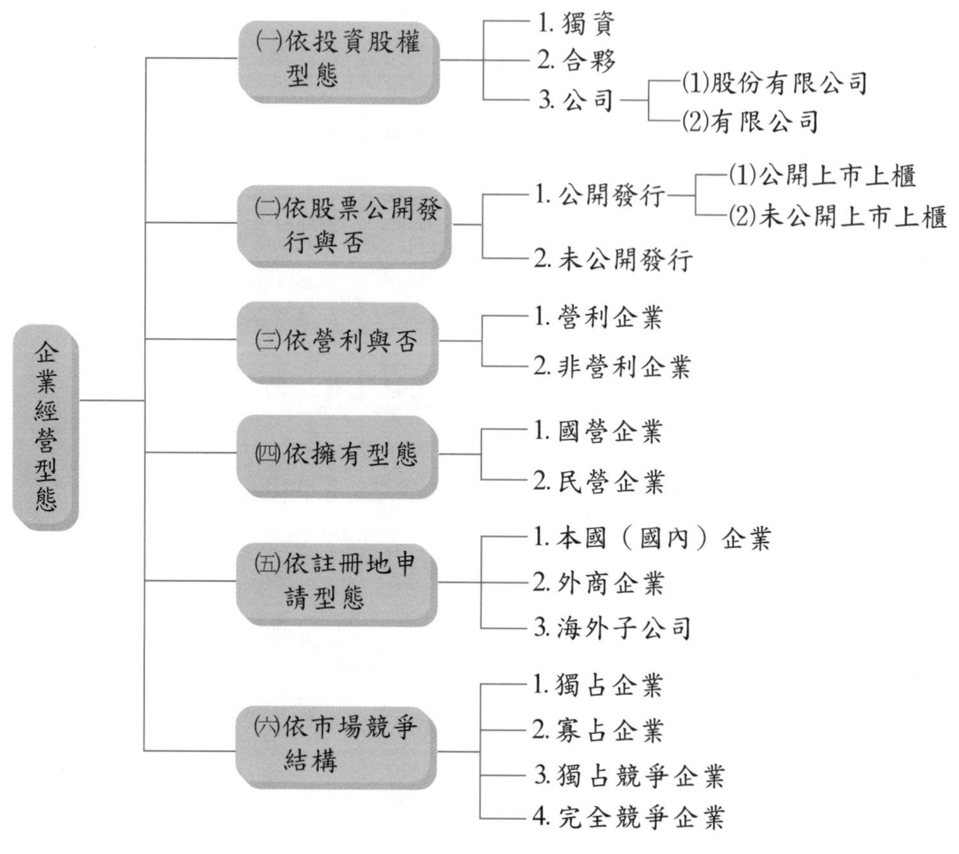

圖 1-8　企業經營型態的類型

㈠ 按投資股權型態區分

1. 獨資：投資者爲個人，可能是一個獨資店面。
2. 合夥：如二人以上的投資者合夥。
3. 公司：又分爲——

⑴ 股份有限公司

指二人以上股東或政府、法人股東一人所組織，全部資本分爲股份，股東就其所認股份對公司負責。即股東之責任是有限的，不管公司最後負債多少，與既有股東並不相干。目前一般中大型企業，大致均以股份有限公司所組成。

(2) 有限公司

由一人以上股東所組織，就其出資額為限，對公司負責。

(二) 按股票公開發行與否的型態區分

1. **未公開發行公司**：比較屬於老闆個人化、家族化經營的企業，賺錢與否，不想讓外人知道。

2. **公開發行公司**：指資本額 2 億元以上公司，必須依法公開發行，亦即財務報表必須公開透明，而且相關申請作業均須受金管會證期局管理，包括現金增資及盈餘轉增資等計畫。一般中大型公司，也必然會正式申請公開發行，而讓所有基本的營運及財務均公開透明化。

(1) 公開上市、上櫃公司（public corporation）指經向金管會證期局申請並經券商輔導，及通過相關規定審核後，准予公司在證券市場及店頭市場上市或上櫃之公司。迄至民國 92 年 8 月，臺灣約有 2,000 多家上市、上櫃公司。一般企業，大都以追求上市為目標，因為上市後，可從證券資本市場取得較低成本的資金來源，而且股價高時，可獲得財務利潤，形成高市值公司。

(2) 通常「首次公開上市」，英文稱之為「IPO」（initial public offering），尤其是赴海外上市作業，均稱為IPO作業。目前，臺商企業赴海外上市，過去以香港證券市場、美國 NASDAQ 證券市場、紐約（NYSE）證券市場、新加坡證券市場為較常見。現在，由於臺商以中國大陸投資為主，因此，以中國上海及深圳股市（稱為深滬股市）為主，由中國國務院證監會管理。公開上市公司係指股票人人均可購買或出售交易的股份有限公司。

(3) 任何一家股份有限公司，均含有其董事會（board of directors）。其董事成員均是由大股東所選出來的一群人，監督公司重要營運活動、長期目標及重要策略的最高決策單位。董事會可以任命董事長、總經理及高階副總經理之人事決策。而董事會成員可以是出資大股東或是高階主管，也可以是外部學者專家等成員。而股份有限公司的股票，則可以區分為優先股及普通股。一般都是以普通股為最常見。

㈢ 按營利與否型態區分

1. 營利企業

企業的目的，是以營利爲首要目標，一般的企業均屬營利企業（profit business）。

2. 非營利企業

企業的目的，是以服務性或公益性爲首要目標。例如：宗教團體（慈濟功德會、中台禪寺）、學校（大專院校）、醫院（長庚、國泰醫院）、文教基金會（富邦、國泰、新光、東森、台積電）及社會救援基金會等。而學校或醫院等非營利企業（nonprofit business），若有賺錢時，依法令規定是不可以將盈餘分配給董事會成員的，只能再做相關事業領域的投資。例如：臺北長庚醫院，到高雄、基隆等地，再興建分院。

㈣ 按擁有型態區分

1. 國營企業

股權全部或大部分爲政府經濟部、財政部、交通部等持有。例如：台電及中油公司等。

由於政府國營事業民營化政策的推動，眞正屬於國營企業（government business）的家數，已日益減少了。例如：中華電信公司已讓出政府股份給民間投資人，中華電信公司多次釋股，已由民間企業集團（例如：富邦金控、台灣大哥大等）大量認購。

2. 民營企業

股權全部或大部分爲民間企業所擁有。臺灣絕大部分均屬民營企業（private business），其所有股權均爲社會大衆所持有，當然他們只是小股東，大股東還是集中在董事會或法人公司手上。

㈤ 按註冊地申請型態區分

1. 當地企業或國內企業

向管轄當地的行政單位，申請註冊之公司。國內大部分的企業均屬之，又稱爲本國企業、本土企業或當地企業（domestic business）。

2. 外商企業（foreign business）

在非當地管轄的行政單位申請註冊，且其主營運地與註冊地不同，而是集中在營運地。例如：美國 IBM、HP、可口可樂、P&G 等公司及日本東芝、日立、三菱、伊藤忠、SONY、TOYOTA 等公司，在臺灣均稱爲美商或日商公司，均在臺灣申請註冊登記（經濟部公司執照），並實質展開營運活動者。

3. 海外子公司

公司設總部在臺灣，但在海外相關國家申請登記並且營運，具有法律上的實質獨立法人性質，是爲海外子公司。例如：統一上海公司，即爲統一企業在中國大陸的海外子公司。或是台塑美國公司，即爲台塑企業在美國的海外子公司，該子公司也可在美國紐約證券市場申請上市。

海外子公司與分公司是不同的，子公司是完全營運實體。子公司英文稱爲 subsidiary，而分公司稱爲 branch office。分公司的功能是少於子公司的。

㈥ 按市場競爭結構型態區分

1. 獨占企業（monopoly business）

指全市場被唯一一家企業所獨占經營，例如：台電公司、台灣自來水公司等。

2. 寡占企業（oligopoly business）

指全市場被二到三家少數企業所經營，例如：中油公司與台塑石油公司。

3. 獨占競爭企業

指全市場被四家到八家企業所經營，例如：國內有四大便利超商及四大量販店等均屬之。

4. 完全競爭企業

指全市場是完全高度競爭的市場。例如：到處都有麵包店、餐飲小館等。

二、非營利組織

㈠ 特色

學者安東尼（Anthony）歸納非營利組織有以下特色：

1. 缺乏利潤衡量標準（但是像醫院、私立院校等，目前已有利潤績效的衡量指標）。
2. 屬於服務性組織。
3. 市場作用較小。
4. 專業人員居於主要地位。
5. 所有權無明顯歸屬。
6. 政治性較濃厚。
7. 傳統上缺乏良好之管理控制。

㈡ 類型

1. 提供個別服務之組織：如醫院、學校、大眾運輸、藝術文化事業。 2. 提供公共服務之組織：如公園、清潔隊、消防隊等。 3. 以會員爲基礎之組織：如工會、同業公會、學術團體、基金會、俱樂部等。

㈢ 管理難題

1. 有關目標之訂定

   非營利組織的目標是多重的，而且是無形的，不像營利組織追求利潤般具體而單一。因此，能否發展客觀而具體之衡量標準，係一項重要問題。

2. 有組織權責系統問題

   非營利組織缺乏明顯之層級結構，加上構成分子複雜，外界影響力量衆多，以及政治因素之干擾，使組織無法釐清其權責關係。

3. 有關管理控制問題

   非營利組織較缺乏動機去追求成本及利潤績效，因此對管理控制問題也並不在意，導致鬆散局面與浪費資源（但是對部分績效良好的大型醫院或文化大學推廣進修中心等，則管控績效良好）。

4. 有關工作人員激勵問題

非營利組織大多屬於無形的服務，如何評定績效，較爲困難；而且人事上深受外界壓力所影響，因此晉升並不會與績效有絕對關聯；在這些方面無賞罰之下，自不重視激勵問題。

第四節　最新經營管理趨勢——公司治理

一、爲何需要「公司治理」——公司治理的三大優點

公司治理（corporate governance）已成 21 世紀任何企業所共同關注的議題。公司治理爲何受到重視呢？爲何需要公司治理呢？大致有以下幾項原因：

1. 公司治理做得好，才能在世界性資本市場獲得青睞與投資。讓公司更容易取得國際性資本，而邁向國際化路途。
2. 公司治理代表對全體大小股東共同期待的重視、承擔與負責。
3. 公司治理做得好，有助於避免來自執行幹部群的舞弊及自利（自我投機謀利）主義（opportunism）傾向，避免企業內部不法及不當事件發生。

二、公司治理的7項指標（原則）

根據國內外學者與企業實務的具體做法來看，公司治理有 7 項原則如下（圖 1-9）：

㈠ 董事會與管理階層應明確劃分

大家都很清楚，有一句名言說：「權力使人腐化，絕對權力使人絕對腐化」。如果管理階層可以完全控制董事會，企業將失去制衡與監督機制。這對企業長遠發展將是非常大的傷害。但問題是誰來監督董事會？理論上是股東大

會，但股東大會又不一定了解公司運作，因此，還是董事會必須廉潔且有效能。

㈡ 董事會裡應有半數以上董事是「外人」

在美國，董事是由董事長聘請而來，但董事長其實只代表董事會裡的一票。一個好的公司，董事長通常會邀請社會學者、企業家，或是政府部門的人士出任董事，這些人通常也有相當財富，不會受到董事長所左右。

以美國摩托羅拉公司董事會爲例（2000 年 4 月 8 日），該公司董事計有 15 位。其中內部董事只有 4 人而已，包括創辦人、現任董事長兼 CEO、總經理兼 CEO，以及董事會執行委員會主席等。外部董事則有 11 人，包括已退休前財務長、默克藥廠資深副總裁、MIT 大學媒體實驗室主任、P&G 董事會主席、阿肯色大學／Morehouse 大學校長，以及其他多位其他不同行業公司的前任董事長。但重點是外部董事必須勇於任事及投入，不是酬庸的位置。

㈢ 董事獨立行使職權

董事長聘請董事，就像一個國家的總統，聘請最高法院法官一樣。一旦董事長要解僱董事，必須接受普遍的監督，就像總統不可能隨便開除最高法院法官一樣。如此，董事才能獨立行使職權。董事才不會怕董事長，而不敢發言或反對。

㈣ 董事可以開除董事長

董事是向股東負責，不是向董事長負責。董事長經營績效不好，董事可以提出建議、糾正。如果無效，雖然董事是由董事長延聘，但董事可以開除董事長。1993 年，有 20 餘名的 IBM 董事成員，就共同決議開除 IBM 董事長；美國運通（AE）董事會也做過同樣的事。這種機制在臺灣是看不到的，即使董事長被解聘，但是他仍然可以是董事會的董事成員之一。

㈤ 董事酬勞大部分應為公司股票

董事酬勞與企業成長有絕對正相關，會刺激董事執行職權，如此一來，董事利益將與股東利益結合，與董事長個人利益無關。

㈥ 建立評估董事機制

董事出席、發言次數、協助決策能力、受其他董事敬重程度，都可以成為評估董事機制的選項。建立良好的董事評估制度，將使董事更能發揮職權。

在國外，許多公司的董事責任相當沉重。以德州儀器而言，一個月開一次董事會，每年的年度規劃會議共達四個工作天，因此，德儀的董事每年必須有 15 天為德儀開會，開會的頻率相當高。董事不一定只是認可公司提報的規劃，經營層與董事會雙向互動應該非常頻繁才對；換言之，董事會必須對經營團隊所提出的策略、方向、政策、原則與計畫，提出不同角度與不同觀點的深入分析、辯論，然後形成共識。

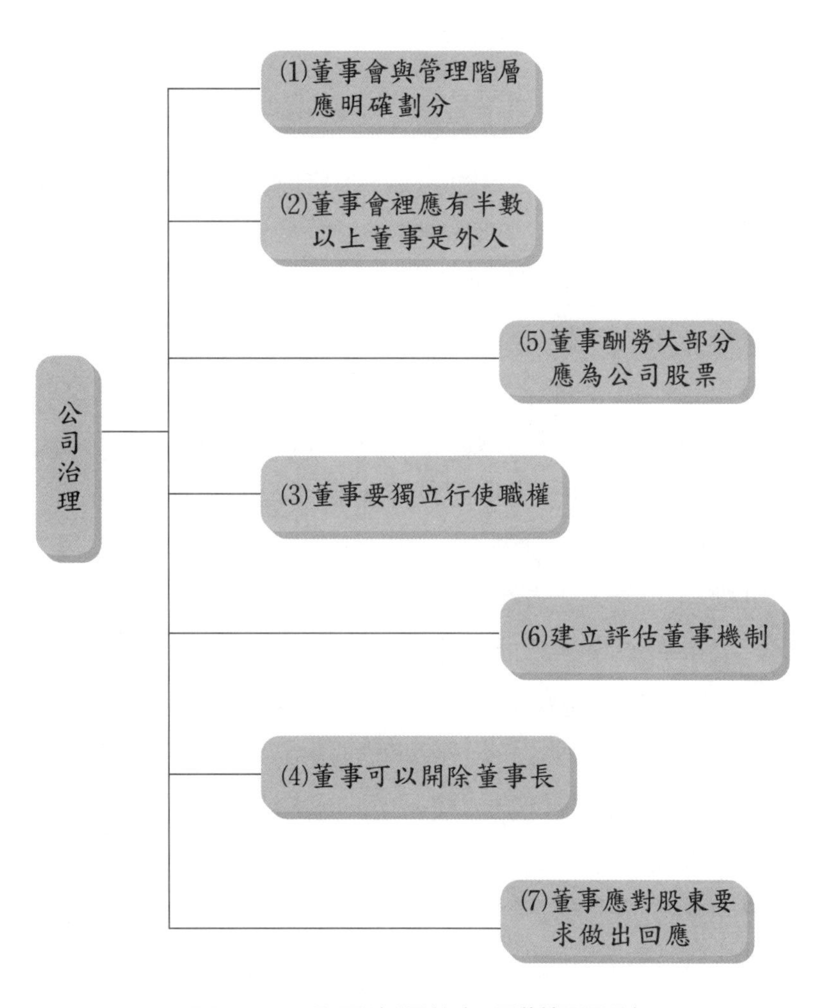

圖 1-9　公司治理的七項指標原則

㈦ 董事應對股東要求做出回應

在美國，CEO（指 chief executive office，公司執行長，地位僅次於董事長，是公司的第二號有實權地位的最高執行主管）所創造的企業價值太低，而領取過高薪資時，投資機構通常會要求 CEO 減薪，並要求董事會討論此事。CEO 可以毫不理會，但不理會的 CEO 除非有能力扭轉局勢，否則也將面臨下臺的壓力。尤其在美國，CEO 經常上臺下臺。

㈧ 小結：再評公司治理的重要性及做法原則

1. 董事經營層的權力關係，通常是公司營運的重要指標，尤其目前資本市場已經全球化，外資投資機構對董事會職權不清的企業，給予溢價幅度非常有限。
2. 在美國的資本市場中，所有權、經營權分離是普遍的現象。大股東可以藉董事會來監督管理階層，董事會的功能包括聘任管理階層、制定及核可公司重大施政方針、監督營運和財務。但是在亞洲，家族企業是非常普遍的現象，家族企業的特徵之一是股權集中，大股東和管理階層是一體的，在這種情況下，大股東不但難以監督管理階層，反而可能和管理階層同聲一氣，做出不利於其他股東的事情。所以在美國，公司治理的重點在於建立管理階層代表性少、甚至無代表性的內部高級主管董事會，使董事會能發揮監督管理階層的功能。
3. 在我國，公司治理的重點反而是如何建立機制，防範大股東做出傷害小股東權利之事。過去發生諸如公司資產被掏空等傷害其他股東權益之事，大多與董事會功能不彰有關。如何使董事會能為股東謀福利，使股票價值提升，是我國公司管控的主要議題。
4. 基本上，董事的組成宜符合下列原則：第一、盡量減少高階主管的董事席次，以使董事會能發揮監督管理階層的功能；第二、董事會中應有與大股東及管理階層關係不密切，而能獨立行事的董監事；第三、董事會中宜按董監專長分工，如成立不同之委員會，使董事能在不同方面對公司有貢獻，譬如財務的稽核及發展方針的擬定等。

三、應設置各種專門委員會

除獨立董監事人員外，依歐美先進企業的經驗顯示，爲進行各種專門領域之監督，經常會再設立各種專門委員會，包括下列較常見的 4 種：

㈠ 審計委員會

負責檢查公司會計制度及財務狀況、考核公司內部控制制度之執行、評核並提名簽證會計師，並與簽證會計師討論公司會計問題。爲貫徹審計委員會之專業性及獨立性，審計委員會通常均由具備財務或會計背景之外部董事參與。

㈡ 薪酬委員會

負責決定公司管理階層之薪資、分紅、股票選擇權及其他報酬。

㈢ 提名委員會

主要負責對股東提名之董事人選之學經歷、專業能力等各種背景資料，進行調查及審核。

㈣ 財務委員會

主要負責併購、購置重要資產等重大交易案之審核。

四、「經營者個人操守與道德」—— 公司治理的核心問題

前臺大管理學院院長柯承恩在 2016 年 7 月一項座談會上表示，企業經營者個人的操守與道德是公司治理最重要的關鍵。柯院長表示：「他曾研究過去 50 家上市上櫃後，三、五年就垮掉的公司，很多還是我自己審議過的。後來發現，這些企業大多是傳統企業，由家族或少數人持股，或是集團交叉控股，對外沒有提供足夠的資訊。」

「尤其美國發生恩龍案後，我就一直思考：是會計、審計還是人的問題？我覺得，會計終究只是工具而已，人是最重要的關鍵，人可以決定資訊的透明度。當你投資一家公司，應該注意專業經理人，是否人如其言、是否實在地表達公司的狀況、是否經常調整財務預測等。外部董事是一種監督的方式，但很

多公司的董事會沒有實權，即使找來很好的人，只是叫來蓋章、舉手，就沒有發揮功能。」柯承恩教授的評論，直指公司治理的最核心本質與問題所在，特別是針對亞洲的家族企業。

五、張忠謀對公司治理原則的4項具體建議

台積電董事長張忠謀在 2003 年 1 月，對外界發表說明，指出 4 項公司治理的原則建議：

㈠ 董事會組成

1. 三分之一到二分之一由獨立董事擔任。
2. 董事會至少要設立稽核、公司治理與提名、待遇三個委員會。
3. 經營者（經營階層）與監督者（董事會）成員要分開。

㈡ 獨立董事的資格

1. 經驗度要夠，最好是退休 CEO，但不一定要同一行業。
2. 有時間，一人最多當六個公司的獨立董事。
3. 不能有利益衝突。

㈢ 獨立董事的薪酬

1. 時薪與 CEO 相同，以增加獨立董事勇於任事的誘因。
2. 獨立董事同樣可享有紅利與股票分紅。
3. 董事酬勞的最低標準，未來應提高到 15% 至 26%（目前只占經營階層的 5%）。

㈣ 台積電已成立「稽核委員會」及「報酬委員會」運作

1. 台積電公司爲提升公司治理水準，已成立 5 人小組的「稽核委員會」（audit committee），協助董事會監督公司財務報表的誠信度等工作。5 位委員主要都是外部董事或監察人，包括美國麻省理工學院教授梭羅（Lester Thurow）、英國電信公司前總執行長邦菲（Sir Peter Bonfield）以及美國哈佛大學教授邁可波特（Michael Porter）等。

2. 台積電將推動台積電董事會成立報酬委員會，未來員工分紅配股、實施認股權憑證、董監酬勞以及他個人的酬勞等，都將交由獨立董監事決定。

名詞辭典

Compensation Committee（薪酬委員會）

美國稍具規模的公司董事會中，稽核委員會（audit committee）與薪酬委員會（compensation committee）是兩個重要的基礎單位。前者成立原因是，美國董事會中缺乏臺灣「監察人」的職位，因此以稽核委員會牽制董事會議案品質。而薪酬委員會，則以審查重要幹部（executive）薪資結構爲主，避免位居高位的專業經理人或董事會成員，過度重視個人貢獻度與獲利，造成公司內部薪資結構的極度差異化。

大體而言，稽核委員會或薪酬委員會的作用都是「把關」，避免專業經理人或有決定權者「球員兼裁判」，只顧自己利益，忽略公司長遠營運，因此通常委由關聯性較低的外部董事出任。

〈案例 1〉

日本旭硝子「公司治理」典範

日本旭硝子公司是日本知名大型化學科技產品企業集團，全集團員工計 5 萬人，集團營收額爲 1.6 兆日圓（2016 年度）。該集團的公司治理架構，如下圖所示：

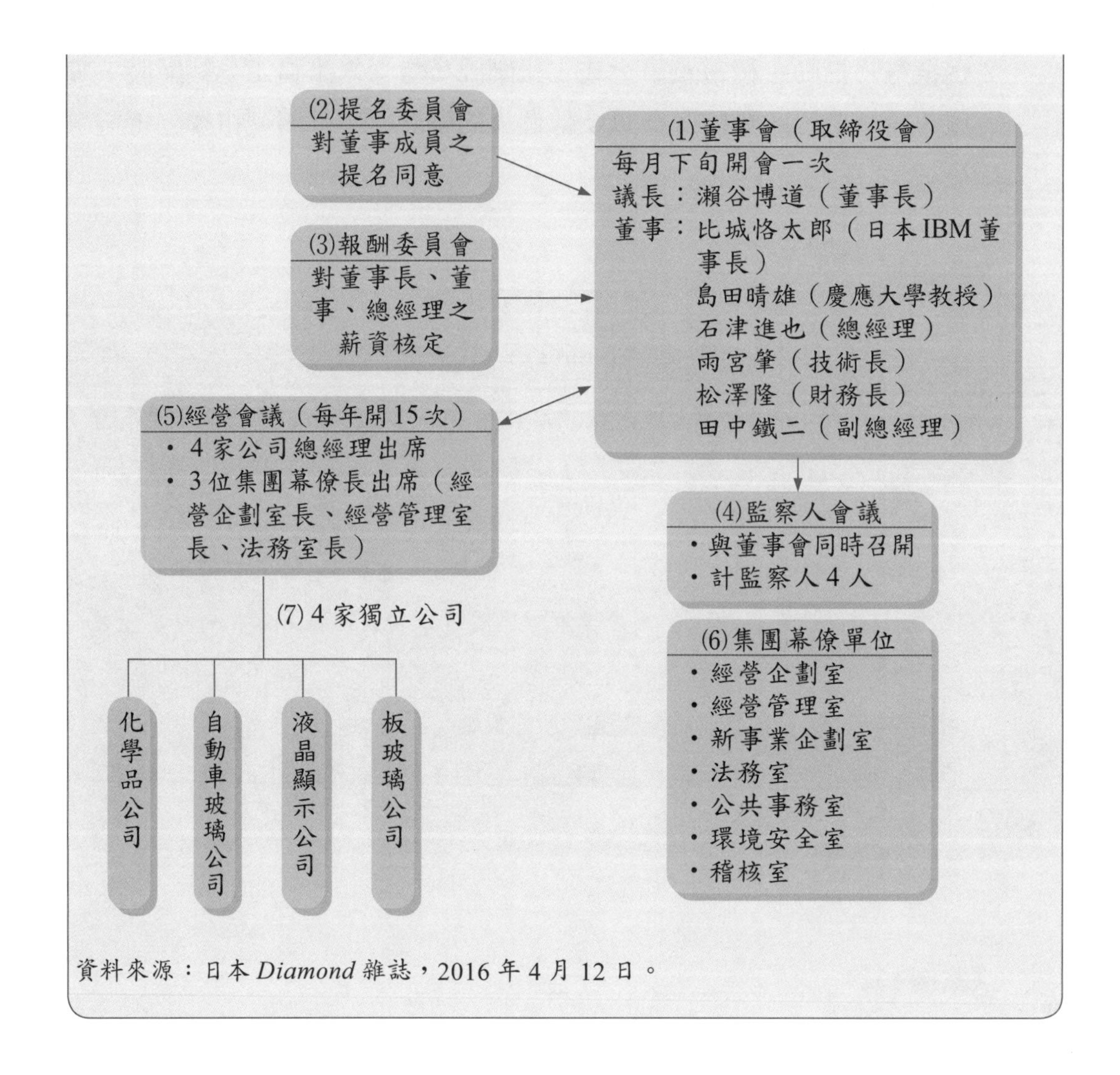

資料來源：日本 *Diamond* 雜誌，2016 年 4 月 12 日。

六、臺灣證期局對上市櫃公司強化公司治理之要求事項

臺灣證期局爲因應世界潮流，強化上市櫃公司治理的落實貫徹，要求在各公司的年報中，應記載揭露下列事項，以供股東查詢了解。這七大類應記載內容，如圖 1-10 所示，並列述如後。

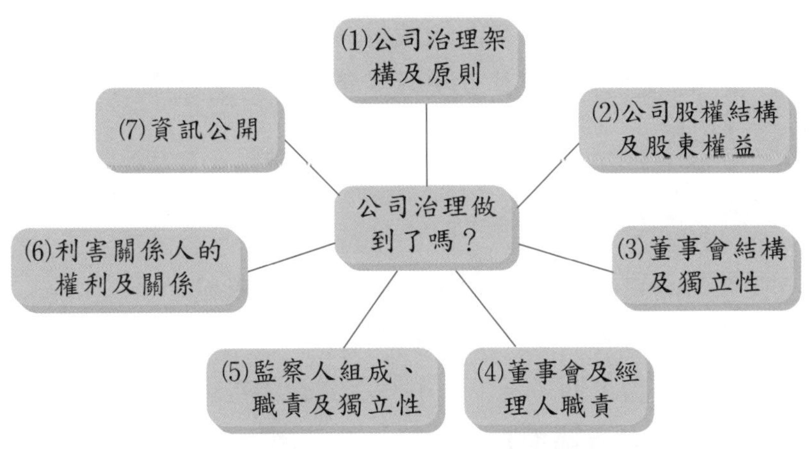

圖 1-10　證期局要求上市櫃公司應揭露七大類事項

㈠ 公司治理架構及原則

1. 公司是否建立公司治理制度，且除應遵守相關法令外，並應涵蓋主要治理原則，如保障股東權益、強化董事會職能、發揮監察人功能等。
2. 公司是否建立完備內控制度（含內部稽核實施細則），並有效執行。

㈡ 公司股權結構及股東權益

1. 公司是否制定完備股東會議事規則。
2. 公司是否設置專責人員處理股東建議、疑義及糾紛事項。
3. 公司是否隨時掌握持有股份比例較大與可以實際控制公司的主要股東，以及主要股東最終控制者名單。
4. 公司是否定期揭露主要股東有關質押、增加或減少公司股份，或其他可能引起股份變動的重要事項。
5. 公司與關係企業是否建立適當風險控管機制及防火牆。

㈢ 董事會結構及獨立性

1. 公司是否設置二席以上獨立董事。
2. 公司董事會是否設立審計委員會。
3. 公司董事長、總經理是否由不同人擔任，或是否無配偶或一等親關係（若不是，則應增加獨立董事席次）。

4.董事對於有利害關係議案的迴避是否確實執行（即不得加入表決，亦不得代理其他董事行使其表決權。董事自行迴避事項，應明訂於董事會議事規則）。

㈣ 董事會及經理人職責

1.公司是否訂有董事會議事規則（並應提報股東會）。
2.公司是否訂定各專門委員會行使職權規章。
3.公司董事會是否定期（至少一年一次）評估簽證會計師的獨立性。
4.公司是否有為董事購買責任保險（公司經由股東會決議通過後，得為董事購買責任保險）。
5.公司是否訂有董事進修制度（董事會成員應依證券交易所或櫃檯買賣中心規定，於新任時或任期中持續參加法律、財務或會計專業知識進修課程）
6.公司是否訂定風險管理政策及風險衡量標準，並落實執行（本單項僅證券商適用）。

㈤ 監察人組成、職責及獨立性

1.公司是否設置一席以上獨立監察人。
2.監察人與公司員工、股東及利害關係人是否建立溝通管道，以利監察人及時發現公司可能弊端。
3.公司是否成立監察人會（各監察人原則上分別行使其監察權，惟基於公司及股東權益，必要者得定期或不定期召開會議），並訂定議事規定（公司須召開監察人會議者，應制定完善之議事規則並應提報股東會）。
4.公司是否有為監察人購買責任保險（公司經由股東會決議通過後，得為監察人購買責任保險）。
5.公司是否訂有監察人進修制度（監察人應依證交所或櫃買中心規定，於新任或任期中持續參加法律、財務或會計專業知識進修）。

㈥ 利害關係人的權利及關係

1. 公司是否建立與利害關係人（往來銀行及其他債權人、員工、消費者、供應商、社區或公司利益相關者）的溝通管道。
2. 公司是否重視公司社會責任。
3. 公司是否訂定保護消費者或客戶的政策，並定期考核其執行情形（本單項僅證券商適用）。

㈦ 資訊公開

1. 公司是否指定專人負責公司資訊蒐集及揭露工作。
2. 公司是否建立發言人制度。

七、對獨立董事的不同觀點

國內葉匡時教授對於獨立董事的公司治理，倒是比較持悲觀的觀點。他認爲獨立董事是有名無實，他在一篇撰文中提出如下的觀點：

> 我認為，不論獨立董事的制度是怎麼設計的，這個制度都很難達到立法者或專家學者的期望。因為在我國文化傳統下，表裡言行不一，缺乏勇敢的獨立自主精神，是大家習以為常的行為。除非有特別原因，獨立董事甘冒不諱地與企業經營者衝突，對獨立董事有什麼好處嗎？因此，徒有獨立董事之名而無獨立之實，將會是一個常態。
>
> 其實，國民性遠比我們獨立自主的英、美國家，其獨立董事也未必有多獨立。
>
> 社會心理學的研究指出，無論是多麼有見識的少數人在一起時，都可能產生不敢有不同見解的「團體思考症候群」（group think），獨立董事當然不能倖免。以前奇異（GE）總裁傑克・威爾許為例，他因為拿到的退休待遇過於豐厚，引起非常多的輿論批判，後來他主動放棄他的特殊待遇，才算保住他的名節。但是，值得質疑的是獨立董事為什麼會允許給威爾許這麼不合理的退休待遇

呢？

獨立董事若要發揮其應有的功能，真正的關鍵是董事要具備獨立判斷的能力與態度，言人所不敢言，言其所當言。獨立董事能這麼獨立嗎？我懷疑我們的國民性有此能耐！但是，我還是支持這樣的制度，畢竟有總比沒有好吧！或許獨立董事的制度運作時間久了之後，量變可以產生質變。

第五節　願景經營與情境規劃

企業談永續經營，有多項門路或方式，其中有兩個方向值得推崇，其一是眾所皆知的「願景經營」（vision management），著重在開創未來；其二是「情境規劃」（scenario planning），重點在防患未然。

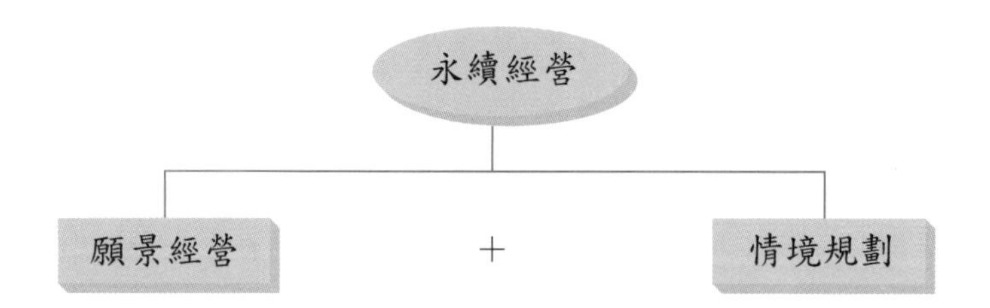

一、願景經營

所謂願景經營（vision management），就是企業經營者要把企業最終的經營目標帶往何處、帶向何方、成就什麼偉大目標。

人有願景，才會有活下去的力量；企業有願景，也才會不斷提升競爭力，邁向最高、最遠的目標。試舉例如下：

1. 美國國家願景目標：世界第一大強國、自由民主的捍衛者與世界警察角色。

2. 台積電公司願景目標：世界最大的晶圓代工大廠。
3. 廣達電腦公司願景目標：全球第一大量產的筆記型電腦（NB）代工大廠。
4. 鴻海精密公司願景目標：全球最大電腦硬體系統組合大廠。
5. 統一食品集團願景目標：亞洲第一大食品及零售流通集團。

㈠ 願景典範：台積電公司的願景，隨時代之演進而有不同

台積電的新願景是什麼？張忠謀說，1987 年以前是要活下去，當 1995 年繼續生存不是問題的時候，台積電將願景提升爲優秀的、最主要的晶圓代工廠，這就是在價格、品質等都要比別人好一點，讓客戶在心甘情願下多付一點錢。而 2016 年的新願景，就要從過去單純的要成爲全球最大、聲譽最佳的晶圓代工廠，微妙的轉變爲與晶圓廠、整合元件廠合作，成爲半導體業界最堅強的競爭團隊。

㈡ 願景特性

1. 願景不會隨時改變，它是一種具有穩定性、長遠性與戰略性的概念與方向指針。一般來說，願景在 5 年內是不會輕易改變的。如果是每年都會改變的東西，那就叫作目標與計畫。因此，願景就像是國家的根本「憲法」一樣，只會修憲，但不會輕易制憲。
2. 願景通常由高階經營者或經營團隊所共同策訂，並使全體員工共同遵守。
3. 願景具有一種驅動（drive）企業不斷向前走的動力，沒有願景或願景不明的企業，將會喪失全體人員的動力。

二、情境規劃（十八套情境規劃）

㈠情境規劃（scenario planning）是一種前瞻未來、防患未然的決策工具，它藉了解與分析，對未來具有重大影響的各種變動因素，配合去想像可能發生的各種情景，再針對這些情景，提出應對做法與決策。

㈡情境規劃的重點不在預測未來，而在防患未然，在預警與了解一些影

響未來的重大因素或力量，以及可能的結果。防患未然，可以使企業免於走入陷阱或走錯方向，達到永續經營的目的。

㈢研究對企業有重大影響的因素，可以由宏觀與微觀兩個角度來探討。所謂宏觀，觀察的是企業外在環境對未來成長的影響；而微觀，則反省企業內在產業的狀況以及因競爭情勢所造成的可能變化。

三、影響情境規劃的內外部因素

對企業有重大影響的因素，包括政治因素（political）、產業環境因素（industry）、經濟因素（economic）、社會因素（social）、技術因素（technology）及競爭者因素等六大類，一般用「PIEST」來表示。情境規劃就是特別針對這六大因素做蒐證、推理與研究，再假想其可能發生的影響與情景，以便提出對策。

㈠政府的法令是否有所變更、政策是否有所轉變、是否獎勵投資、對行業有何限制、所得稅是否年年提升等，這是政治因素。

㈡一個地方能否持續提供適當的資源，以讓企業繼續繁榮，這是產業環境因素，譬如廉價勞力、土地、電力、交通等。

㈢整個大環境發展的趨勢，是否有利經濟、企業是否勤做耕耘，或產業上下游是否同時往外移等，這是經濟因素。

㈣居民會不會歡迎或信任、會不會抗拒在當地設廠、緊鄰工業用地是否有養雞場等問題，是社會因素。

㈤是否會因技術的創新而淘汰掉現有技術、新技術對本行業會有什麼影響等，是技術因素。

㈥另外，競爭者因素的變化，也對公司會產生影響。

企業針對上述六大因素做外在環境的分析，也針對內在產業的競爭與發展情況做研討。麥可．波特（Michael Porter）的五力競爭理論以及一般的SWOT 分析，包括外界環境之機會與危機、內部能力之優勢或劣勢兩方面，是非常有效的工具。

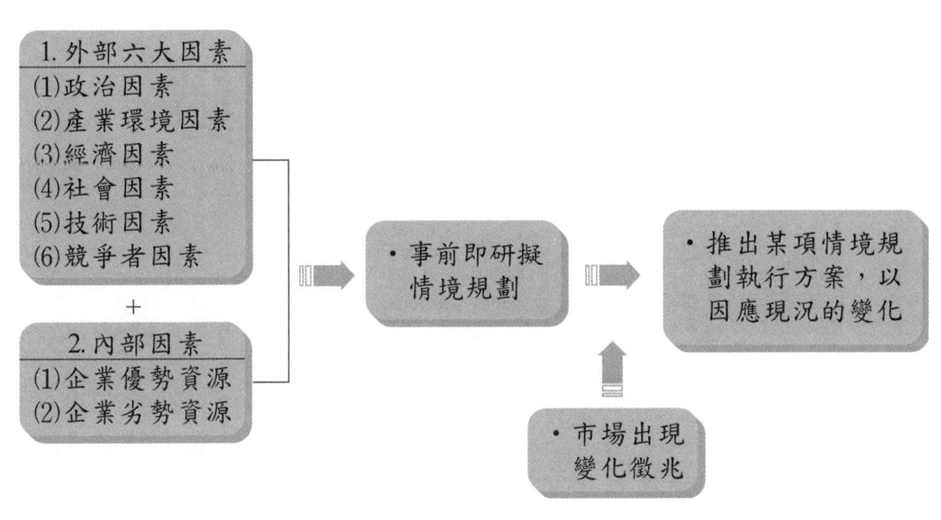

圖 1-11　影響情境規劃的內外部因素

四、情境規劃的思考原則

情境規劃的做法，就是在組合各種專家與經營者，藉一連串有關外在環境與內在產業情勢的問題，彼此互相發問，想像可能發生的情境與對企業的利弊，再將問題縮短，專注在幾個可能性較高的問題，配合研擬應變的決策。並不是所有假想的情境都會發生，而是當問題發生時，企業早已有適當的因應對策，可以未戰就已先勝，掌握領先的地位（李登輝在 1996 年擔任總統時，國安局曾應對中共侵臺變局的十八套情境規劃，似乎同此一策）。

五、「願景經營」加「情境規劃」才能永續經營

「願景經營」是讓企業找到未來的目標，想像未來企業的形象，帶動企業往所願的情景發展。「情境規劃」則是讓企業知道前程發展的機會與障礙，開啓不敗的眼光，創造不敗的遠見，讓企業立足於所見的未來。有遠見的企業家，能懂得善用這 2 項法寶，讓企業永續經營。

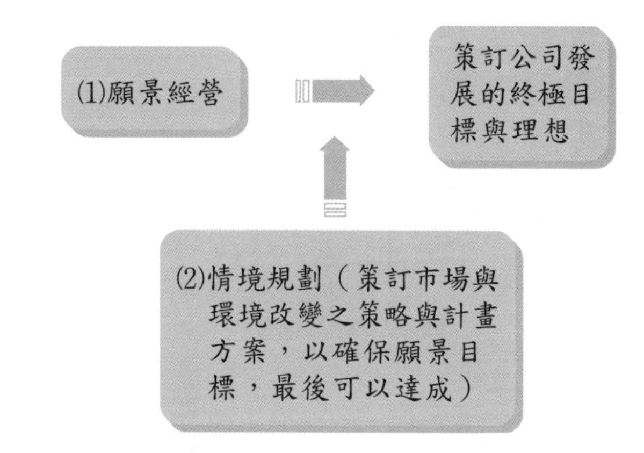

圖 1-12　願景經營與情境規劃的互動關聯性

自我評量

1. 試申述企業之目標有哪兩大項？
2. 試說明企業社會責任的構面有哪些？支持企業須善盡社會責任的論點何在？
3. 試說明企業活動參與者有哪三大類？
4. 試說明企業獲利績效的指標有哪三項？
5. 試說明企業善盡社會責任的重要性何在？
6. 試圖示企業社會責任金字塔的四項構面爲何？
7. 試圖示企業何以必須善盡社會責任之五大原因爲何？
8. 試圖示現代企業受到大衆批判的五大原因爲何？
9. 試圖示企業經營管理必須掌握的 10 項內部資源爲何？
10. 試列示企業運作內部資源，欲達成哪 10 項目標？
11. 試說明依投資股權型態、依股票公開發行與否，以及依營利與否，他們可以區分爲哪些企業型態？
12. 何謂公開發行公司？
13. 何謂 IPO？
14. 何謂外商企業？
15. 何謂獨占企業？何謂寡占企業？
16. 試分析公司治理之優點何在？
17. 試列示公司治理的七項原則爲何？
18. 在公司治理中，規定應設立哪四種委員會？
19. 試說明何謂「願景經營」？願景有哪三項特性？
20. 試說明何謂「情境規劃」？

第 2 章

企業經營管理及管理者角色

第一節　企業營運管理的循環內容

第二節　企業經營管理的六大角色

第三節　經理人（管理者）的角色

第四節　企業與外部關係人

IN GOD WE TRUST

第一節　企業營運管理的循環內容

要了解企業的整體經營管理，就必須先了解它的整體「營運管理」（operation process）。這個營運管理的循環內容，即是如何管理好或經營好一個企業的關鍵點。

企業的「營運管理」循環，要從製造業及服務業的區分來加以區別，並簡述如下：

一、「製造業」的營運管理循環（Manufacture Industry）

製造業大概占一個國家或一個社會系統的一半經濟功能，製造業又可區分為傳統產業及高科技產業等 2 種。

製造業，顧名思義即是必須製造出產品的公司或工廠。

㈠ 製造業公司案例

1. 傳統產業：統一企業、寶僑台灣公司、聯合利華公司、金車公司、味全公司、味丹企業、可口可樂公司、黑松公司、東元電機公司、大同公司、裕隆汽車公司、三陽機車公司等。
2. 高科技產業：台積電公司、奇美面板公司、聯電公司、宏達電公司、鴻海、華碩、聯發科技等。

製造業的營運管理循環架構，如下頁圖示。

㈡ 製造業贏的關鍵成功要素（Key Success Factors）

製造業的經營業者，要在競爭對手中突出與勝出，其成功要素如下：

1. 要有規模經濟效應化

指採購量及生產量，均要有大規模化才行，如此成本才會下降，產品價格也才有競爭力。

試想，一家 20 萬輛汽車廠，跟 2 萬輛汽車廠相較，那家成本會低些，

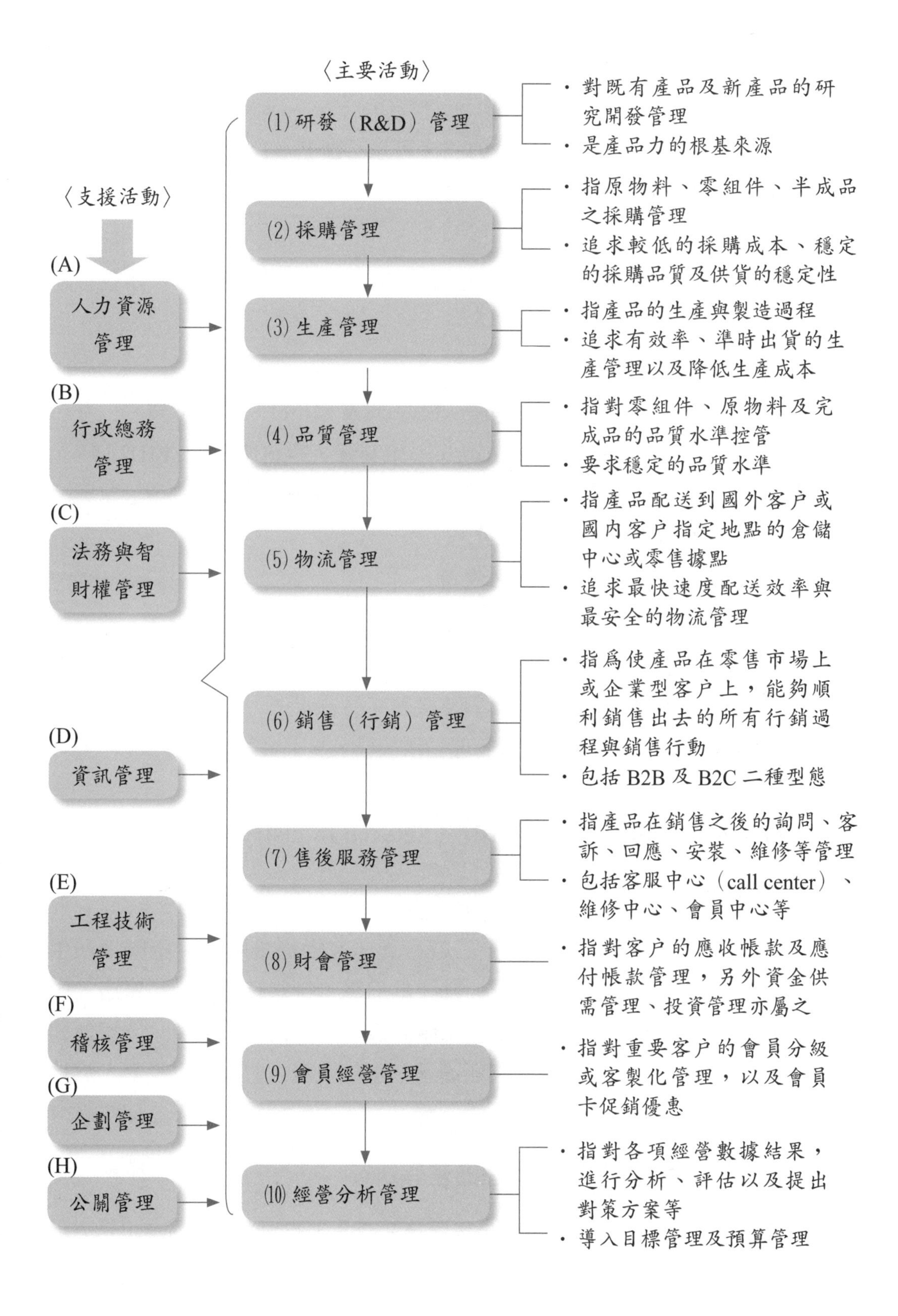
〈主要活動〉
〈支援活動〉
(A) 人力資源管理
(B) 行政總務管理
(C) 法務與智財權管理
(D) 資訊管理
(E) 工程技術管理
(F) 稽核管理
(G) 企劃管理
(H) 公關管理
(1) 研發（R&D）管理
‧對既有產品及新產品的研究開發管理
‧是產品力的根基來源
(2) 採購管理
‧指原物料、零組件、半成品之採購管理
‧追求較低的採購成本、穩定的採購品質及供貨的穩定性
(3) 生產管理
‧指產品的生產與製造過程
‧追求有效率、準時出貨的生產管理以及降低生產成本
(4) 品質管理
‧指對零組件、原物料及完成品的品質水準控管
‧要求穩定的品質水準
(5) 物流管理
‧指產品配送到國外客户或國內客户指定地點的倉儲中心或零售據點
‧追求最快速度配送效率與最安全的物流管理
(6) 銷售（行銷）管理
‧指爲使產品在零售市場上或企業型客户上，能夠順利銷售出去的所有行銷過程與銷售行動
‧包括 B2B 及 B2C 二種型態
(7) 售後服務管理
‧指產品在銷售之後的詢問、客訴、回應、安裝、維修等管理
‧包括客服中心（call center）、維修中心、會員中心等
(8) 財會管理
‧指對客户的應收帳款及應付帳款管理，另外資金供需管理、投資管理亦屬之
(9) 會員經營管理
‧指對重要客户的會員分級或客製化管理，以及會員卡促銷優惠
(10) 經營分析管理
‧指對各項經營數據結果，進行分析、評估以及提出對策方案等
‧導入目標管理及預算管理

是大家都明白的事。此即大者恆大的道理。

2. 研發力（R&D）強

研發力代表著產品力，研發力強，可以不斷開發出新的產品，此種創新力將可以滿足客戶需求及市場需求。

3. 穩定的品質

品質穩定使客戶信任，會不斷持續下訂單。好品質的產品，才會有好口碑。

4. 企業形象與品牌知名度

諸如IBM、Panasonic、Sony、TOYOTA、Intel、可口可樂、三星、LG、HP、SHARP、美國Apple、捷安特、TOSHIBA、PHILIPS、P&G、Unilever、美國微軟等製造業，均具有高度正面的企業形象與品牌知名度，故能長期永續經營。

5. 不斷的改善，追求合理化經營

例如：台塑企業、日本豐田汽車公司、Canon公司等製造業，都強調追根究柢、消除浪費、控制成本、合理化經營及改革經營的理念。因此，能夠降低成本、提升效率及鞏固高品質水準，這就是一家製造業競爭力的根源。服務業營運管理循環架構，見下頁圖示。

二、「服務業」的營運管理循環（Service Industry）

㈠ 服務業公司案例

諸如統一超商、麥當勞、新光三越百貨、家樂福量販店、全聯福利中心、佐丹奴服飾連鎖店、阿瘦皮鞋、統一星巴克、無印良品、誠品書店、中國信託銀行、國泰人壽、長榮航空、台灣高鐵、屈臣氏、康是美、全家便利商店、君悅大飯店、智冠遊戲、摩斯漢堡、小林眼鏡、TVBS電視臺、燦坤3C、全國電子、85度C咖啡等。

㈡ 服務業管理與製造業管理的差異所在

相較於製造業，服務業提供的是以服務性產品居多，而且服務業也是以現

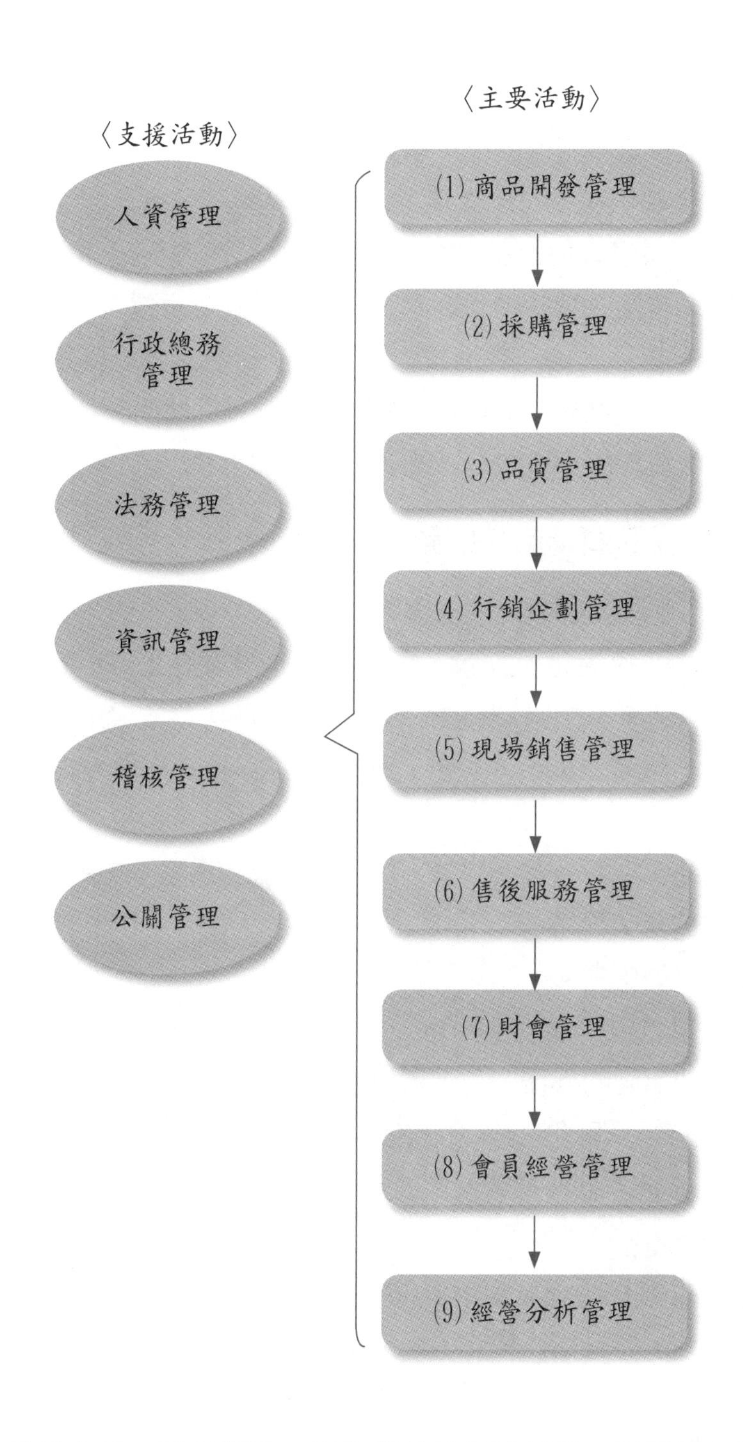

場的服務人員爲主軸，這與製造工廠作業員及科技研發工程師居多的製造業，當然有顯著的不同。兩者之差異，如下列各點：

1. 製造業以製造與生產出產品爲主軸，服務業則以「販售」及「行銷」這些產品爲主軸。

2. 服務業重視「現場服務人員」的工作品質與工作態度。
3. 服務業比較重視對外公關形象的建立與宣傳。
4. 服務業比較重視「行銷企劃」活動的規劃與執行，包括廣告活動、公關活動、媒體宣傳活動、事件行銷活動、節慶促銷活動、店內廣宣活動、店內布置、品牌知名度建立、通路建立及定價策略等。
5. 服務業的客戶，是一般消費大眾，經常有數十萬人到數百萬人之多，與製造業的少數幾家 OEM 大客戶是有很大不同的。因此，在顧客資訊系統的建置與顧客會員分級經營上，更加重視。

㈢ 服務業贏的關鍵成功因素

茲歸納出服務業贏的關鍵成功因素如下：
1. 服務業的「連鎖化」經營，形成規模經濟效應化。不管是直營店或加盟店的「連鎖化」、「規模化」經營，將是首要競爭優勢的關鍵。例如：統一超商 5,000 多家店、家樂福 50 多家店、全聯福利中心 400 多家店等。
2. 服務業的「人的品質」經營，使顧客感受到滿意及忠誠度。
3. 服務業的進入門檻很低，因此，要不斷「創新」、「改變」經營，唯有創新才能領先。
4. 服務業很重視「品牌」形象。因此，服務業會投入較多的廣告宣傳與媒體公關活動的操作，來不斷提升及鞏固服務業品牌形象的排名。
5. 服務業的「差異化」與「特色化」經營，有利與競爭對手作區隔，才有獲利可能。服務業若沒有差異化特色，就找不到顧客層，並會陷入價格競爭。
6. 服務業很重視「現場環境」的布置、燈光、色系、動線、裝潢、視覺等，因此，有日趨高級化、高檔化的現場環境投資趨勢。
7. 最後，服務業必須提供「便利化」，據點愈多愈好。

茲圖示如圖 2-1 所示：

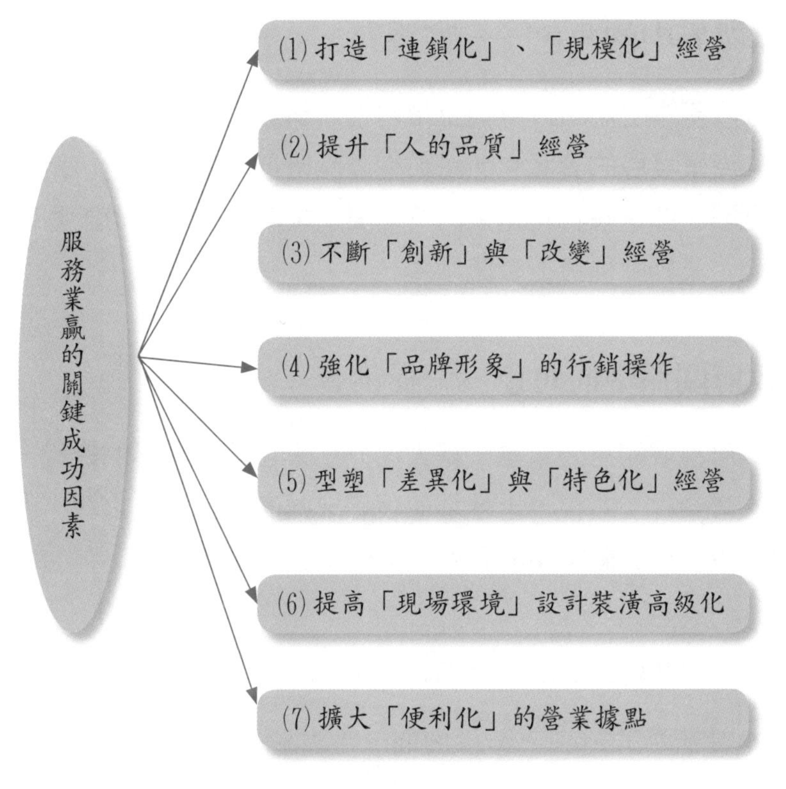

圖 2-1　服務業贏的關鍵成功因素

第二節　企業經營管理的六大角色

企業經營與管理活動，在各種層面上分別扮演著非常重要的角色，它對國家經濟成長的帶動、國家綜合國力增長、促進社會脈動活力、提高國民就業與所得水準，以及建立與世界各國之交流往來，都有著非常關鍵的角色。我們可以這樣說，企業的經營管理活動，帶動著整體人類社會與文明的不斷進步。茲就企業經營管理在各種構面所代表之功能與角色，分述如下：

一、在產業界中的角色——實踐者

國家社會基本上是由政府與企業兩種所構成，政府提供服務角色，而企業則是經濟與產業發展的實踐者。企業從產品研發、生產製造、銷售、物流配送到售後服務等，都是在實踐企業的營運與追求高績效，並帶動整個產業的進步與繁榮，而企業界確係最佳實踐者。

二、在政府關係中的角色——提供者

國家政府稅收的主要來源，絕大部分是來自於企業界的繳稅，包括營利事業所得稅、營業稅、關稅、土地增值稅等。政府由於稅收來源，因此能夠展開各項國家建設。企業確係稅收預算收入的最大提供者。

三、在社會層面的角色——服務者

企業經營活動涉及到上游供應商、下游顧客、海外市場及內銷市場，亦涉及到物流運輸、金融交易往來等活動，而企業界就是活絡社會各種活動的主要脈動推動者。在資本主義世界中，社會活動遠比共產主義世界中更爲活躍有力。

四、在世界體系中的角色——交流者

企業在經營上，有些原物料及零組件採購必須來自國外，有些產品的銷售也必須賣到海外市場去，而研究發展與技術研發，有些也必須與國外合作。因此，在國際間的資源往來、技術合作、人員交流、商品買賣、運輸互通、資訊情報交流、策略合作、商標授權等，使企業在世界各國交往體系中扮演著交流者角色。

五、對企業內部的角色——捍衛者

企業對公司內部的投資者，包括董事會成員及一般小股東，扮演著投資報酬的捍衛者。而對全體員工的薪資與福利保障，也扮演著捍衛者的角色。因此，企業追求獲利與創造高股價及高市值，就成爲其最經濟的經營目標，然後才能捍衛董事、股東及員工三者之最大福利。

六、對傳統與現代化角色——轉型者

企業在進入 21 世紀之後，由於科技的突破、網際網路的普及、WTO（世界貿易組織）精神與適用的普及、市場與產業的全球化、跨國投資的成長、購併活動盛行、資金成本的下降、員工教育程度的提升，以及競爭激烈等演變，使得企業必須跳脫傳統框架的限制，而轉向以改革、創新與科技爲導向的新事業典範。因此，企業又扮演著從傳統走向現代的創新改革轉型者角色。

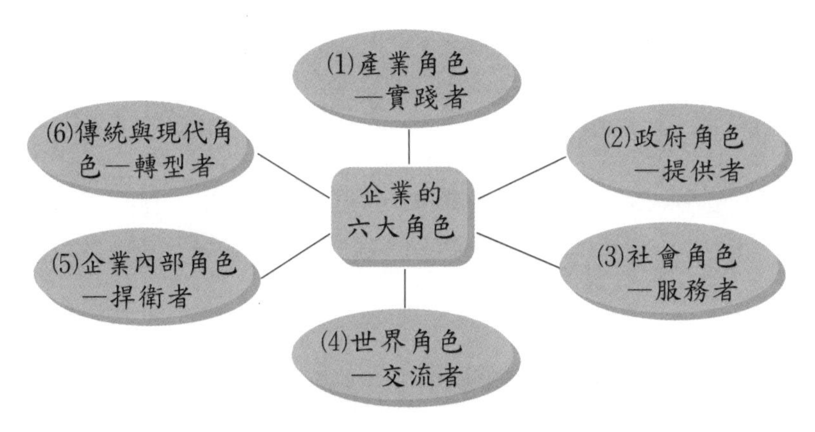

圖 2-2　企業經營管理在全方位社會中所扮演的六種角色

第三節　經理人（管理者）的角色

一、明茲伯格的見解

根據管理學古典大師明茲伯格（Mintzberg）分析，企業管理者（manager）或經理人，每天扮演著 10 種不同層次與不同面向的角色：

㈠ 頭臉人物（Figurehead）

資深經理人因地位及職務較高，而必須執行各種社交、法律及內外部典禮儀式等任務，例如：落成剪綵、記者會、新產品發表會、公司營運說明會、法人說明會或簽約會議等之主持人或講話者。

㈡ 領導人物（Leader）

管理者必須帶動、訓練、激勵及指示部屬往前衝，達成組織的年度預算目標與營運績效。每一家成功的企業，大都有一位靈魂領導人物，例如：台積電公司的張忠謀、聯電的曹興誠、台塑的王永慶、統一企業的高清愿、鴻海的郭台銘、宏碁的施振榮、裕隆的嚴凱泰、全聯福利中心的徐重仁及廣達電腦的林百里等均是。

㈢ 聯絡者（Liaison）

管理者的任務是要保持與外界及同事之間的聯絡者，因此，外界環境發生的人、事、物變化，管理者都能很快的聯絡所屬單位及同事，以策訂因應的對策方案。

㈣ 偵察者（Monitor）

管理者必須不斷的探察及獲悉組織內部及外部的相關訊息情報。由於管理者本身既爲聯絡者，接觸廣泛，再者管理者還屬領導階層，因此，能偵察到較多的情報訊息。偵察的方式是到各單位去串門子或打聽情報，或是檢視各種機密報告內容。

㈤ 傳播者（Disseminator）

管理者將聯絡或偵察訪得的情報，要傳達給主管或部屬知道，包括公司政策、公司規定或是屬於私密的人事或薪資動態。

㈥ 發言人（Spokesperson）

管理者扮演著對外媒體的發言人角色，以解決媒體的問題或需求，避免不正確的流言或傳言四處流散，不利公司形象。尤其，在民主開放的社會環境，企業必須在媒體之前完全透明化及公開化，以建立形象。

㈦ 企業興業家（Entrepreneur）

管理者必須像一個創業家一樣，保持興業創業的高昂鬥志，並透過縝密計畫，掌握環境商機、制定發展策略與方案，然後落實執行。

㈧ 解決問題專家（Disturbance Handler）

企業經營隨時會碰到內外部的干擾、問題與障礙，甚至是危機。例如：發生罷工、工廠失火、高層主管辭職、部門主管衝突、風災、地震等，均有賴管理者扮演協調及清道夫角色，克服這些問題與困境。

㈨ 資源分配者（Resource Allocator）

管理者對於公司各部門的人事安排、各部門營運預算、各部門可獲得的人力及費用支用資源等，均必須由管理者任命及同意支用。

㈩ 談判者（Negotiator）

管理者日常還會從事協商談判事務，例如：工會談判、國外技術合作談判、與政府決策部門談判以及國內結盟談判等。

茲將管理者（經理人）的 10 種角色，圖示如圖 2-3 所示。

二、彼得・杜拉克（Peter Drucker）的見解

美國管理學大師彼得 ・ 杜拉克曾於其《管理實務》一書中，提出經理人員（manager）必須做好二項特殊任務與五大基本工作，分述如下：

㈠ 二項特殊任務

經理人有二項特殊任務：

1. 創造出加乘效果

亦即創造一個所有投入資源加總而產出更多的生產實體。可以把經理人比擬成管弦樂團的指揮，因為他的努力、願景和領導，使個別樂器

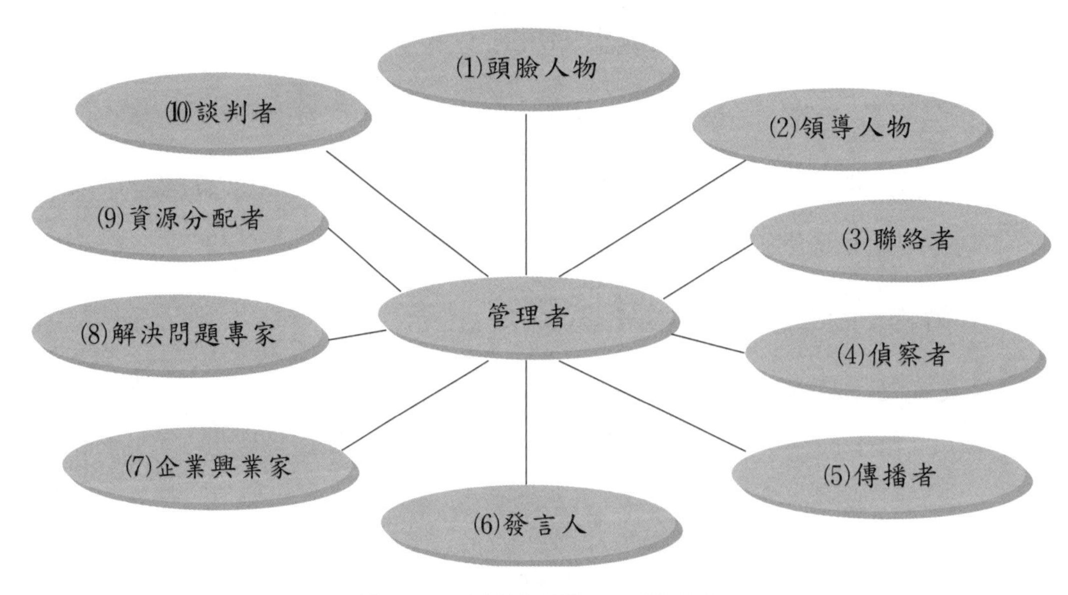

圖 2-3　管理者的 10 種角色

結合成完整的音樂演奏。不過，指揮者有作曲者總譜，他只是一位樂曲詮釋者，而經理人卻同時是作曲者與指揮者。這項任務需要經理人將他所有的資源發揮長處，其中最重要的是人力資源，並消除所有資源的弱點，唯有如此，才能創造出眞正的公司整體。

2. 調和每個決策與行動的短期與未來長程需要

犧牲短期與未來長程需要中任何一者，都會危及公司。亦即，經理人員必須同時兼具短期與中長期的利益觀點與具體計畫之掌控。

㈡ 五大基本工作

經理人的工作可以分成五個基本項目，這五個基本工作結合在一起，把資源整合成爲一個可以生存成長的有機組織體。

1. 設定目標（Set Goal）

經理人員決定應該有哪些目標、每個目標的目的何在、做哪些事方能達成目標，然後考核績效、與攸關目標達成與否的人員溝通，以達成這些目標。設定各種業務目標、財務績效目標及各功能目標，是各級經理人員的首要工作。

2. 進行組織安排（Organize）

接著經理人員分析必要的活動、決策與關係，把工作分類，區分成可管理的活動，再把這些活動區分爲可管理的職務。他把這些單位與職務組合成一個組織結構，挑選人員管理這些單位及必須完成的職務。換言之，各級主管必須依其職掌，安排推動工作的人員組織，使其能各就各位。

3. 進行激勵與溝通工作

經理人員必須促使負責不同職務的人員像團隊般合作無間。爲了做到這點，他採行的途徑與方法包括透過各種實務、透過自己和共事者之間的關係、透過酬勞、工作安排、晉升等人力資源決策，透過和下屬、長官及同儕之間持續的雙向溝通。

4. 評量

經理人必須建立評量標準，很少有比企業及個別人員績效更重要的要素了。經理人認爲人員的評量，應該同時著重他對組織整體績效的貢獻以及他個人的工作，並藉此幫助他改善工作。經理人分析、評鑑、詮釋績效，而且和所有其他工作領域一樣，他必須和下屬、長官及同儕溝通評量標準、方法，以及評量結果代表的意義。評量就是代表績效管理的實踐，唯有評量，才能區分出好與壞，也才能賞罰分明，並且拔擢優秀的儲備幹部人才。

5. 發展人才，包括自己

發展人才、提拔後進、發現人才，並邀聘各種專業的人才及多元化人才，是各級經理主管每天、每月、每年與永恆的工作重點。因爲，長江後浪推前浪，江山代有人才出，青出於藍勝於藍。個人的工作生命，可能只有 20 年、30 年，最多 40 年，但是企業的生命可能是 400 年，都會延續下去。而爲確保永續經營，就必須保有每一世代高素質的管理團隊。

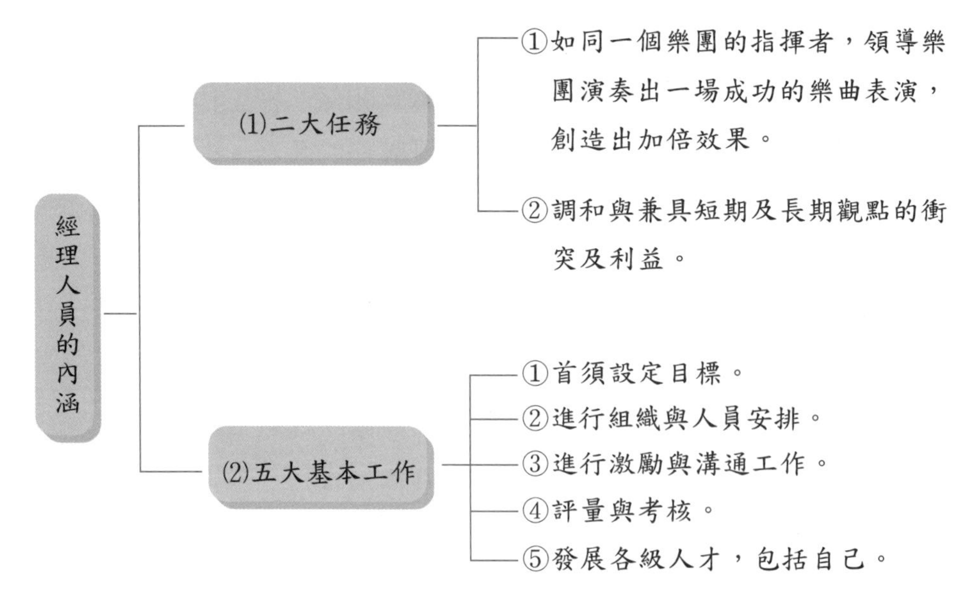

圖 2-4　彼得・杜拉克對經理人員的定義

第四節　企業與外部關係人

一、企業的九類型外部關係人（Stakeholders）

從廣義來看，企業不只是單純的營利機構，也不是單純的追求獲利至上，當然，更不是單獨存在的。其實，企業是社會大系統運作的其中一環，而且企業與各其他系統也發生關聯性，彼此間是互動、互依、互信、互賴與互助的系統關係體。因此，企業的外部關係人大致可從九個角度分析：

㈠ 大眾股東

大眾股東（shareholders）在證券公開市場花錢買該公司的股票，讓公司有營運現金可以操作並擴大事業，不管是小股東或大股東，都是股東大會的成員之一，都可以在股東大會表達意見，並且向公司要求索閱相關的財報與經營資料。

㈡ 投資機構

現在有不少專業的證券投資機構及私募基金投資機構（investors），包括國內與國外財務機構；也經常投資金錢在本國的上市櫃公司或非上市櫃公司，成為較大的持股股東。這些國內外的投資機構，因為投入資金大，公司都慎重對待，甚至他們會成為董事會的董監事成員之一。各公司的股價支撐，也都有賴於這些大型投資機構的持股支持才會有高股價。因此，外部投資機構是公司重要的企業外部關係人之一。

㈢ 消費者

消費大眾是購買本公司產品，而使本公司有營收及獲利來源的重要因素之一。因此，公司必須誠實與努力經營，獲得消費者（consumers）的認同，塑造良好社會形象與品牌口碑，才能永續經營。離開了消費者，企業就不可能存活。因此，消費者也是本公司的重要外部關係人之一。

㈣ 往來廠商

任何公司、工廠或服務業，一定都會有上游供應商（supplier），包括零組件、原物料、半成品及完成品等供應商之支援配合，才能使公司完成產品及服務。另外，也一定會有銷售通路（channels），透過他們把產品銷售出去，這包括了進口商、出口商、代理商、經銷商、分銷商、零售商、連鎖店等之各式各樣的通路商。因此，這些上下游往來廠商也是本公司的重要外部關係人之一。

㈤ 社區

社區（community）是指企業的工廠或營業據點所面對的鄰里環境與對象。例如：某個化學工廠、石油工廠、電子加工廠、成衣商，或是一家百貨公司、購物中心等，附近會有住家、社區。因此工廠所帶來的汙染、噪音、廢水排放、運輸配送、異味、吵雜、治安等，均須高度注意處理、防範及宣導，避免引起社區居民的抗爭，進而爭取他們的支持。

㈥ 政府機關

政府行政機關（government）通常也會管制企業若干的營運活動。例如：有些產品價格的訂定、費率的審議、稅捐的繳交、會計法規的遵守、產業政策的遵循與建議、申辦程度的流程、規費繳交、勞資爭議處理等事項，都顯示出企業與政府行政主管機關的互動與往來關係。

㈦ 外部團體、非營利機構、弱勢團體

企業的外部關係人，可能還包括消基會、慈善法人團體、公益法人團體及公會、協會等外部非營利事業機構的關係。在民間的社團，也是企業外部關係人的對象之一。例如：與消基會的良好溝通關係、與公益基金會的捐獻贊助關係、與研究機構或學術機構的互動關係等均屬之。

㈧ 員工

員工（employee）是企業營運活動的主體，企業則是員工全體的組成，唯有每一個員工在各自工作崗位上的辛勤付出與不斷創新進步，企業才能有良好的績效成果可言。因此，員工是企業最大的寶貴資產與永續經營的基礎。所以，企業必須善待員工、做好對員工的各種關係，有了良好的組織文化與企業文化，企業才能基業長青。

㈨ 媒體

媒體（media）是近年來，企業逐漸重要的外部關係人之一。由於媒體界的發達與普及，媒體在整個社會系統與角色也日益重要。媒體報導的結果，會深刻影響到企業形象的好與壞。因此，中大型企業都設有發言人及公關室等單位，以做好對應外界媒體採訪、詢問及報導的工作。

總結來說，現代企業受到外部環境及外部關係人的影響，已愈來愈大及愈來愈明顯。企業不可能無視於這些改變及趨勢，反而更應該從全方位的視野、積極主動的規劃及專人專責的處理等作爲上，快速回應及主動做好企業與這九大類外部關係人的友好與互動關係，然後才有利於企業的順暢與永續經營。

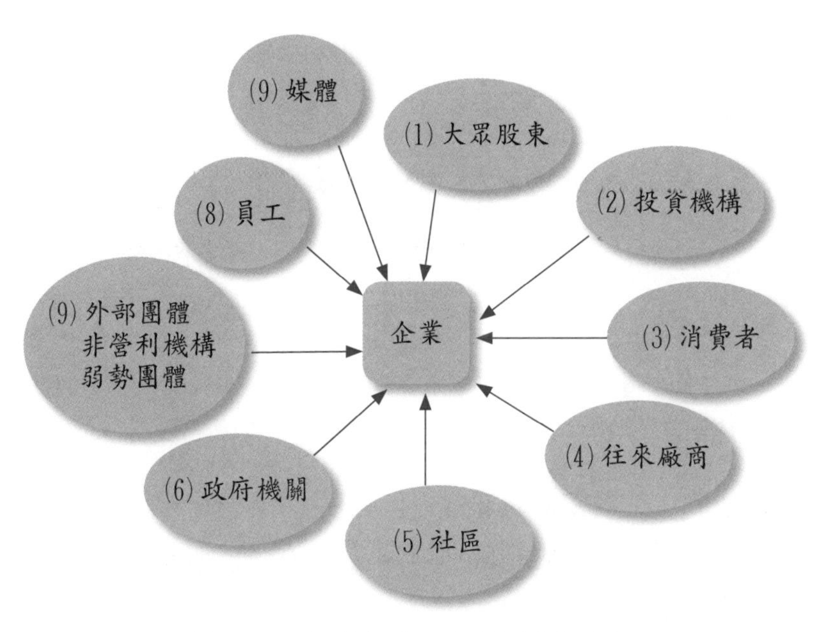

圖 2-5　企業的九大類外部關係人

二、企業如何做好與外部關係人的關係

既然外部關係人如此重要且影響到企業的整體營運，因此，企業應如何才能做好與外部關係人的良好關係呢？主要有下列幾點：

第一：遵守政府法令

遵守政府一切的法令、法規，在合法的狀況下去從事企業經營活動，就是做好與外部關係人良好關係的第一條守則，也是最基礎的事情。

因此，企業一定要誠實納稅、不逃漏稅，一定要資訊公開透明及揭露，不要有所隱瞞。不要操作內線交易及不要圖利自己，一定要遵照政府的流程來辦事。

第二：成立專責、專人單位

已有不少企業成立專責與專人的單位，來處理涉外關係人的工作。例如：公共關係處、服務室、投資人關係處、發言人室等單位的成立。透過這些專責單位，可以專心的做好與外界媒體、外界股東、外界投資機構、外界非營利團體、外界學術研究機構等單位的採訪、參訪、詢問、答覆、接待、簡報等工作，以促進雙方間更進一步的了解。

第三：建立內部因應機制及 SOP 作業

中大型企業都設有一套 SOP（標準作業流程），使各單位面臨外部關係人相關應對工作時，有可以遵循的工作流程、工作準則、處理方式及作業細則安排等。

第四：塑造良好的企業文化

如何教育全體員工重視並做好對外部關係人的工作，且使概念深入每個員工的內心深處，並反應在他們的日常工作思維上，而塑造出良好的企業文化，也是企業界常見的做法之一。

第五：經營階層以身作則

最後一項做法，就是企業的老闆或高階層管理者本身要作出示範、要以身作則，在對外關係人的應對上要作出表率。例如：親自出面、親自參與、親自講話、親自接待、以及親自上火線等作爲均屬之。

三、沒有做好外部關係人工作的傷害

反過來看，一家企業如果忽略、不重視、隨便應付外部關係人時，將會帶來下列圖示的可能潛藏傷害：

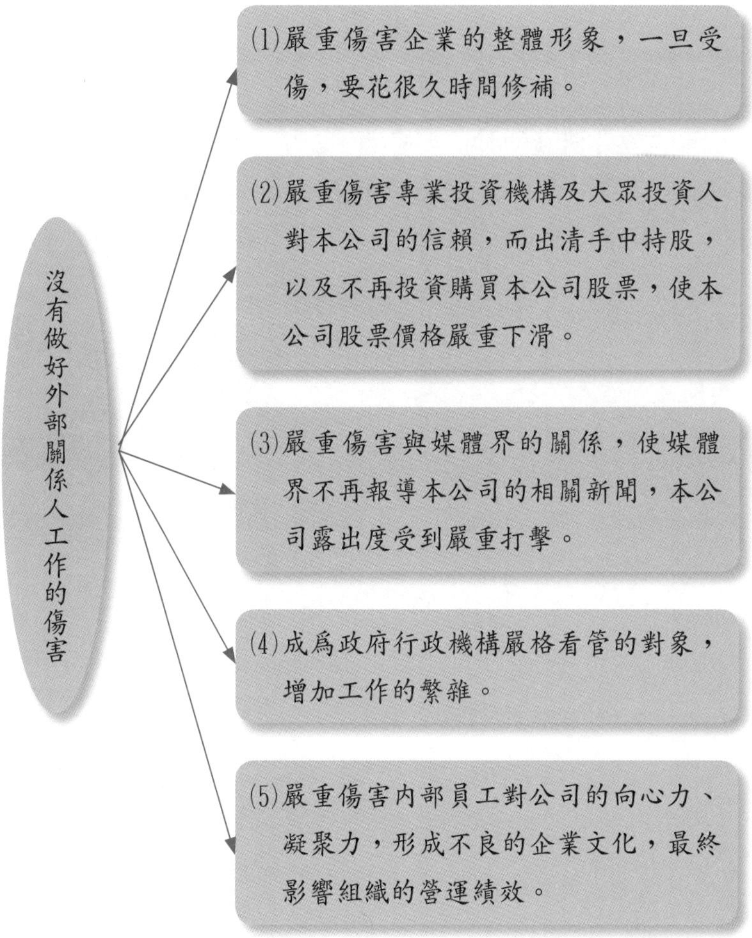

沒有做好外部關係人工作的傷害

(1)嚴重傷害企業的整體形象，一旦受傷，要花很久時間修補。

(2)嚴重傷害專業投資機構及大眾投資人對本公司的信賴，而出清手中持股，以及不再投資購買本公司股票，使本公司股票價格嚴重下滑。

(3)嚴重傷害與媒體界的關係，使媒體界不再報導本公司的相關新聞，本公司露出度受到嚴重打擊。

(4)成爲政府行政機構嚴格看管的對象，增加工作的繁雜。

(5)嚴重傷害內部員工對公司的向心力、凝聚力，形成不良的企業文化，最終影響組織的營運績效。

自我評量

1. 試列示企業經營管理的活動在整體社會中，扮演了哪 6 種角色？
2. 試列示美國管理學古典大師明茲柏格（Mintzberg）認爲，一位經理人員（或管理者）分別扮演著不同層次、不同面向或不同功能的 10 種角色爲何？
3. 試說明美國管理學大師彼得 · 杜拉克，曾提出經理人員（管理者）有哪二項特殊任務？
4. 試列示美國管理學大師彼得 · 杜拉克認爲，經理人的五大基本工作爲何？

第 3 章

企業管理的經營趨勢及新課題

第一節　企業功能與管理功能

第二節　企業經營八大趨勢

第三節　企業管理出現七項新課題

第四節　企業長青成功經營之道

第五節　企業創新

第六節　變革管理的五大關鍵因素

第七節　長壽企業的五大基因

第一節　企業功能與管理功能

一、企業經營管理矩陣——企業功能、管理功能

企業經營管理的內涵，包括二大構面：一是企業功能、二是管理功能。這兩者交叉，形成了企業經營管理的矩陣，如表 3-1 所示。

(一) 管理功能（Management Function）

即規劃、組織、領導與激勵、控制與考核、溝通與協調。

(二) 企業功能（Business Function）

即生產、行銷、研發、採購、企劃、財務會計、資訊、法務、人力資源、全球運籌、工業設計、稽核、行政總務、公關等。

此兩種功能交叉形成如表 3-1 所示，此表示每一種企業功能的運作中，都須掌握好 5 項管理功能，則自然能把企業經營得當。

表 3-1　「企業功能」與「管理功能」之矩陣表

(一) 管理功能 / (二) 企業功能	1. 規劃	2. 組織	3. 領導與激勵	4. 控制與考核	5. 溝通與協調
1. 研發					
2. 採購					
3. 生產、品管					
4. 行銷／業務					
5. 人力資源					
6. 財務會計					
7. 企劃（策略規劃）					
8. 法務					

㈠ 管理功能 ㈡ 企業功能	1. 規劃	2. 組織	3. 領導與激勵	4. 控制與考核	5. 溝通與協調
9. 資訊					
10. 全球運籌（物流）					
11. 工業設計					
12. 稽核					
13. 行政總務					
14. 公關					

㈢ 管理機能與管理四聯制

管理機能與管理四聯制之關係頗為相近，見圖示如下：

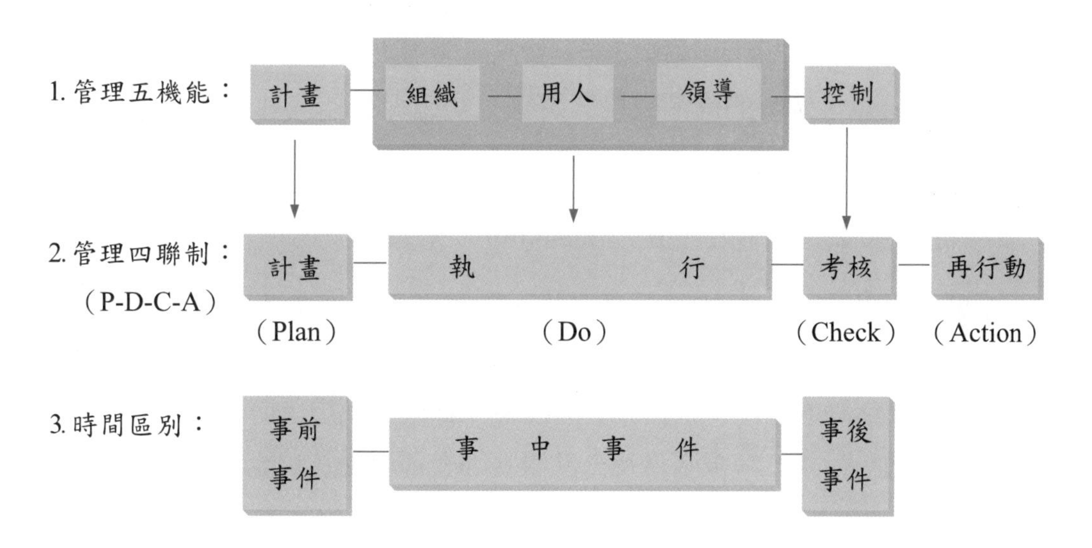

二、企業投入與產出

企業經營管理是一個投入、加工以及產出的循環過程，也就是投入（input）、流程處理（processing）及產出（output）的營運循環。如從此角度來看，企業營運管理的 4 種範圍，包括了：

㈠ 從投入面來看

企業必須取得原物料或零組件或是服務人力，才能進行加工處理並產出商品或服務。因此，從投入面來看，企業經營管理的範圍，包括：

1. 它必須取得哪些生產資源？（What）
2. 它從哪些地方及來源取得這些資源？（Where）
3. 它如何取得這些投入資源？（How）
4. 它應於何時取得及應用這些資源？（When）
5. 它該取得多少數量的資源？（How many）
6. 它該用多少價錢去獲取？（How much）
7. 它該用多久時間取得？（How long）

以上可用 What、Where、How、When、How many、How much 及 How long 等稱之。而這些投入資源則包括了原物料、零組件、生產人力、品檢人力、物流運輸、銷售人力、技術服務、產品研發等人、事、物。而如何用最經濟價格取得適量、適時的高品質投入資源，是確保營運成功的第一步基礎工作。

㈡ 從內部處理（Internal Processing）來看

企業取得及安排必要的資源投入後，就會進行內部處理的程序。如果是外銷製造廠，就會進入製造程序。如果是服務業，就會進入人員服務的程序。這些產生價值活動的程序，包括了人力配置、採購、製造、研究發展、財務會計、資訊流通、行銷、售後服務及公共事務等營運活動及功能。

㈢ 從生產力（Productivity）來看

企業經營為了使前述各項營運活動及程序，產生更大的效率（efficiency）及效能（effectiveness），於是透過管理機能，包括企劃、制度、組織、協調溝通、領導指揮、激勵、控制考核、決策與回應以及資訊科技工具等，加強管理功能，以激發每位員工的潛能，並提高生產力。（註：「效率」是指把事情快一點做完成；而「效能」則是指把事情做好、做對，而不是一味比快，但是卻沒做好、沒做對，而有所疏漏。）

㈣ 從外部環境（External Environment）來看

企業不管是在投入、內部處理程序、產出等，均必須與外部處理有所互動往來，亦受其變化影響。因此，對於國內、國外產業、顧客、法令、政經環境等之變化與趨勢，均應有相當的蒐集、分析及判斷，才會掌握外部機會點，並降低不利威脅的程度。

總結來看，企業經營管理的範圍，從投入到產出、從內部經營處理到外部環境變化之影響等，涉及到人、事、時、地、物等重要指標之運作。

茲圖示如下：

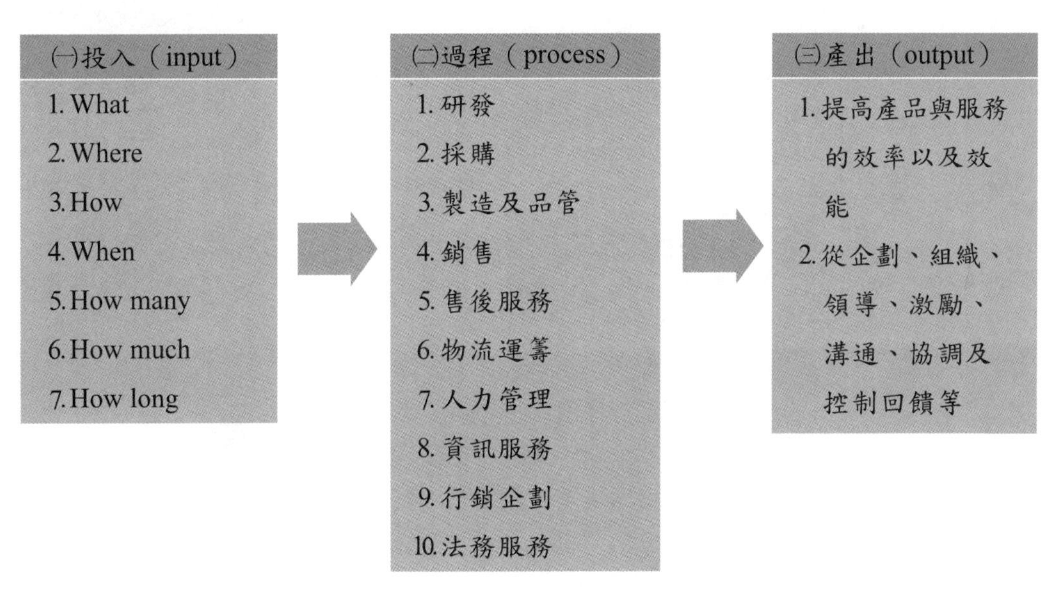

圖 3-1　企業投入與產出營運的範圍

㈤ 企業經營管理的投入、過程及產出全方位整體架構

就企業經營實務內容來看，可以區分爲 6 個區塊的內容，如圖 3-2 所示，即可清楚明瞭：

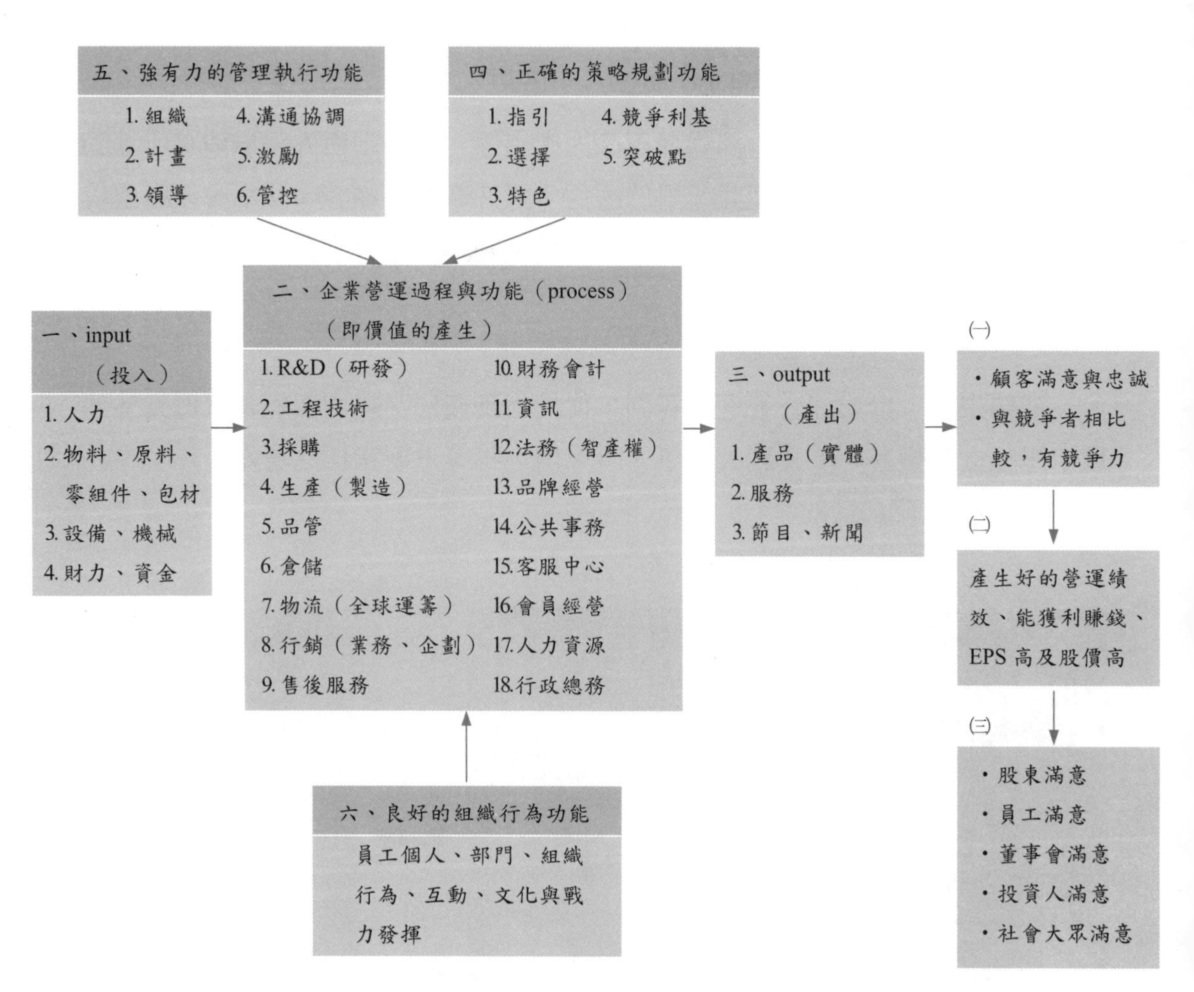

圖 3-2　企業投入、過程及產出的整體架構內容

三、企業價值鏈

事實上，早在 1980 年，管理學大師麥可 ・ 波特教授就提出「企業價值鏈」（corporate value chain）的說法。他認爲企業價值鏈是由企業的主要活動及支援活動所建構而成的，如圖 3-3 所示。波特教授認爲，公司如果能同時做好這些日常營運活動，就可創造良好績效。

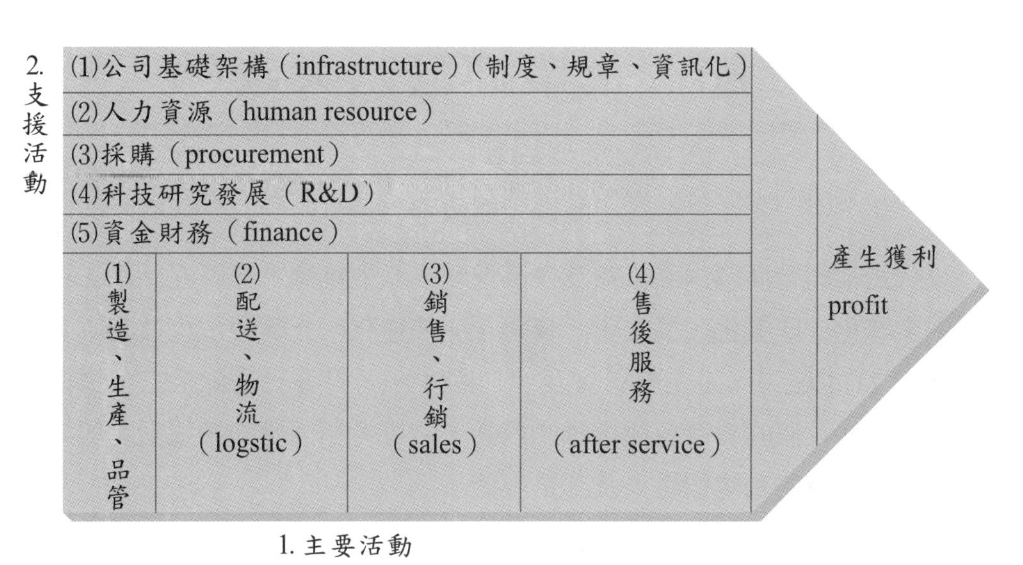

圖 3-3　Porter 教授的企業價值鏈

㈠Fit 概念的重要性

此外，Porter 教授也非常重視 Fit（良好搭配）的概念，他認爲這些活動彼此之間必須有良好與周全的協調及搭配，才能產生價值出來，否則各自爲政及本位主義的結果，可能使活動價值下降或抵銷。因此，他認爲凡是營運活動搭配良好的企業，大致均有較佳的營運效能（operational effectiveness），也因而產生相對的競爭優勢出來。所以，Porter 教授一再重視企業在價值鍵活動運作中，必須各種活動之間的良好搭配，然後產生營運效益。

㈡ 產業價值鏈的垂直系統

另外，Porter 教授認爲每個產業的價值體系，包括 4 種系統在內，即從上游的供應商到下游的通路商及顧客等，均有其自身的價值鏈，如圖 3-4 標示。這些系統中，每一個都在尋求生存利害以及價值的極大化所在，並視每一種產業結構，而有其不同的上、中、下游價值所在。

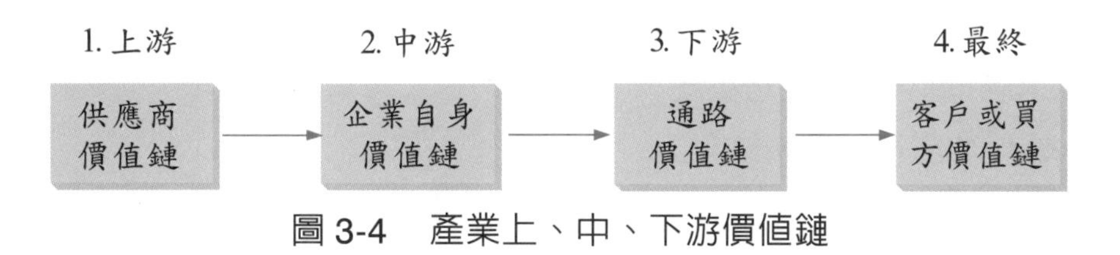

圖 3-4　產業上、中、下游價值鏈

第二節　企業經營八大趨勢

現代企業經營面臨內部組織及外部環境的激烈挑戰，自不在話下。特別是在面對全球化、國際化、民主化、資訊化、快速化、光纖數位化及資本化等高度劇變的21世紀中，企業經營者及管理團隊，面對著日益棘手的各種挑戰，企業經營如何正確的看待各種挑戰的內涵，並思考相因應的各種對策與方案，將是考驗著所有的企業領導人及其企業體。

茲列述下列21世紀企業經營所面臨的8種趨勢（見圖3-5）：

一、全球化企業的發展（The Globalization of Business）

國內企業經營在追求市場的擴大、業績成長、成本的下降及整體競爭力提升等動機下，自1980年起，企業營運版圖與布局，早已從自己國家的內銷市場，邁向國際市場與全球市場。因此，很多企業跨國直接投資、跨國購併、跨國聯盟合作及跨國生產等已日益興盛。

因此，企業面對跨國經營與管理，將不同於傳統的國內經營與管理，並且面對的新挑戰，包括經營面與管理面的挑戰。

二、資訊基礎的管理導向（Information-Base Organization & Management）

1980年代電腦普及運用之後，整體企業管理的工具有了很大的改變，再加上各種軟體系統的高度創新發展，使得企業內部營運管理體系，透過資訊及網際網路的極致發揮，而成爲以資訊基礎爲核心的內部自動化管理導向。這些資訊管理系統，包括：

1. ERP（企業整體資訊規劃管理系統）
2. CRM（顧客關係管理系統）
3. KM（知識庫管理系統）

4. CTI（電腦電話整合系統）
5. Call Center（客服中心）
6. Extranet（外部網際網路連線）
7. B2B 電子商務（企業對企業資訊連結系統）
8. VCMS（供應商合作管理系統）
9. POS（銷售時點資訊情報系統）
10. SCM（供應鏈管理）

名詞解釋

POS 系統

1. 何謂 POS？

所謂 POS，是英文「Point of Sales」的簡稱，中文翻譯爲「銷售時點資訊情報系統」。

POS 包括前檯以及後檯作業，前檯利用收銀機設備及系統達到收款功能，並將每一筆銷售的商品資訊以電腦詳細記錄下來並傳輸到後檯，進行進銷存管理、會計管理、物流管理、廠商往來記錄及消費行爲分析等。

2. POS 前檯及後檯作業軟體系統：

(1)「前檯」即第一線與消費者接觸的地方，被視爲銷售資料的聚集處，最重要的工作就是爲客人正確且迅速的結帳，基本功能包括銷售員的排班、結帳、發票、退貨處理、各時段報表記錄保持等。

(2)「後檯」系統則是商品銷售分析，管理中心將前檯蒐集的情報做分析動作，包含貨物進銷存管理、銷售分析、應付帳款、收貨管理、顧客／會員資料管理、與廠商往來記錄等，讓經營者可以了解目前該店營業銷售狀況，當作採購或行銷策略的參考。

3. POS 的利益與好處：

至於 POS 系統所帶來的利益與附加價值，則可大致歸納爲以下幾點：

(1) 正確迅速的完成結帳動作；(2) 結合各種促銷活動訊息；(3) 提供正確的銷售結帳金額；(4) 減少交易錯誤的發生；(5) 並透過電腦硬體技術的提升，提高收銀員的工作效率，降低顧客的等待時間。

4. 應用場所：

各種零售場所據點的收費櫃檯，包括超市、便利超商、大賣場、百貨公司、購物中心等。

21 世紀企業在全球化營運體系下，建置全球數十個產銷據點，必須仰賴資訊體系及工具，才能隨時掌握內部及外部情報，以策訂營運對策及計畫。

三、全球產業專業分工

全球各國及各個企業，均有其不同的內部資源及發展特色與專長，每個企業均專注在其核心能力及核心產品上，如此，才會有競爭力。例如：臺灣在 1990 年代，是全球數一數二的資訊電腦產品的世界級製造工廠所在地，臺灣在資訊產業周邊配套廠商體系的完整性、動機性及效率性是全球第一的。因此很多電腦大公司，如 IBM、Dell、HP、Compaq、東芝、富士通、NEC 等，均在臺灣找資訊廠商做 OEM。另外，臺灣在晶圓代工生產方面，台積電及聯電等亦屬世界級大廠，為國外大廠做代工業務。而美國在生化藥品產業、國防武器產業、化工產業等極有專業成果；日本則是汽車產業、造船產業等。另外，有些國家扮演生產據點功能（例如：中國大陸）、有些為金融財務功能（例如：香港）、有些為行銷功能、有些為研發功能、有些則為港口轉運功能等。

四、企業重視全方位生產力

過去傳統企業只重視製造上的生產力，力求良率提升，不良率下降，以及彈性快速生產。但邁入 21 世紀之後，發覺企業的生產力是全方位生產力。詳細說明如下：

㈠ 資金管理的生產力提升

例如：閒置資金如何產生更大財務利潤及財務投資，以及如何籌措更低成本的資金來源。因此，財務經理人就更加關注本國及海外的證券市場、資本市場、金融市場及債券市場的變化與商機。

㈡ 研究開發生產力提升

過去研發時間可以較長，但現在面對詭譎多變的競爭環境，時間就是金錢。因此，汽車廠的新車型研發，從 2 年縮短爲 1 年；資訊電腦或電子零組件的研發時間，亦至少縮短在 1 年內。研發是站在最尖端與最前鋒，研發生產力提升，包括時間加快及成果加大，對企業將有很大助益。

㈢ 人員生產力提升

人員的專業及素質影響到企業整體表現。因此，對於各階層人員的生產力提升，就有賴平常的教育訓練、制度建立、賞罰分明以及人員績效管理，如此人員生產力就可以獲得改善。

㈣ 行銷生產力提升

行銷與銷售是企業實踐獲利的第一線管道。因此，對於如何建立優良的通路關係，做好廣告創意效果，制定公平激勵的薪獎制度及提升業務人力素質水準，做好售後服務等，此均有助於行銷生產力提升。

五、現代社會成本加重，影響企業競爭力

現代企業的經營已日益受到外部社會的挑戰及影響，而使其成本加重，影響企業競爭力。例如：

1. 政治不安定，導致投資意願衰退。
2. 工時縮短，使企業成本提升。
3. 環保過嚴，使新設廠速度緩慢；環保抗爭，而窮於應付。
4. 勞工福利增加，使企業負荷加重。
5. 交通阻塞，使運輸時間加長。
6. 電力不足，使生產線無法順暢作業。
7. 社會價值觀的改變，使人力管理更加複雜。
8. 政府不當法令管制，增加企業成本。

六、人口結構改變，世界高齡人口增加

由於醫藥水準的進步及健康生活的重視，使全球老年（60 歲以上）人口不斷向上增加，平均生存年齡已達 75 歲。對於人口年齡老化所帶來的社會影響、商機與挑戰，亦是一項重點。

七、女性消費力增強

邁入 21 世紀後，由於女性受教育水準普遍提升，而且就業率也增加，因此，具有經濟獨立性的都會女性人口數量激增。而她們自主性高、個性堅強、愛自己、生活自主，也不急著結婚，因此，演化或追求一種屬於自己天地、快樂與消費新時代的新女性典範模式。

這群 21 世紀新女性，喜歡旅遊、購物，喜歡把自己打扮得美美的，喜歡教育進修、計畫買房子、買車子等。因此，已成爲市場消費新主力。

八、企業公益與企業形象受到重視

企業的使命雖然是以追求獲利，創造股東及董事會成員的財富爲目標。但是 21 世紀的新企業使命，還必須做好企業公益及塑造優良的企業形象。因爲企業財富畢竟取之於社會大眾，因此，適度的回饋社會大眾及社會弱勢族群，亦爲必要之舉。所以，企業成立文教基金會、學校、醫院、救援基金會等，並捐款救濟社會弱勢者，使他們獲得應有的生活水準。

企業的社會責任及社會使命感，已成爲企業功能及營運的一個常態環節，並使企業終將成爲一個「企業公民」（corporate citizen）的理想目標。

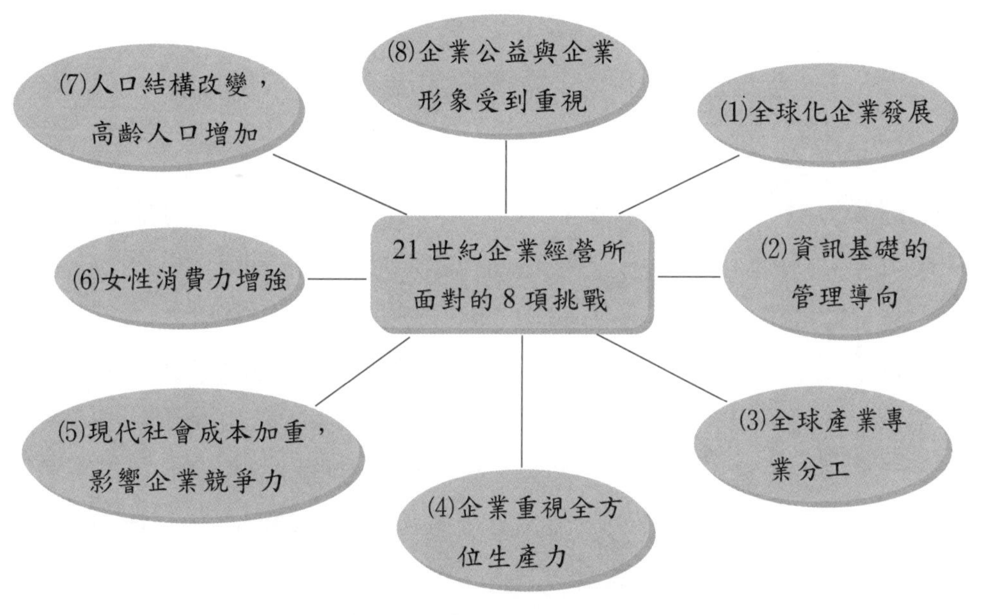

圖 3-5　21 世紀企業經營所面臨的 8 種趨勢

第三節　企業管理出現七項新課題

全球晶圓代工大廠台積電董事長張忠謀於 2016 年 6 月 26 日，在一場「管理學新課題」演講會中，提出管理學因經濟自由化、全球化及科技化發展，衍生七大新課題，內容精闢摘述如下：

一、競爭學的出現

過去的管理學強調，把公司提升到完美，這並不是最重要的事。要強調的應該是和競爭者間的距離，如果處於領先，就要拉大距離；如果是落後，就要縮短距離。1960 年後，波士頓顧問團曾提出「市占率重要性」的理論：絕對市占率並不重要，重要的是和競爭者間的相對市占率。這項思維可以讓一家公司了解，哪一項業務應該繼續投資，哪一項應該收起來。簡單以美商奇異公司前總裁威爾許（Jack Welch）說的一句話做解釋：「投資一個行業，至少要做到前三名，否則就退出。」

二、策略創新

管理學大師麥克 ‧ 波特教授曾表示，現在大部分的公司都強調營運進步，但不求策略創新，事實上，策略創新才是最重要的部分。

中文常把策略（strategy）和戰術（tactic）搞混，但實際上兩者完全不同，策略的時期長，但戰術的時期短。舉例說明策略創新：咖啡是美國非常普遍的飲料和食物，但星巴克利用策略創新，把一杯 0.5 美元的咖啡賣到 5 美元，還讓消費者很開心，這就成功了。麥當勞賣漢堡也是同樣的例子。

這些公司並沒有發明新的技術，就像台積電沒有創造晶圓製造的技術，但發明了晶圓代工模式，這就是策略創新。半導體巨人英特爾是技術創新，微軟則是半技術、半策略創新，以過去二、三十年的例子分析，大成功是來自策略創新，而不是來自技術創新或產品創新。不過要強調管理仍要和科技結合。簡單說，管理學是一門以經濟、政治和歷史爲經，以科技爲緯的一門學問。

三、企業組織的「靈活化」

現在許多公司強調組織扁平化，理由不是節省經費就是溝通容易，這都不對。面對新的企業競爭，組織扁平的好處，是管理者獲取消息情報快速。

四、「知識經濟」崛起

其實知識經濟的重點不在知識，而是在如何把知識變化爲利潤。有了知識後，要創意、要有冒險和進取精神，才能成功。如果一個企業裡的員工都擁有這 3 項條件，成功的機會比較大。

五、待遇和激發的關係

先舉幾個例子，過去 10 年時間，美國金融業花旗銀行最高薪主管，薪資漲了 25 倍；飲料業最高薪 CEO 由百事可樂換成可口可樂，薪資成長 20 倍；電信業 AT&T 總裁薪水成長 5.4 倍。

不過，美國消費者物價平均指數在過去 10 年漲了 32%，每戶平均收入僅成長 42%，美國教師收入成長 20%。這兩項相差懸殊的數據顯示一件事，知識經濟的發展並不是提升每個人的待遇，而是創造小部分的「贏者」。現在的問題是，矽谷的年輕人只要工作兩、三年就可以退休，更多的錢也無法激發他工作意願，也許有人說工作樂趣可以，但並非每個人都有這項動機，管理者必須思考這個新問題。

六、「公司治理」日益受重視

現在企業競爭不光是產品競爭，更是資金的競爭。如果一家公司沒有達到世界等級，在資本市場就會吃虧。以一家治理好的公司和差的公司相比，通常好的那一家公司股價的本益比會比較高。

七、須強調「企業道德」的重要

最近幾年哈佛商學院開始有這類議題討論，其實臺灣也有需要。好的企業道德，可以創造好的業績。企業應當是社會的一員，不光是商業道德重要，企業更應重視對社會的責任。

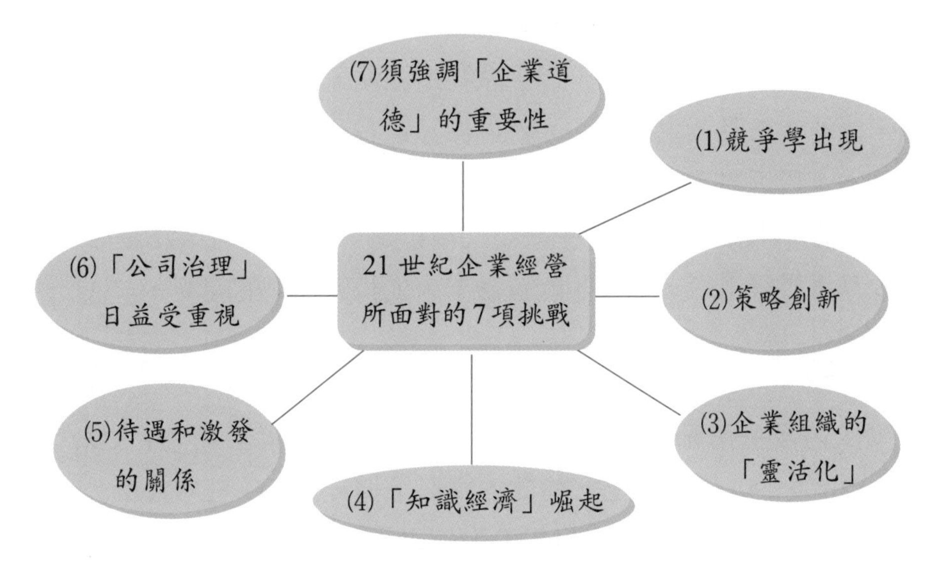

圖 3-6　現代企業管理出現 7 項新課題

第四節　企業長青成功經營之道

企業在今天如此激烈競爭環境當中，要取得成功經營已不簡單，若要持續長青經營，顯然更是難上加難。本書作者長期觀察國內外長青成功企業，均有其獨特的經營之道。

一、企業面對「三化」衝擊：全球化、自由化、科技化

首先必須先談到近幾年來企業面臨外部大環境的變化，這些變化，已經對企業經營造成很大的影響與衝擊。這包括全球化、自由化與科技化，筆者把它們稱爲「三化」（三種變化）。

㈠ 全球化

各位都知道，每一個國家自己內部的內需市場並不足以滿足企業成長的需求，有些甚至內需市場已經飽和成熟，未來不再有大幅成長的可能性了。這個時刻，企業要怎麼辦呢？唯一的出路，就是把企業的力量向外延伸。就策略管理的術語來說，就稱爲「地理範疇擴張策略」或「全球市場布局策略」。今天，企業不只是市場要全球化，連生產製造據點，亦要做好「全球生產布局」的規劃，才能有效降低生產成本，就近做好顧客及時供貨需求，進而提高整體營運競爭力。最近幾年來，根據經濟部統計，臺灣有一半的上市、上櫃公司已經到中國大陸去投資設廠，這些廠商的著眼點，在於如何做好全球化戰略布局，晉升爲世界級工廠，然後才能贏得未來成長與存活的空間。

㈡ 自由化

中國大陸及臺灣都已經在 2001 年 12 月加入世貿組織（WTO），成爲 WTO 第 143 及 144 個會員國。從此，就必須遵守 WTO 全球貿易、經濟與投資的相關規範，亦即我們必須與國際經貿規範相互接軌。而 WTO 的基本精神就是強調「自由化」與「互惠平等」的概念。但是，自由化固然帶來正面的有

利影響，但也加速了更爲激烈的競爭壓力。因此，臺商企業必須站在世界的水平線，來與跨國大企業相互競爭，而不是只埋首於過去時代的「鎖國」競爭。

㈢ 科技化

最近幾年來，企業面對巨大的科技變革，包括無線行動通訊科技、有線寬頻科技、數位儲存科技、機器人、VR（虛擬實境）、AI（人工智慧）、液晶面板科技以及網際網路（Internet）科技等八大科技快速變化與進步，都深深影響到產業的盛衰、企業經營策略的因應調整，以及企業競爭力焦點的轉變等重大議題。

二、不景氣時代，企業長青的十大原因

最近一、二年來，全球經濟除了中國大陸還保有 7% 的經濟成長率外，全球大部分國家的經濟與企業經營，都陷入景氣低迷、成長不易與獲利衰退的嚴酷考驗與挑戰。但是，即使在不景氣時代中，國內外仍然有不少企業保持亮麗的經營成果。筆者曾仔細去分析在不景氣時代中，企業仍能長青不墜的十大原因（見圖 3-7），如下：

㈠ 力爭前三名品牌地位

現代的企業競爭非常激烈，如果企業在該產業內無法取得第一或第二，最少也要有第三的品牌地位（No.1 brand），才可以在市場上取得相對的競爭優勢。如果沒有進入第三名或第二名以內，企業就難以存活太久。換言之，企業領導人若沒有力拼成爲該行業的前三名品牌地位，就不可能有好的經營成果，可能隨時被淘汰掉。

㈡ 專注核心競爭力（Focus Core Competence）

在 1980 及 1990 年代，全球高速經濟成長中，使得許多企業均急速擴大「多角化」經營範疇。但到了今天，全球步入不景氣時代，很多的公司發現他們並沒有足夠的資源與競爭力。因此，採取了出售、合併或結束他們不具競爭優勢的「非核心」事業部門，而回過頭專注集中經營他們的「核心事業」。因

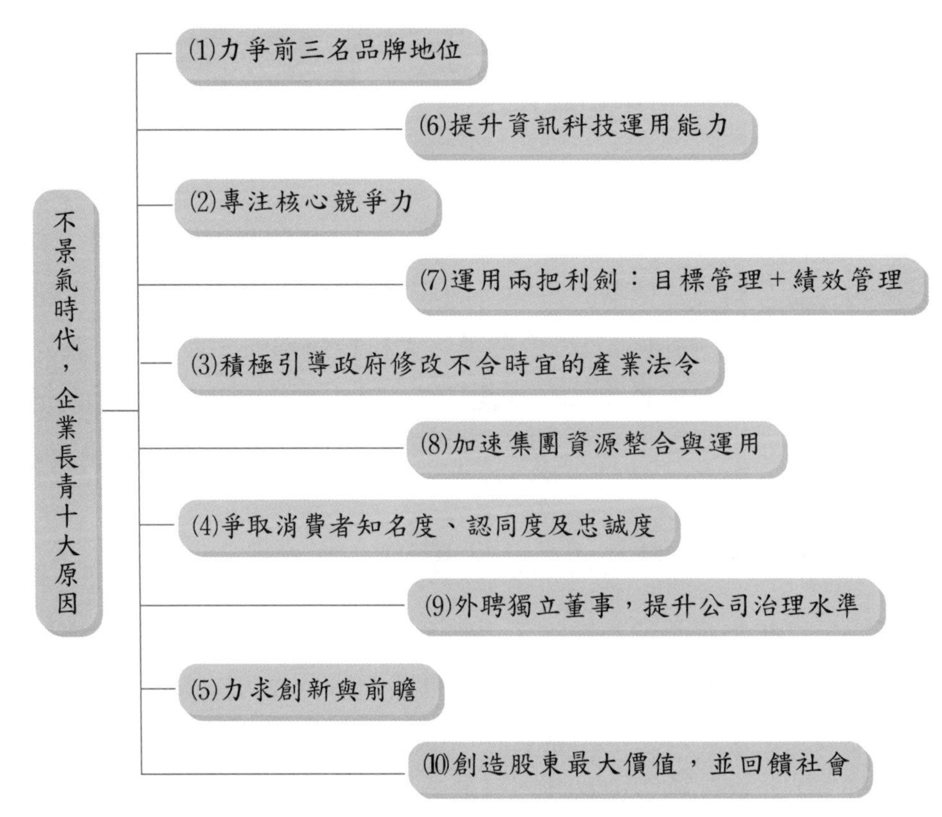

圖 3-7　不景氣時代，企業長青十大原因

爲，他們最後發現，在核心事業中，才有贏的「本事」與「機會」。所謂「隔行如隔山」，要在一個外行且陌生的行業中競爭獲勝，在現在時代中已經是不可能的事。因此，在經營策略上，必須有所「取捨」。學過「企業策略」的人都了解，「策略」的內涵，就是「選擇」，而不是「通做」、「通吃」。21世紀已是全球規模與專業分工的時代，企業最高領導人，如何依據自身的優勢資源與核心專長，然後做好、做對「策略選擇」，將考驗他們的智慧與思路。

㈢ 積極引導政府修改不合時宜的產業法令

企業經營除了面對全球與同業競爭壓力外，也面臨著政府對產業法令、法規的限制。尤其是不合時宜的法令限制，更是必須加以調整、修改與鬆綁，如此才能活化整個產業的能量。這一點非常重要。畢竟，政府存在的目的，是在「服務」，而非「管制」。

㈣ 對消費者爭取「三度」：知名度、認同度、忠誠度

企業經營者須從行銷角度思考，站在「顧客導向」的根本精神上，以及企業所提供的產品與服務上，眞正爲顧客做到「物超所值」與「滿意百分百」的境界，企業才能獲利。因此，企業須爭取在消費者心目中的高知名度、高認同度及高忠誠度。能夠獲得消費者的「三高」，是企業全體所必須共同努力，以及長時間累積才能達成的，並沒有特效藥或捷徑。一旦建立後，就不容易消失，這將是企業永遠的資產。

㈤ 力求創新與前瞻

根據《天下》雜誌曾做過的調查顯示，被國內企業經營者票選列爲企業經營第一重要的能力，就是「創新」與「前瞻」能力。大家都知道，在企業無情競爭中，唯一能保持第一的常勝軍，就是要不斷追求創新。這包括策略創新、技術創新、服務創新、行銷創新與知識應用創新等五大主軸，透過這五種不斷創新，企業才能永保「領先」。一個不能夠時時創新的企業，終究會被其他企業追趕過，而使排名愈來愈居落後，最後還可能會消失掉。而「前瞻」（vision）則代表著最高領導人，對企業 5 年、10 年、20 年後的企業成長願景、企業地位、企業生命力與企業競爭優勢，做出戰略性的評估、思考與規劃。因此，企業領導人，既要「爭一時」（短期的業績），更要「爭千秋」（未來成長）。企業領導人沒有前瞻願景，就會失去企業向前進步的動力與壓力。因此，企業領導人要有前瞻願景，形成「企業目標」與「組織文化」的一環，深刻在全體員工心中。

㈥ 提升資訊科技（IT）運用能力

資訊科技的突飛猛進，令人難以想像。這包括行動通訊、行動上網、有線上網、Big Data（大數據）、衛星視訊會議、電子郵件（e-mail）、隨選視訊（VOD）、數位儲存，以及 B2B & B2C 電子商務等，都已經獲得普及應用，大大提升企業人力、節省成本、作業效率提升以及企業內部營運效能加強的助益。

(七) 運用兩把利劍：目標管理及績效管理

現在全球大企業都非常強調「目標管理」（management by objective）及「績效管理」（performance management）。過去日本企業引以爲傲的「終身僱用制」，早已被唾棄。現在日本一流企業的薪資，都是依據個人的工作表現以及對公司的貢獻，而不完全是依據年齡或官位職稱。這樣可以激發更多有潛力的好人才出現，公司也會形成一個好的循環，而外面好的人才，也會慕名而來。另外，在「目標管理」方面，也是落實「績效管理」的配套做法。先有「目標」設定，才能談到「績效」考核。因此，企業領導人，必須手握兩把劍，左劍是「目標管理」、右劍是「績效管理」，兩劍同時出鞘，唯有如此，才能做到權責相符、賞罰分明、激勵人心、誘發潛能，最終形成企業內部好的企業文化與組織文化習性。

(八) 加速集團資源整合與運用

集團資源整合與運用，將成爲企業競爭優勢的有力來源之一。金控集團的成立、統一超商流通次集團 23 家公司資源的整合支援等案例，都在在顯示集團間資源的綜效（1 + 1 大於 2）運用及發揮，愈來愈受到重視。

(九) 徵聘外部獨立董事，加速公司進步

近來「公司治理」（corporate governance）成爲全球卓越企業的經營思潮之一。公司治理的內涵，主要是強調企業應該引進外部獨立董事。透過他們公正與客觀的建言及監管，來提升公司決策的周全性、正確性，並加速公司的進步。金管會證期局亦規定新上市上櫃公司的董事會成員中，必須聘請 2 位外部獨立董事及 1 位外部獨立監事。事實上，美國已有很多知名大公司的董事會成員中，並不是由大股東或公司高級主管擔任，而是外部獨立董事擔任。例如：美國「摩托羅拉電子公司」15 位董事成員中，只有 5 位是公司內部成員，其他 10 位均爲外部獨立董事，包括大學教授、技術專家、律師、會計師及其他公司退休高級主管等。

「公司治理」的好與壞，已成爲今日全球投資銀行選擇是否投資該公司股票，或參與股權經營的重要指標之一。臺灣企業未來應該趕上美國企業在貫徹

公司治理的水準，才能眞正邁向國際要求的水準，亦才能吸引更多的外資投資臺灣企業。

㈩ 創造股東最大價值，並善盡公益，回饋社會

公司董事會及最高經營者，最大的使命就是爲「股東會」的全體股東創造最大的投資價值及公司價值。此外，企業還應該善盡公益活動、回饋社會，成爲被消費大衆所肯定的「企業公民」（corporate citizen）形象，而不是一個只想著賺錢的企業，這是企業的社會責任與企業道德。作爲產業的領航者，必須始終把「公益」放在內心的最深處，不僅投資臺灣、立足臺灣，更須關懷本土。

筆者認爲這是作爲企業家應該有的使命感。目前國內已有不少企業集團，包括台積電、統一、富邦、東森媒體、年代、中國信託、聯合報、安泰等，都已積極投入國內文化、教育、慈善、救濟等社會公益贊助活動。

三、企業領導人成功之鑰——努力、膽識、用才與機運

最後筆者歸結企業領導人成功之鑰，最主要的 4 項是：努力、膽識、用才與機運。這 4 項是缺一不可。

1. 唯有「努力」，才能比別人了解更多、掌握更多、進步更多、領先更多。
2. 唯有「膽識」，才能不斷創新與躍進，並勇於突破傳統。
3. 唯有「用才」，才能加速擴張成長與維繫團隊競爭力。企業是各種專業人才所累積而成的。
4. 唯有「機運」，經營才能水到渠成。

第五節　企業創新

臺灣產業競爭激烈，版圖變化非常快速，如何隨時掌握消費者市場需求的變化，並不斷滿足這些需求，將是一項重要的考驗。臺灣產業未來贏的本質，只在「創新」兩個字。而創新可區分爲十大項目的創新，如圖 3-8 所示，並分述如下：

一、思維創新

企業經營要勇於顛覆傳統、思維創新（thinking innovation）。過去成功的，未來不一定會成功；過去的模式，未來不一定可以沿用；過去做不到的，未來也許可以做得到；過去沒有的，未來也許已經浮現。例如：現在的行動通訊，就是打破過去固網（固定）通訊的舊思維。還有，有線電視 100 個類比頻道變爲 600 個數位頻道，也是思維創新。另外，筆記型電腦相對於桌上型電腦，也是思維創新。

二、價值創新（Value Innovation）

顧客愈來愈注意企業的產品或服務，能帶給他們哪些「物超所值」的地方。例如：便利超商連鎖店，帶給顧客的是便利性價值。新聞臺 SNG 連線，帶給觀眾的是現場同步的價值。SPA 美容瘦身業者，帶給顧客的是「美與希望」的價值。再如，東森計畫推出兒童英語頻道，想帶給顧客的是「知識學習」的價值。而家樂福量販店，則是帶給顧客「價格便宜」的價值。

三、業務創新

業務是公司營收主要來源，在面對不景氣時，尤應重視業務創新（business innovation）。例如：統一便利商店推出「本土行銷」、「在地行銷」計畫，包括「國民便當」、「懷舊本地特產」，都得到不錯的成績。再如，東森公司將幼幼臺節目或綜合臺節目，轉化成平面出版品、多媒體 VCD / DVD 或肖像權授權等，也衍生收入及利潤。再如，花旗銀行推出「透明卡」造型信用卡、萬泰銀行推出「喬治瑪麗現金卡」、富邦銀行推出「免年費白金卡」、中華商銀與得易購推出「得易卡」等，都有不錯的推卡績效。

四、技術創新

技術已漸漸變得不是太大問題，因爲技術是相對可以買得到的，只要肯花錢。但技術創新（technology innovation）是要強調技術在市場面及應用面，如何以消費者爲主軸，思考具有市場性的技術創新。技術只是過程與工具而已，重要的是「人」如何去運用它、開發它。

五、管理創新

管理創新（management innovation）的主要目的在於「降低成本」（cost down）及「提升效率」（efficiency up）。尤其，在不景氣時代，大家又都回到基本面，重視「管理」的本質，而且更加力求管理創新。例如：長庚醫院即是以嚴格管理效率著名的民營醫院，它把每位醫生的生產效率與產值規範得非常精確，而形成每位醫生投入與產出之間的等價關係。亦即績效指標愈高的醫生，所獲的待遇薪水與獎金，也將比別人高。「國光汽車客運公司」（原台汽公司）也開始轉虧爲盈，這主要也是降低成本見成效的管理創新。

六、服務創新

服務業強調的是創新服務（service innovation），現在很多公司都成立「客服中心」（call center），並導入最先進的 CTI（電腦電話整合系統）服務，客服人員隨時可以在第一時間，於電腦畫面上，主動叫出對方來電客戶的姓名。另外，還有很多大飯店、俱樂部、航空公司、信用卡、SPA 等都有提供貴賓級（或頂級）的超值服務。劍湖山主題遊樂區，也蓋好一座休閒渡假大飯店，兩者結合在一起，方便顧客可以在那裡住上一夜二天。而各便利超商店內，裝置 ATM（自動提款機），方便顧客提款及匯款。

七、內容創新

對媒體業者而言，如何做好內容創新（content innovation）是一件非常重要之事。人類永遠都喜新厭舊，因此媒體所顯示出來的新聞與節目內容，必須經常變化才行。變化就是創新，因爲消費者對新的東西才會有好奇心。由於「內容主宰一切」（Content is King），因此媒體業者應該組成「創意小組」或「點子王」，不斷集思廣益、推動內容、創新工作。

八、品牌創新（Brand Innovation）

品牌與公司信譽是一種永恆的資產，各位都想像不到，以美國的可口可樂、麥當勞、星巴克、英特爾、Walmart 量販店、IBM、Apple、Google、Facebook、Amazon、Intel、Microsoft 等品牌資產價值，都超過 100 億美元以上。另外，以電視媒體來說，美國 CNN、FOX、Discovery、HBO、日本 NHK、中國大陸中央電視臺、香港 TVB、英國 BBC 等，都是全球非常具有品牌價值的媒體。而如何創造出一個令人好叫、好記及具吸引力的品牌，是一件重要之事。

九、廣告創新（Advertising Innovation）

廣告是打造品牌與公司形象最快與最好的必備工具。一支成功的廣告，將對公司銷售績效與品牌建立帶來很大助益。

十、組織創新

組織創新（organization innovation）包括了組織架構及組織人力的革新。台積電張忠謀董事長曾經說過，公司的組織不應是固定不變的，反而應是移動式及變形蟲式的彈性組織。組織設計應力求扁平化與機動性，不應過分講求職位名稱與官僚權力，那些都不太有意義。重要的是公司組織架構運作必須靈活、有彈性、有競爭力，能夠達成目標爲主。

而在組織人力革新方面，適度的新陳代謝也是非常必要的。人力革新爲追求成長所必須的手段。當公司的人力日趨老化、官僚化、單一化時，就代表著這家公司已經沒有希望。人才是企業永續經營的根本，如何培養公司每一世代的管理團隊，讓他們都能獨當一面、拓展事業版圖，這就考驗著領導者的智慧。

例如：美國迪士尼公司、瑞士雀巢公司（NESTLE）、豐田 TOYOTA 汽車、LV、CHANEL、GUCCI、HERMÉS、P&G 都是超過 100 年歲月的好公司，因爲他們不斷的進行每一階段的組織創新，並吸納全球優秀才人，企業才能永續經營。

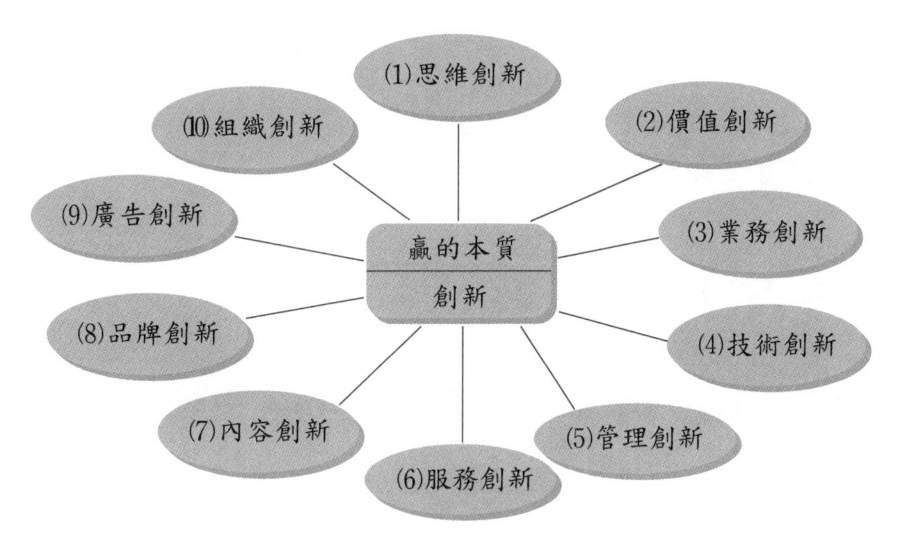

圖 3-8　十大創新的內容

第六節　變革管理的五大關鍵因素

美商惠悅企管顧問公司黃鄭鈞副總經理曾依據其多年輔導經驗，總結出當企業在改革、轉型、變革時，是否成功的五大關鍵因素，如下：

一、協同一致的高層指揮體系

唯有組織高層團隊能開誠布公面對事實及失敗經驗，才能夠有效強化組織變革轉型的正當性及延續性。如果組織高層未能針對變革方向達成共識，轉型成功機會不大。

二、建構與變革願景清楚連結的組織架構

企業願景能否達成，端賴組織整合能力優劣與否而定。而組織架構優良與否，則決定組織整合能力優劣強弱。因此欲成功轉型的企業高層，必須確保組織架構設計與變革願景成功連結。

三、規劃設置變革溝通的有效管道

建立上下對改革願景與策略認知一致，同時組織高層必須透過溝通管道與機制，以行動力破除組織拒絕改變的阻力與障礙。

四、確實檢視原有的績效管理及整體獎酬策略與制度的合適性

本土中、大型企業在歷經過去面臨轉型的陣痛過程中，很少會注意到公司內部與員工最息息相關的人力資源制度與做法，是否也伴隨著組織轉型而重新進行檢視修訂。

五、快速複製具體執行的「即時速贏」氛圍

哈佛大學 Knotter 教授指出，在組織變革初始之際，適時且持續規劃創造速贏（quick wins）成果，可以有效重建同仁對變革成功的信心，並激勵整體組織執行力。

第七節　長壽企業的五大基因

一、敏感回應環境的變化

面對經濟衰退、天然災害、政局動盪等挑戰，長壽企業總能及早發現苗頭不對，爲保全組織生機而斷然採取適切的行動。

早期發現潛藏的危機，儘早規劃出趨吉避凶之道，是長壽必備的能力。當經營者發現公司走上歧路時，要有壁虎斷尾求生的決斷力。就如同 1985 年英特爾放棄記憶體事業一樣，這是個晦暗、挫敗、沮喪、猶豫、爭辯的過程，唯有擺脫與記憶體千絲萬縷的情感糾葛後，英特爾才得以全心全力奔向新的道路，成爲微處理器市場的霸主。

二、追求長短期的均衡發展

長壽企業不會只看眼前、不重視未來，除非公司生存有問題，否則他們寧願放棄唾手可得的利益，投注全力於實現長期願景。長壽企業經營者將企業組織全體的健康狀態，視爲第一要務。追求長短期均衡發展是長壽公司相當重視的策略思考，日本東芝就有所謂的「水田哲學」，緊守春耕、夏耘、秋收、冬藏的思維。

三、凝聚組織認同的接班人

獨特的文化風格讓長壽企業與衆不同，員工只有成爲公司文化的澈底擁護者才能如魚得水，否則就會和公司產生間隙，自己的思想和組織的意識型態會格格不入。強烈的文化有助於公司及早篩選出合適的人，協助組織形成生命共同體的氛圍。爲了確保正確文化基因的傳遞，長壽企業相當重視人員的選、訓、用、退，而且比一般公司嚴格許多，以保證長壽基因複製的過程不會遭受扭曲。

四、分權而獨立的組織結構

在維持企業整體發展的前提下，長壽企業允許多元化概念的呈現，不會採取高度集權的決策模式。透過分散式的管理模式，讓組織各單位得以完全發揮創造能力。由於能夠尊重現場每個人的判斷，長壽企業對於客戶需求的回應也較為快速。對於新概念的吸收，長壽企業不存預設立場，使得新舊之間能夠有效融合成一體，因此轉換經營業務的過程較為順暢。

五、資金調度小心謹慎

質樸、儉約是長壽企業重要的物質，他們秉持「水庫哲學」，不斷默默地為人才庫、技術庫、現金庫注入活水，以備不時之需。長壽企業不會隨便借錢，甚至會保留巨額現款，準備因應急需。具有豐沛現金流量以築起厚實的財務防火牆，同時企業營運將更具有自主彈性，當有利的商機突然現身時，能夠快速投入。

自我評量

1. 說明何謂企業經營管理矩陣？又何謂管理功能？企業功能？
2. 何謂 P-D-C-A？
3. 試說明從企業投入資源面來看，它應思考到哪些事情？
4. 試圖示企業投入與產出的營運活動爲何？
5. 試圖示 Porter 教授的企業價值鏈爲何？
6. 試申述 Porter 對 Fit 的概念爲何？
7. 試圖示產業價值鏈爲何？
8. 試列示當前企業經營所面臨的 8 種趨勢爲何？
9. 何謂 POS 系統？
10. 試說明當前有哪些重要的資訊管理系統名稱？
11. 試申述全球化企業發展之意義爲何？
12. 試列示當代企業重視哪 4 項生產力提升？
13. 試申述當代環境下，女性消費力增強之意義爲何？
14. 何謂「企業公民」？
15. 試列示當代企業管理出現哪 8 項新課題？
16. 試列示當今企業面對哪三化衝擊？
17. 試圖示在不景氣時代，企業仍能保持長青的十大原因為何？
18. 試分析企業爲何應專注「核心競爭力」之意涵所在？
19. 試列示針對消費者，企業應爭取哪三度？
20. 試說明企業應運用哪兩把劍，才能提升營運效益？
21. 試分析爲何當今要強調集團資源整合與運用？
22. 試列示企業領導人成功之四要點爲何？
23. 試圖示企業應努力創新的 10 項領域爲何？
24. 試分析爲何要「組織創新」？
25. 試分析「管理創新」之意涵何在？

第 4 章

企業經營生態、企業社會責任及危機管理

第一節　企業社會責任

第二節　台積電的三大基石——願景、價值觀及策略

第三節　經營環境的 4C 與對策 4C

第四節　企業自我診斷的六大重點

第五節　微利時代下，低價競爭的七項條件來源

第六節　企業再造與如何度過不景氣

第七節　企業衰敗——突顯十大弊病

第八節　危機管理

第一節 企業社會責任

一、企業社會責任的定義與觀點

現代企業已充分體認到善盡企業社會責任（corporate social responsibility, CSR）的必要性及急迫性。CSR 有各種的定義及觀點，茲列舉如下：

1. CSR 係指企業應本著「取之於社會，用之於社會」的理念，多做一些善舉，用以回饋社會整體，使社會得到均衡、平安、乾淨與幸福的發展。
2. CSR 係指企業應本著「慈悲的資本主義」觀念，勿造成富人與窮人的對立，也勿造成贏得財富卻毀了這個環境的不利事件。因此，在慈悲的精神下，舉凡環保維護、窮人捐助、病人協助、藝文活動贊助等，都是現代企業回饋社會之舉。
3. CSR 並不是單一的指向社會弱勢團體的捐助而已，舉凡產品品質的不斷改善、超額不當獲利的消除、價格下降回饋、公司資訊公開透明化、產品與服務的不斷創新改善、勞工保障等，均是現代企業 CSR 應做之事。
4. 最後，CSR 觀點係認為企業的功能及任務，並不是唯一的賺錢及獲利而已。如果只是單一的「經濟觀點」，而缺乏「社會觀點」，那麼在資本主義下的社會，就可能會有失衡的一天與對立的一天。因此，企業必須將經濟觀點與社會觀點同時納入企業的經營理念內涵。這樣的企業，才算是卓越、優質與受到社會大眾好口碑的好企業。

二、CSR與關係人範圍

企業社會責任要面對哪些利害關係人（stakeholders）呢？大體來說，與下列這些人都有一些關係，包括：1. 股東；2. 投資機構；3. 顧客；4. 行政主管機關；5. 地區居民；6. 大眾媒體；7. 業界公會；8. 員工；9. 勞工工會；10. 上游供應商；11. 下游通路商；12. 非營利事業機關。

企業社會責任即在思考如何滿足這些不同人與不同團體的社會性需求或專業性需求。從多元化與多樣化的觀點，公司若能做到滿足上述內外部關係人的各種需求，就可說這個企業有非常卓越的企業社會責任。

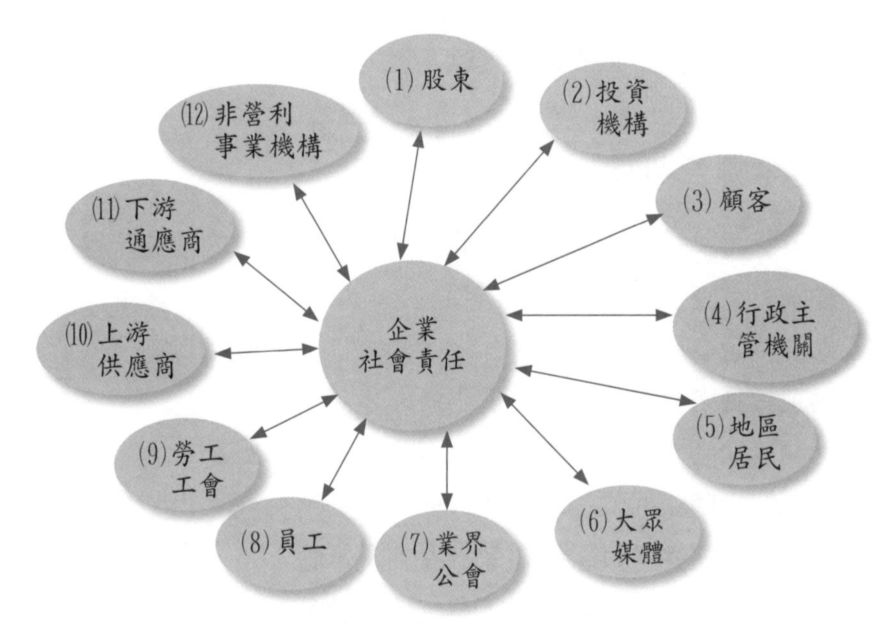

圖 4-1　企業社會責任的內外部關係人範圍

三、CSR與活動主題內容

善盡企業社會責任，到底有哪些活動主題呢？根據企業實務的作業顯示，大致有下列活動內容，均可歸納爲企業應有的社會責任，包括：

1. 對政府相關法令的遵守及貫徹。
2. 對外部環境維護與保持（環保）的實踐。
3. 對顧客個人資訊與隱私資料的維護。
4. 對社會弱勢團體的救助或贊助捐獻。
5. 對商品品質與安全的嚴格把關。
6. 對員工與勞工權益的保障及依法而行。
7. 對工作場所安全衛生的保護。
8. 對公司治理的落實。

9.對社會藝文與健康活動的贊助。
10.對商品或服務定價的合理性，沒有不當或超額利益。
11.對媒體界追求知的權利之適度配合，公開及接受參訪或訪問。
12.公司營運資訊情報依法公開與透明化。
13.對社會善良風俗匡正的有益貢獻。

四、CSR帶來哪些助益

一家企業若能做好 CSR，將會爲企業帶來長期可見的效益，包括：
1.有助該企業獲得社會全體的信賴。
2.有助優良企業形象的塑造。
3.有助企業獲得良好的大衆口碑支持。
4.有助品碑知名度、喜愛度、忠誠度及再購率的提升。
5.有助大衆媒體正面性的充分報導與媒體露出。
6.有助企業長期性優良營運績效的獲利及維繫。
7.有助得到消費大衆的正面肯定與支持、敬愛。
8.有助得到政府機構的正面協助。
9.有助得到大衆股東及投資機構的好評，從而支持該公司股價。
10.有助內部員工的榮譽感與使命感建立，並營造出優質的企業文化，以及提升員工對公司的滿意度及向心力。
11.有助減少外部團體對該公司做出不利的舉動及造成傷害。

五、CSR有哪些做法

CSR 有很多面向及多元化的不同取向做法，若以不同對象爲例，大致有以下做法：

㈠ 對大衆媒體

1.公司的各項資訊與發展，應充分公開給大衆媒體知道，以滿足媒體報導的需求。
2.公司應樂於接受媒體的各種專訪需求。

3. 公司應定期邀請媒體記者餐敘或參訪，以促進雙方的良好互動關係及了解。

㈡ 對社會整體

1. 公司應成立文教基金會或公益慈善基金會，適度捐助或贊助社會各種弱勢團體及非營利慈善事業機構，以使他們能夠得到扶助。
2. 公司應不斷改善營運效率及效能，以降低成本，並利用降價或其他方式回饋給大眾消費者。

㈢ 對環保

公司投資適當的環保設備及措施，以避免汙染外部環境，爲社會環境打造乾淨無汙染的空間。

㈣ 對消費者

公司應不斷加強研發與技術能力，提高產品的品質、功能、耐用期限及設計美感，爲消費者帶來更好的使用經驗，並滿足消費者需求。

㈤ 對投資機構

公司應定期舉辦法人說明會，使外部投資大眾或機構了解公司的營運狀況，並做出正確的投資判斷，避免投資損失。

㈥ 對政府機構

1. 公司應遵守政府的法規，而從事必要的社會責任活動。
2. 公司應編製「年度 CSR 報告書」，揭露公司每年度做了哪些 CSR 活動及投入多少財力、人力及物力。

㈦ 對地方社區

1. 公司應與當地社會民眾多做溝通，讓地方社區了解公司的各項 CSR 作爲。
2. 公司應適度回饋社區，以捐獻方式或志工服務支援社區，與社區建立良好互動關係。

㈧ 對員工

1. 公司應依政府人事規章，遵守法令規定，對員工的各項權利及義務依法執行。
2. 公司應依企業經營理念，善待員工，避免過多的勞資糾紛及勞資對立，並提升員工對公司的滿意度。
3. 員工可組成社會志工關係，投入 CSR 外部活動。

㈨ 對大眾股東

公司應塑造優良 CSR 的企業形象，並透過好的營運績效，不斷提升在公開市場的股價，並回饋理想的股利給股東，使大眾股東得到充分的滿足感。

六、CSR評量四指標

國外高盛、花旗、摩根史坦利、《金融時報》等，均分別發展出 CSR 指數。大家評量的面向，可以歸納爲下列 4 個面向：

1. 公司治理：強調運作透明，才能對員工與股東負責。
2. 企業承諾：強調創新與培育員工，不斷提升員工的價值與提供消費者有益的服務。
3. 社會參與：以人力、物力、知識、技能投入社區。
4. 環境保護：強調有目標、有方法地使用與節約能源，減少汙染。

第二節　台積電的三大基石——願景、價值觀及策略

台積電公司董事長張忠謀在 2016 年 3 月的《天下》雜誌所舉辦的專題演講中，明白指出該公司十多年來迅速成長，主要基於三大基石：願景、價值觀及策略，如圖 4-2 所示。

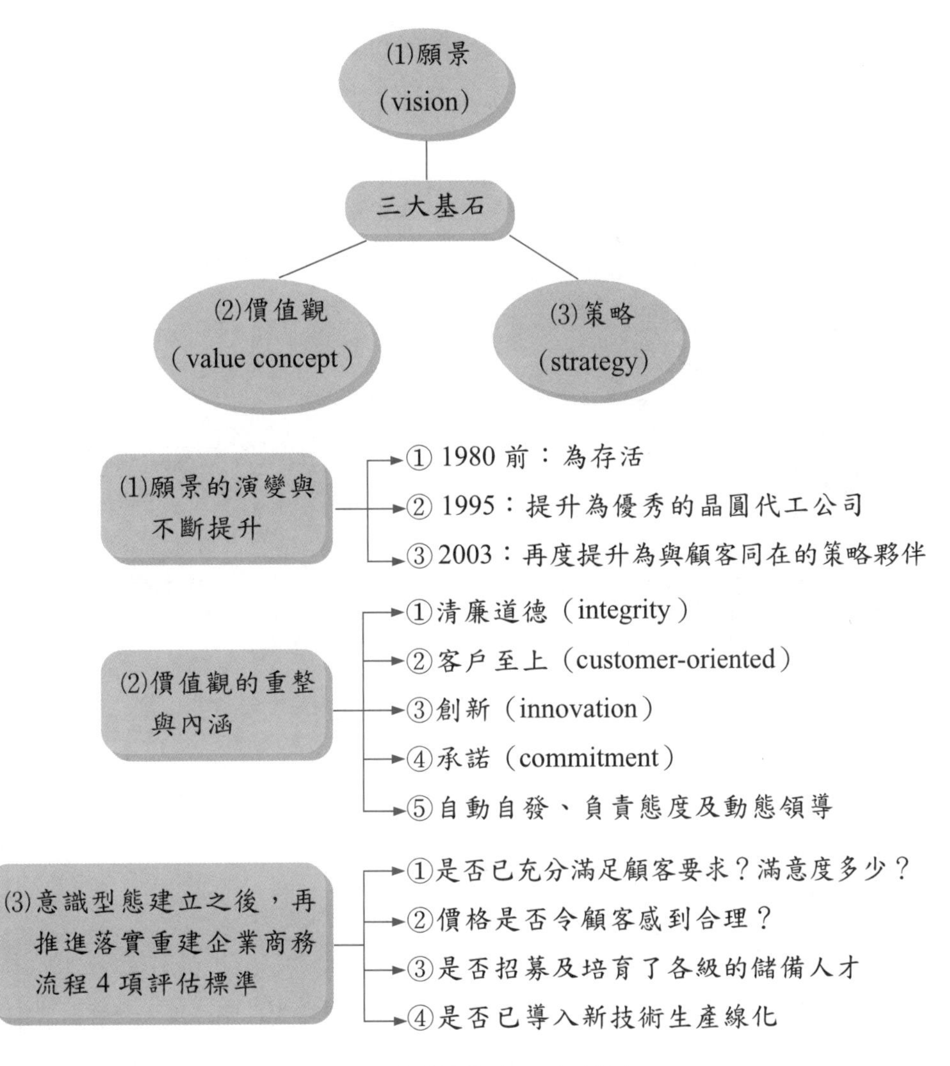

圖 4-2　台積電的三大基石

第三節　經營環境的4C與對策4C

在這個世界唯一不變的眞理就是「世界每天都在變」，不但環境在變、人也在變，不但身體隨時在變，人的想法也隨著環境一直在變。

時序進入 21 世紀，也就是現代人所說的 e 世代。在 e 世代，企業經營者必須面臨 4 個 C，而其可行的解決方案也是 4 個 C。

茲圖示（圖 4-3）如下：

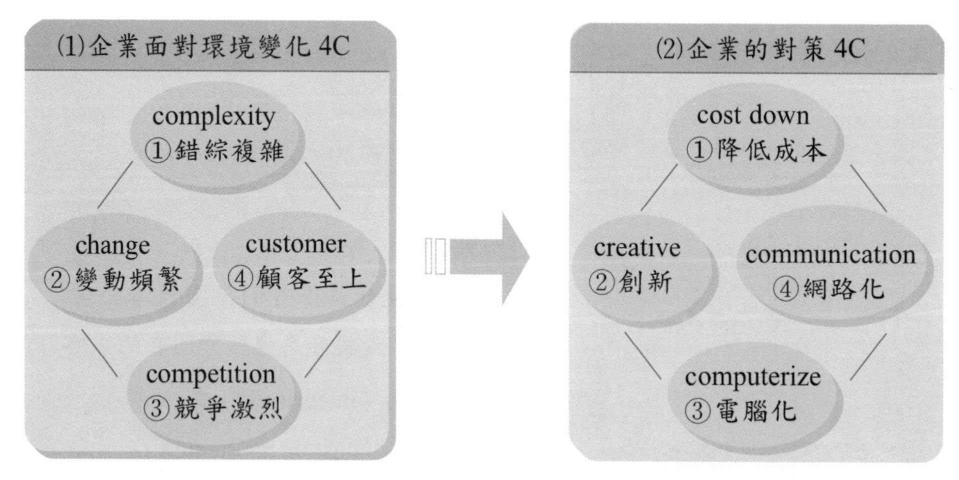

圖 4-3　企業面對環境變化的四個 C 與對策的四個 C

一、經營環境上的4C

㈠Complexity（錯綜複雜）

現代企業，不論哪一種行業，其所面臨的經營環境都相當複雜，不但政府法令規章多，相關的主管單位、客戶亦相當多且複雜。在經營問題的處理上，只要稍一疏忽，恐怕就會陷入困境，喪失競爭力。因此，必須抽絲剝繭，區分出輕重緩急與影響大小之分析。

㈡Change（變動頻繁）

不但公司內部一直在變、政府在變、世界在變，甚至員工想法也在變。以前可能只要內部變動處理好即可，但現在卻不行，還須考慮政府法令規章的改變、競爭對手策略的改變，甚至國際局勢的改變，在在皆影響公司的經營。公司只有以變制變，才是上策。

㈢Competition（競爭激烈）

爲了能永續經營，企業必須面對同業的競爭，除了國內同業的競爭，還須考慮國外同業的競爭。國際化在臺灣加入 WTO（世界貿易組織）後更加落實，企業經營面臨全世界同業，甚至跨業的更激烈競爭，而競爭的層面更是全面性的，包括產品競爭、價格競爭、行銷管道競爭、客戶爭取的競爭，亦即 4P（product、price、promotion、place）的競爭。但是競爭卻能加速大家的進步，刺激大家上緊發條，做出更多的創新與進步。

㈣Customer（顧客至上）

現代競爭是供過於求的時代環境，顧客可以選擇的機會非常多，因此對公司或是品牌的忠誠度下降很多。所以，企業必須眞正貫徹顧客的服務及物超所值活動，做到顧客第一的實踐。

企業做到上述 4 個「C」，必然會增加經營困難度。爲了解決這些問題，勢必要投入大量人力、財力、物力，以求企業永續經營，因此在經營對策上必須有下列 4 個「C」。

二、經營對策上的4C

㈠Cost Down（降低成本）

在競爭激烈、開源不易的情況下，必須降低各種成本（包括工作流程簡化、縮短作業流程、管銷費用節省、精簡人力等），以提高利潤率。

1. 在業務經營上應讓所有同仁有利潤的觀念，並實施事業總部制度的利潤中心制度，以提高營業收入、降低營業費用及管理費用。
2. 在作業上應要求合理化、制度化，以簡化流程，提高員工之工作效率。

總而言之，降低成本即是管理改善，每天都可以管理改善，深入追根究柢。

㈡Innovation/Creative（創新）

由於環境變化快，資訊科技廣泛運用，因此在經營上應配合環境變化不斷創新，包括產品設計、行銷途徑、服務方式、作業流程，皆應配合做合理的改變，並藉以建立新的管理制度，以提升企業經營之效果與效率。Gary Hamel 在《啓動革命》一書一再提到事業觀念創新，而觀念面及執行面都應一再創新，當然創新不是爲了與眾不同，而是要從顧客重視的事情著手，才有可能創造更多的利潤。在實務上，讓子公司都設有員工提案制度，並給予重金獎勵，就是在鼓勵上千上萬員工的創新點子、想法及做法，包括技術研發面與非技術研發面均可。

㈢Computerize（電腦化）

由於環境複雜，企業經營上所需之資訊多得不勝枚舉，因此必須借助於電腦迅速、大量及正確之處理能力，蒐集相關資訊並予以統計分析，將有用之資訊及時提供給適當的人，也在適當時間，做出適當的判斷及應有的決策。唯有利用電腦，才能將多而複雜的資料予以蒐集、統計、分析，並轉換成有用的資訊，及時幫助經營者做出適當的決策。因此 CRM（顧客關係管理）及 data-mining（資料採集篩選）等顧客資料系統，是一個很好的工具。

㈣Communication（網路化）

網際網路的普遍化，使得公司與客戶之間、公司與公司之間、公司與政府之間，甚至客戶與客戶之間，透過網路可以隨時互通訊息、互傳資訊，縮短人與人之間的距離，也改變了現代人的生活方式，因此任何企業都無法抵擋網路化的趨勢，企業要生存少不了要網路化。目前已有很多跨國企業的採購、接單、下單、請款等均早已透過 B2B 電子商務軟體，完成每日的交易往來。

第四節　企業自我診斷的六大重點

一家企業和人的身體一樣，是有生命的；現代人重視健康，知道要定期檢查，掌握自己的身體狀況。而企業何嘗不是應該如此？若不知事前預防的重要性，一旦運作系統突然亮起紅燈，再準備回頭查看，恐怕已是病入膏肓、虧損累累了。所以，在不景氣的當下，企業需要隨時進行「自我診斷」，以確定身體是否硬朗，足以挺過寒冬。至於企業的健康檢查必須有哪些項目？依重要性進行排序，分別是：堅守核心業務、公司現金流量管理、掌握產品所提供的價值、確定主控權、跨越與建立門檻及完善的收款能力（見圖 4-4）。

一、堅守「核心業務」（Focus Core Business）

千萬不可禁不起誘惑，若是不慎誤採了野花，最後，所有因此而帶進的營收，都可能是包藏毒藥的糖衣。在不景氣時代中，開拓新事業是很不容易的，何況隔行如隔山，應該做自己最專長、最有把握成功的事業。

二、公司「現金流量」管理（Manage Cash Flow）

一般而言，接近消費者的商業行爲，容易創造出正數的現金流量，如統一便利商店 7-11、美國 Walmart 百貨；在電腦界，美商戴爾（Dell）的營利模式，也創造非常健康的現金流量。至於製造業，因爲涉及生產流量、存貨、應收帳款等，使得現金流量呈現負數的機率較高，這時，現金流量的管理就大有學問了。當企業的現金流量出現負數時，執行長（CEO）必須非常清楚它的成因，並且有把握這只是暫時現象，知道何時現金流量能由負轉正。如果不是如此，在產業景氣不佳的情況下，企業的現金流量若長期處於負數，這家公司很快就會在業界消失。現金流量財務報表是企業經營者及公司事業部高階主管都必須看懂，而且重視的一個報表。

三、掌握產品所提供的價值（Catch Customer's Value）

在市場上，企業要長期保有競爭力，不能單單專注於產品本身，而必須認清這一項產品背後能提供一般消費大眾的價值是什麼，因爲，價值是永久的，而產品隨時可能被取代。如果企業不能釐清價值與產品之間的差別，處於技術快速翻新的競爭洪流中，很快就會沒入歷史。因此，必須有一個單位經常性的負責調查，消費者所要的價值服務是什麼，這就是民調或市調。這是顧客導向實踐的第一個基礎步驟。

四、確定本身的「主控權」

依照市場的競爭形勢，一家公司不可能獨立運作，它一定有上下游合作廠商。這時，掌握主控權（dominant power）很重要，失去了主控權，等於丟掉所有優勢，更可能被該產業掃地出門。但是掌握主控權，必須要有財力、研發力及生產規模力的三力配合才行。

五、跨越與建立「門檻」（Build Up Entry Barrier）

企業在市場上持續前進，一方面必須時時注意面前的門檻，隨時準備快速跨越，以確保不斷成長，同時，也應設法在身後立下高競爭門檻，製造後繼者跨入障礙，拉開與追趕者之間的距離。對企業而言，跨越本身所遭遇的門檻尤其重要，以免被自己打敗。CEO 對於公司可能遭遇的瓶頸，必須具有預先判知的能力，否則會被突發問題搞得措手不及。

但是實務上，並不是很容易建立高門檻的，而且領先時間愈來愈短。企業沒有辦法，只有持續跑下去，努力下去。

六、收款能力（Quickly Account Receivables）

收款能力和現金流量管理關係密切，而企業的收款能力，也有許多創新的空間。俗話說，會賣東西的，不是最強的；「最強的業務員是要會收款的業務員」。

七、結論

在不景氣時，企業運作應當依照這六大項指標，時刻自我檢視經營實況。有許多公司不知道自己爲什麼賺錢，特別是在景氣好的時候，它只不過是隨著大環境順勢而上，沒有特別的策略及利基產品，這是很危險的。企業不知道本身爲什麼賺錢，最後，也會不知道爲什麼賠錢，此刻，只要外面一變天，小小的傷風感冒，都有可能惡化成肺炎，甚至終於不治。

因此，企業領導人及管理團隊，必須深入了解產業環境與競爭者環境的每天變化，掌握自身的優勢，補強自己的劣勢，隨時自我體檢，才能長期立於不敗之地。

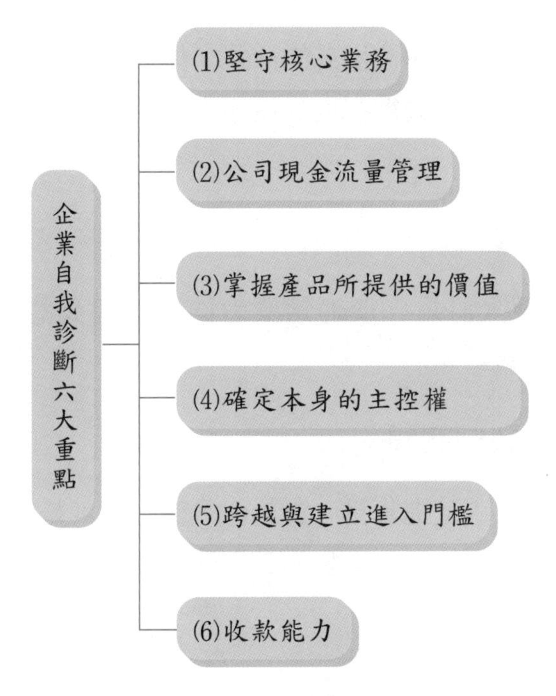

圖 4-4　企業自我診斷的六大重點

第五節　微利時代下，低價競爭的七項條件來源

臺灣企業之所以會經營得如此艱辛，乃是因爲大家的經營模式非常的雷同，例如：

1. 所生產的產品大都屬於高度競爭的產品（因爲市場大）；
2. 跳不開代工之宿命（因爲沒有國際品牌投資的能力）；

3. 所有廠商都不斷擴充產能（因爲要降低成本）；

4. 產品或服務重疊性高，沒有區隔（因爲缺乏研究創新）。

在面臨這種必須相互激烈競爭的環境，一線企業憑其營運優勢，以較低價方式搶下大客戶訂單，擴充其市場占有率；二線企業爲了生存，也只有降價競爭，甚至流血搶單。拼鬥競爭的結果，產生了「大者恆大，小者恆小」之現象，經營體質弱者，逃不出淘汰出局的命運；倖存者，營運利潤也是非常低，可以說，只能賺辛苦錢。企業欲採取降價競爭時，應分析本身是否具有必備的條件，包括：

㈠ 達到經濟規模

製造廠商能接獲大訂單，或連鎖業者擴店數目到達一定規模。規模太小，根本無法在未來競爭。

㈡ 具有議價的談判空間

有足夠大的產能需求或進貨量，對於供應商，尤其是關鍵材料、零件或主要產品的供應商其有議價及穩定供貨的掌握權，降低採購成本與風險。尤其製造業的採購成本占很大比例。

㈢ 原物料或零組件統一採購

不同的產品線使用共同的零組件，或是跨國企業以國際採購統一採買原物料。統一標準及統一採購，有助降價達成。

㈣ 藉由研發或引進新科技降低生產成本

㈤ 製程、產品良率的提升

透過 ISO 9000 的落實，持續不斷的改善及 TQM 之推動，以期能快速的提升製程良率與產品品質，進而提高生產效率、降低成本，且能獲得顧客更高的滿意度。

㈥ 簡化產銷過程

顛覆一般企業運作的流程，改變或簡化經營模式。

㈦ 控制其他營業成本

包括店面租金、裝潢、庫存、管銷、人事等費用，或是利用更有效率的方式降低成本。

總結來說，在不景氣時代，低價競爭戰爭序幕已開始。除了少數世界名牌產品，或是具有特殊利基產品外，大部分的產品都必然陷入低價競爭策略。但是低價不見得就沒有利潤，只是微利而已，因此又稱爲「微利時代」來臨。

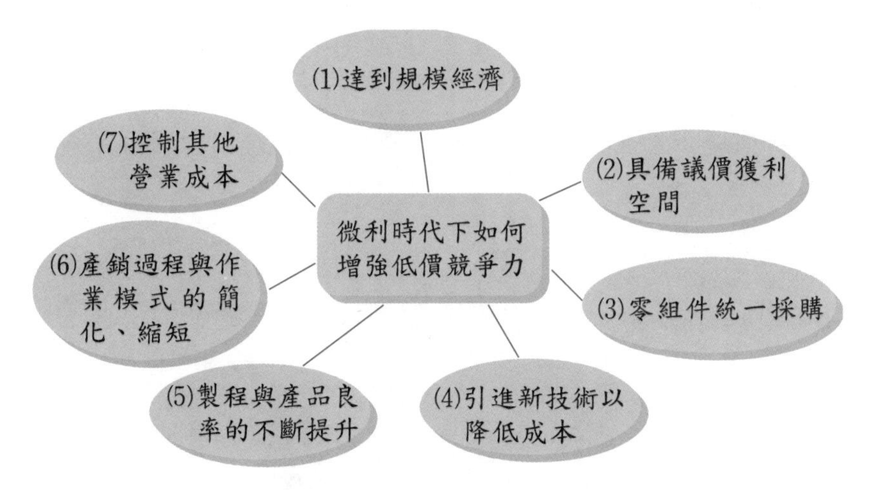

圖 4-5　微利時代下，低價競爭的 7 項條件

第六節　企業再造與如何度過不景氣

一、企業改造的對策與手法

實務上企業改造對策，大致可以從 4 個方向著手，分別是強化管理、重組結構、降低成本及尋求積極成長（圖 4-6），分述如下：

㈠ 強化管理（Improve Management）

1. 更換高階管理人員；2. 重組高階團隊；3. 重塑士氣；4. 再造作業流程。

㈡ 重組結構（Organization Restructure）

1. 重新設計事業核心；2. 導入新製程；3. 新的事業模式；4. 新的組織結構。

㈢ 降低成本（Cost Down）

1. 裁減虧損單位；2. 控管財務和費用；3. 縮減成本；4. 退出部分市場。

㈣ 積極成長（Accerate Growth）

1. 進入新市場；2. 推出新產品；3. 新行銷方式；4. 購併；5. 引進新設備或新技術。

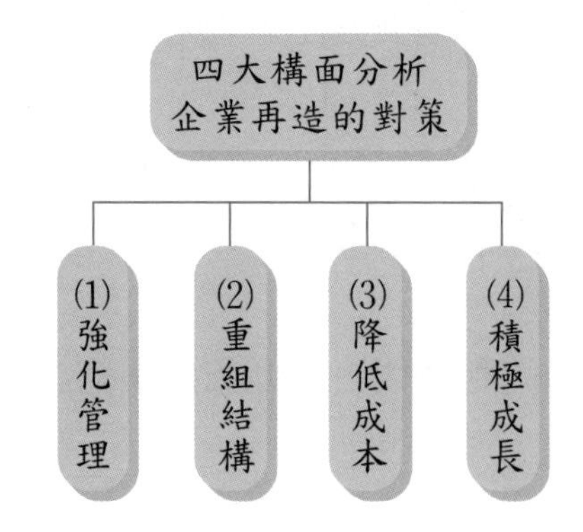

圖 4-6　企業改造的對策與手法

二、企業面對經營危機的六大策略性變數

企業面對經營環境變化與可能出現的危機，可以從 6 個變數（見圖 4-7）來做深入分析及評估，然後再由內部召開會議，研究出因應對策。

㈠ 競爭地位變化

公司在產業中的競爭力是強、中、弱中的哪一類？定位是高階、中階，還是低階市場？

㈡ 產品生命週期變化

產品目前處於成長階段，還是已趨成熟、衰退？公司的產品是否兼具多樣化，既能分散風險，也能保有核心競爭力？

㈢ 產業機會變化

產業是否還有成長的機會，如果有，就適合積極的策略；如果沒有，則適合保守的策略。

㈣ 組織慣性變化

公司的企業文化、製程、作業方式是否容易改變？是結構龐雜、僵化老成，還是輕薄短小、年輕有朝氣？

㈤ 策略壓力變化

公司推動新策略，可能會有哪些內容？外部壓力？大小如何？能否因應？

㈥ 衰退主因變化

企業衰退是因爲政治、行政因素？還是不景氣使然？或是競爭所造成的問題？

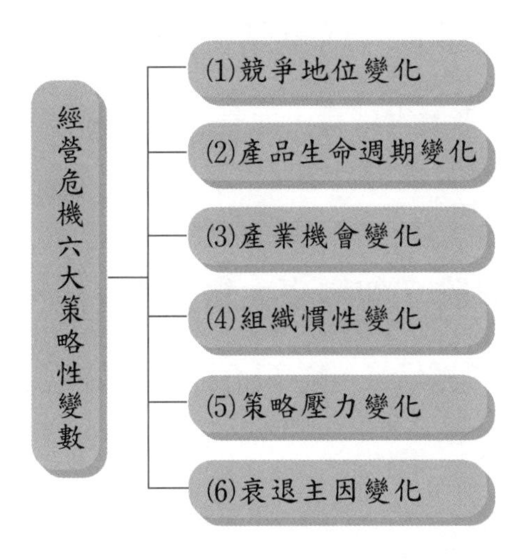

圖 4-7　企業面對經營危機六大策略性變數

第七節　企業衰敗——突顯十大弊病

根據2005年7月分美國《財星雜誌》（*Fortune*）報導，深入分析在2001年～2004年之間，恩龍、世界通訊、凱瑪百貨、寶麗來、安達信、全錄到奎斯特，企業巨人一個個倒下，執行長常找各種藉口來文過飾非，但說穿了，企業沒落或甚至倒閉，可歸咎十大弊病。企業要長期保持卓越成就，應該自我審視，不要患了這十大現象：

一、因成功而鬆懈（勿不知足）

眾多研究報告顯示，長期的成功讓人志得意滿，較不可能做最適當的決定。恩龍、朗訊和世界通訊營運逆轉直下，之前事業都曾攀抵巔峰。

二、安於現狀，不知禍之將至（要有危機意識）

寶麗來和全錄屬於推陳出新以因應變遷的環境，一再把營運不佳怪罪於匯率波動等短期因素，卻不檢討不良的經營模式。

三、畏懼老闆甚於競爭者（講眞話，做實事）

職員顧忌的不是外來競爭威脅，而是公司內部因素，如主管的想法和做法，因此不敢說眞話。如恩龍職員寧可匿名示警，不願冒挨罵的風險。

四、暴露於過度的風險（勿輕率大舉擴張）

環球電訊、奎斯特等電信公司輕率冒險，未思諸如光纖網路供過於求或舉債無度的後果。

五、併購狂（勿併購爛蘋果）

世界通訊貪婪吞併 MCI、MFS 及 UUNet，一度企圖併購斯普林特，但一味擴張而未用心整合既有部門，終因消化不良而自食惡果。

六、對員工建言置之不理（傾聽員工的意見）

朗訊前執行長麥金賣力提供華爾街最愛的爆炸性成長數字，卻忽略工程師和業務員的提醒，殊不知「股價只是副產品，不是原動力」。

七、短線操作（勿短視近利）

執行長渴望特效藥救治虛弱的業績，但急病亂投醫，恐致回天乏術。凱瑪百貨經營策略從多角化、併購、大舉投資資訊科技到價格戰，以虛張聲勢居多，缺乏深思熟慮的長遠規劃。

八、危險的企業文化（優良企業文化的重建）

安達信、恩龍和所羅門兄弟公司皆因少數害群之馬拖垮整家公司，但禍源是不良的企業文化：鼓勵員工冒險和賺錢，卻未強調負責和自律。

九、新經濟死亡漩渦

資訊傳播快速，疑雲宜儘速澄清，以免商譽毀於一旦，遭消費者、評比機構、職員群起背棄。安達信執行長拉狄諾未及時避免危機，終致大勢已去。

十、董事會運作不良

恩龍董事會忽略「大如阿拉斯加的危險信號」，突顯企業董事會的機能障礙。董事會報喜不報憂是常見現象，對管理團隊實際作爲不甚了解。

茲將企業衰敗之十大弊病圖示如下（圖 4-8）：

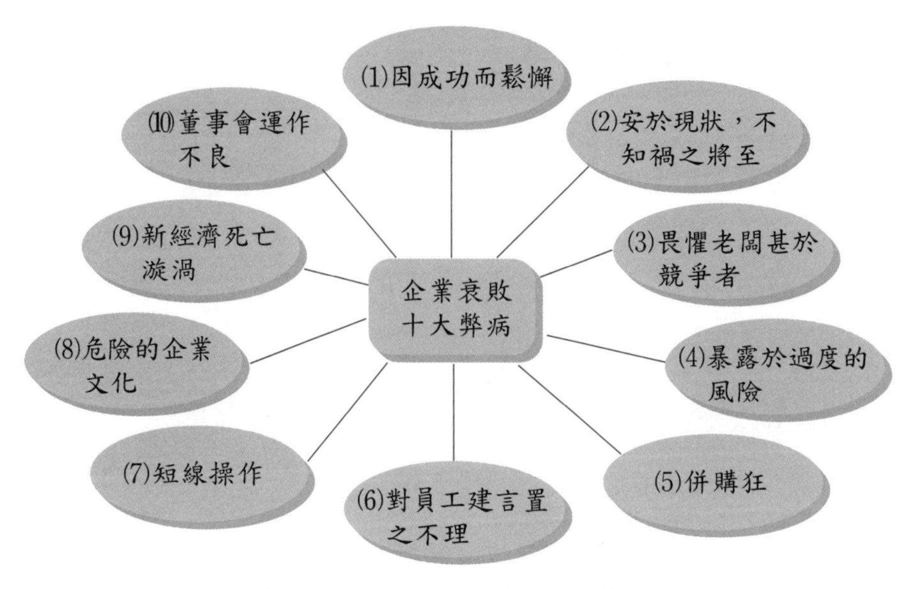

圖 4-8　企業衰敗的十大弊病

第八節　危機管理

一、日本企業危機管理「調查報告」

日本大企業諸如雪印公司、日本火腿公司、東京電力公司等，在 2002 年時，均陸續發生商品品質出了問題，或是未遵守法令等問題，致使公司遭受到空前的形象受損與營運傷害。在消費者意識高漲的今天，企業尤應重視危機管理體制。日本朝日監查法人危機管理協會，曾在 2002 年度對日本該協會近 3,000 家企業，做了有系統的問卷調查，茲將其結果摘述如下。

㈠ 公司是否應該具備「企業危機管理」意願

1. 非常應該：占 64%
2. 還算應該：占 31.3%

亦即近九成五的日本企業認為企業危機管理是必要的。

㈡ 是否有「專責」的單位負責

1. 已有專責單位負責：占 33.7%
2. 正在檢討專責單位負責：占 28.4%
3. 沒有設立專責單位負責：占 36%

㈢「哪個部門」負責企業危機管理事務

1. 總務部門：占最多
2. 經營企劃部門：居其次
3. 經理財務部門：居第三
4. 內部監察部門：居第四

㈣ 對公司目前危機管理工作的「評價」

1. 滿意：占 28%
2. 有些不滿意：占 51.7%
3. 很不滿意：18.6%

㈤ 對危機管理實施的「目的」為何（複選，24 項列出前 6 項）

1. 能對危機有更迅速的認識：占 59%
2. 對危機測定方法及危機處理體制有提升：占 56.6%
3. 對經營的危機意識有提升：占 42%
4. 對危機所產生之成本縮小：占 39%
5. 對危機控制及流程績效有效改善：占 38.7%
6. 企業形象上升：占 32.9%

㈥ 最重要危機管理項目與經營相關事宜（複選，25 項列出前 6 項）

1. 與商品、服務相關的危機（49%）
2. 與遵守法令相關的危機（42%）
3. 與顧客對應相關的危機（41.7）
4. 與授信及交易往來對象相關的危機（37.9%）
5. 與競爭對手動向及市場環境變化相關的危機（36.6）

6. 與戰略經營及計畫相關的危機（34.3%）

㈦ 對公司危機管理推動的「障礙要因」為何（13 項，列出前 4 項）

1. 人員缺乏（占 54.7%）
2. 對象有些模糊不清（占 53.6%）
3. 未見效果（占 46.6%）
4. 危機不易預測（占 42.7%）

㈧ 公司未來危機管理「強化的重點」（16 項，列出前 6 項）

1. 遵守法制的強化（62%）
2. 對不測事件的鎖定因應（60.2%）
3. 內部監查的強化（47.7%）
4. 對情報安全對策的制定（39%）
5. 對危機管理內部訓練的強化（35.6%）
6. 對危機管理體制的建構強化（34.3%）

二、危機處理 5 個步驟

當有危機發生時，有幾個重要的步驟要採取，才不至於讓星星之火變成燎原之火。

㈠ 防範於未然

有些危機是在事件尚未爆發前就可採取斷然處置，以免事發之後更難處理。

㈡ 第一時間處理

當危機發生時，企業或人先不管錯在不在自己，於第一時間便該出面處理，或說明事實的眞相，或說明公司對事件的了解與立場。

㈢ 善盡「告知大衆」的責任

醜媳婦總要見公婆，不說、不應、不理、不睬，只會讓謠言愈演愈烈，對自己更加不利。

㈣ 加強與內、外部顧客溝通

危機發生時，不但要迅速對顧客的反應有所處理，更要注意「內部顧客」員工的感受，以免士氣低迷，影響服務的品質。強生公司以一流處理機制挽回顧客對他們的信賴；同時也不斷為員工打氣，員工因此研發出另一種不會被取代的包裝方法。

㈤ 不要怕認錯

馬上向內、外部顧客誠摯地道歉，坦承錯誤並說明解決之道。此舉反而贏得更多支持。其實，人本無完美，犯錯並不可恥，可恥的是不敢真正的認錯或不肯面對犯錯的事實（當然，道歉不一定等於認錯）。危機像一把火，可將我們燒得體無完膚，也可以讓我們浴火重生，使危機成為再出發的契機。危機不足怕，怕的是沒有危機處理的意識與能力。

三、危機管理七大流程

什麼是「危機管理流程」？「危機管理流程」將最有效的危機管理哲學，充分應用到企業中，是一系列的活動與管理步驟，它們幫助公司防範危機、管理危機，將企業的危機化為轉機，並從中受惠。危機管理的七大流程如下：

㈠ 辨識與評估組織的弱點

幾乎所有的危機發生前，都會出現一些警訊，成功的企業可能掌握早期的警訊並進行必要的調整，以確保公司不會陷入危機。「危機管理流程」的第一步便是找出組織中的弱點，並評估每一個弱點可能會引發什麼樣的損害。例如：生產部門的環境清潔部分、原物料採購的保存部分、在倉儲配送過程部分等，都有發生問題的可能性。

㈡ 防範弱點爆發成危機

成功的企業針對它的弱點採取補強方案，以避免這些弱點對公司造成負面影響。公司必須要果斷的採行艱難的決定，並且毫不遲疑地設法解決組織的唯一弱點。預防勝於治療，因此在防範的制度、作業、人力與機制上，應嚴格去執行防範意外危機發生。

㈢ 事先擬好應變計畫

成功的企業了解危機隨時可能發生，而且帶來極嚴重的後果。如果企業投入時間與預算，事先從各個層面擬好危機管理方案，將可遏阻因無法有效處理危機所帶來的後遺症。最成功的公司往往會先設想最糟的情境，並盡可能的擬定計畫，將準備工作做到最完美的境界。除應變計畫外，還應定期做些演練。

㈣ 在第一時間發覺，並適時採取行動

成功的企業可以在危機發生時認清情況，並且了解快速採取行動之必要性。畢竟在沒有發現問題之前，沒有辦法進行修復工作。有效處理危機的關鍵是採取快速、果斷的行動，以便在危機變得失去控制之前就予以解決。首先要修復問題，接下來應透過有效率的溝通來處理危機。例如：對不良品全面回收或是免費爲顧客更新，或是發出危險通告、停止使用等立即措施。

㈤ 在危機發生時，做最有效率的溝通

一旦企業開始處理問題，下一步便是要決定應該與員工、客戶、主管機關、股東、新聞媒體以及其他重要群衆進行何種程度的溝通。溝通過程必須要開誠布公、誠實可靠。如果公司無法達到不同群衆所預期與期待的溝通程度，將會帶來更嚴重、更長期的企業問題，包括與員工、客戶、新聞媒體與其他重要群衆進行溝通時的特定建議。舉行公開記者會，承認公司疏失並向社會大衆道歉是必要的。

㈥ 監控、評估危機，並在過程中進行必要的調整

不管是在危機發生期間或是危機結束後，你總是很難知道自己是否做了最好決策。成功的企業了解不管在危機發生期間或結束後，密切監控與公司有關的主管或群衆之意見與行爲都非常重要，這些企業同時也能夠在過程中進行必要的調整。其中，溝通的訊息、溝通的群衆以及溝通的態度等都可能需要進行調整。最後，要將此次危機，作爲深刻教訓，絕對避免下次再犯類似錯誤。

㈦ 透過強化組織聲望與信譽來防堵危機

觀察企業是否受危機影響的關鍵，是危機針對公司信譽的影響程度。成功的企業總是（並非只有危機時）努力爭取員工、客戶、供應商、主管機關、政治人物、社會領導人物、新聞媒體及其他群衆的尊敬、信心，以及信任。而企業日常所贏得的商譽可以隔離危機的傷害，就像寒冬舒適的房屋一樣，是非常堅固的保護層。

自我評量

1. 試分析台積電公司三大基石爲何？
2. 試列示經營環境上的 4C 爲何？對策 4C 又爲何？
3. 試圖示企業自我診斷的 6 項重點何在？
4. 試分析面對微利時代下，低價競爭的 7 項條件來源爲何？
5. 試列示可從哪 4 項構面，展開企業再造的對策爲何？內容又爲何？
6. 試列示企業可從哪些方向展開應變，以度過市場不景氣？
7. 企業面對內外部經營環境變化而產生可能的危機時，有哪 6 項策略性變數？試列示之。
8. 根據美國 *Fortune* 雜誌分析，當企業面臨衰敗時，將會出現哪十大弊病？
9. 試說明企業對危機管理實施的目的何在？
10. 試說明今後公司危機管理，應強化的重點有哪些？
11. 試列示危機處理的 5 個步驟爲何？
12. 試圖示危機管理的七大流程爲何？

第 5 章

企業研究環境、監測環境與因應對策

第一節　企業為何要研究環境

第二節　影響企業的直接與間接環境

第三節　監測環境

第四節　SWOT 分析

第一節　企業為何要研究環境

現代企業對科技、社會、政經、國際化等環境演變，正賦予高度關注，究其原因，可從以下各點分析：

一、錢德勒的論點（策略觀點）

美國著名的策略學者錢德勒（Chandler）曾提出他頗為盛行的理論，亦即：環境→策略→結構（environment → strategy → structure）的連結理論。錢德勒認為企業在不同發展階段會有不同的策略，但此不同的策略改變或增加，實乃係內外環境變化所導致。如果環境一成不變，策略也沒有改變之需要。當經營策略一改變，則組織的結構及內涵也必須隨之相應配合，才能使策略落實。因此，在錢德勒的觀點，環境是企業經營之根本基礎與變數，占有舉足輕重地位，故應深加研究。

二、市場觀點

企業的生存靠市場，市場可以主動發掘創造，也可以隨之因應。而就市場的整合觀念來看，它乃係全部環境變化的最佳表現場所。因此，掌握了市場，正可以說控制了環境，此係一種反溯的論點。

〈案例〉

環境商機：國內保健食品市場一年 200 億元，多家廠商投入競食

國內保健食品市場一年至少有 200 億元的市場規模，並具有多元化、年輕化、流行性、速度快的發展趨勢。統一公司為了進行市場區隔，從母公司日本三得利集團取得芝麻錠的技術，領先同業市場，2016 年 5 月上市後更有超過 30 萬人次購買。益補將專注開發新產品，同時刪除如鈣片、深海魚油等差異化較小的產品，藉以區隔同業競爭。

統一致力將傳統食品提升爲生技保健食品，近來推出新的機能優酪乳即爲一例，並在中央研究所的支援下，把保健的概念放在一般食品中。統一集團對於生技保健產業的目標，短期先著重於營養輔助食品與保健食品的開發；中期計畫開發健康食品，並開始運用基因技術；長期則希望開創基因保健新事業。

三、競爭觀點

在資本主義與市場自由經濟的運作體系中，都循價格機能、供需理論與物競天擇、優勝劣敗之道路而行。企業如果沉醉於往昔的成就，而不惕勵未來的發展，勢必將面臨困境。因此，企業唯有認清環境，不斷檢討、評估與充實所擁有之「優勢資源」（competitive advantage resources），才能在激烈競爭的企業環境中，立於不敗之地。而環境的變化，會引起企業過去所擁有之優勢資源條件的變化，從而影響整合的競爭力，此乃競爭的觀點。

綜言之，從以上策略、市場與競爭三個觀點來看待企業與環境之關係，實足以證明環境分析、評估與因應對策，對企業整體與長期發展，具相當且關鍵之重要角色。

第二節　影響企業的直接與間接環境

環境是企業營運系統的互動一環，特別是直接的、即刻的影響到企業營運的因素，就稱之爲「直接影響環境」。這些直接影響環境的因素，可能即刻影響到企業營運的收入來源、成本結構、獲利結構、市場占有率或是顧客關係等重要事項。

影響企業營運活動的 4 種主要環境因子，包括供應商環境、顧客群環境、競爭群環境及產業群或其他壓力團體等，如圖 5-1，這些將在下一章再做詳細說明。

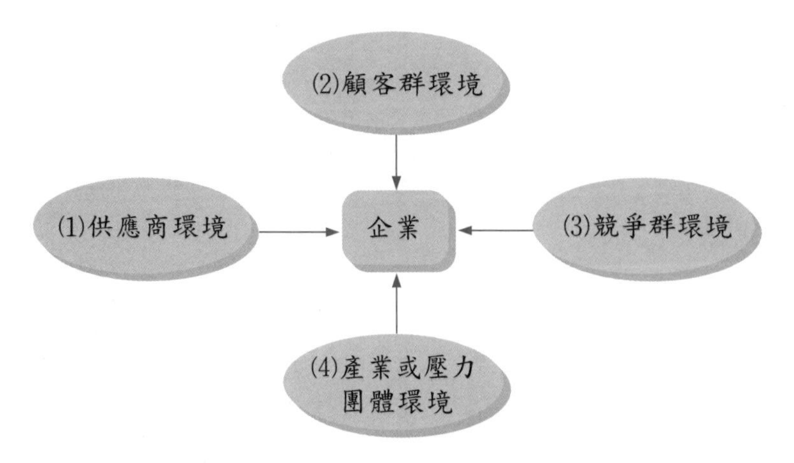

圖 5-1　企業的 4 種直接影響環境因子

除直接影響環境因素外，企業營運活動也受到間接環境因素的影響，包括政治、法律、經濟、國防、科技、生態、社會、文化、教育、倫理，以及流行趨勢、人口結構等狀況改變，如圖 5-2 所示。

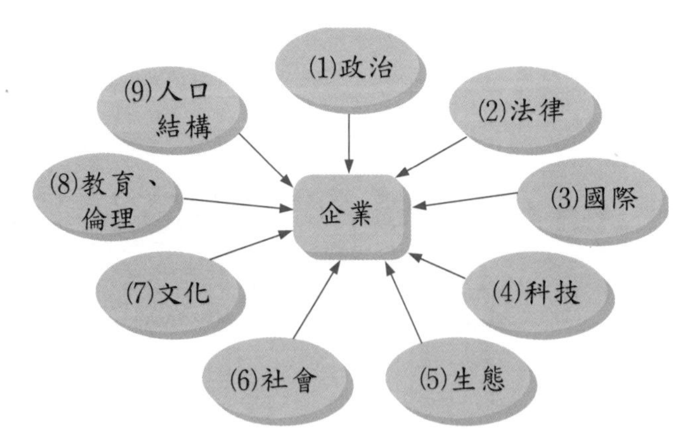

圖 5-2　企業的 9 種間接影響環境因子

第三節　監測環境

由於外在的直接與間接影響環境因素，頗爲複雜而且多變，因此企業必須有一套監測系統，而且要有專人負責，定期提出分析報告及其因應對策。對於緊急且重大的影響，更是要快速、機動提出，以避免對企業產生不利的衝突及影響。

一、監測的 2 種組織單位及功能

一般來說，企業內部大致有 2 種監測的組織單位。第一種是專責的，例如：經營分析組、綜合企劃組、策略規劃組、市場分析組等不同的單位名稱，但做的都是類似的工作任務。第二種是兼職的，例如：各個部門裡，由某個小單位負責，如營業部、研究發展部、法務部、採購部等設有專案小組，均由其少部分人員兼蒐集市場及競爭者訊息。

二、訊息情報來源管道

企業外部動態環境的訊息情報來源管道，可來自下列各方：

1. 上游供應商。
2. 國內外客戶。
3. 參加展覽看到的。
4. 網站上蒐集到的。
5. 派駐海外的分支據點蒐集到的。
6. 專業期刊、雜誌報導的。
7. 同業漏出的訊息情報。
8. 銀行來的訊息情報。
9. 政府執行單位的消息。
10. 國外代理商、經銷商、進口商所傳來的訊息。
11. 政府發布的資料數據。

12.赴國外企業參訪得到的。

13.從國內外專業的研究顧問公司及調查公司得知。

三、監測分析步驟（Monitoring Process）

有關對環境演變及訊息情報的監測分析之步驟，如下圖（圖 5-3）所示：

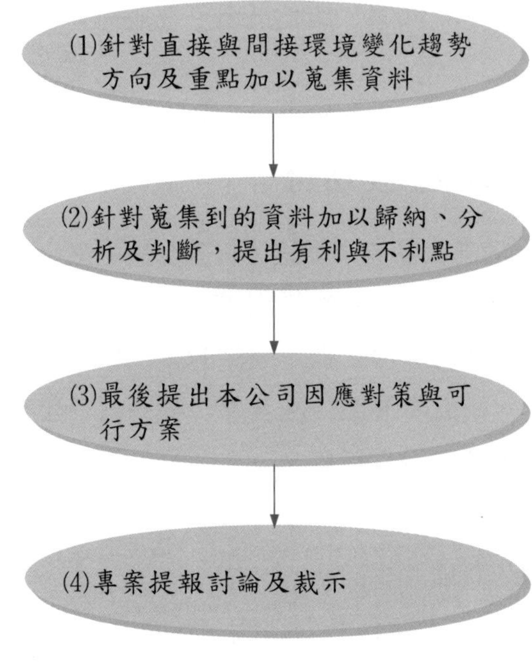

圖 5-3　監測分析步驟

四、案例

茲列舉幾項案例問題如下：

1.《金融控股公司法》（合併法）通過後，金融控股公司或集團，對本銀行影響評估分析案。

2.加入 WTO 後，一旦開放中國大陸家電或資訊電腦到臺灣後，會對本公司產生哪些影響？本公司又有何因應對策？

3.統一企業集團擬進軍大型購物中心經營，其對本土百貨公司經營有何影響？對策又是如何？

4. 面對中國大陸上海及北京幾家晶圓代工工廠即將投產，對本公司有何競爭影響？本公司對策又是如何？全球半導體市場結構又會如何改變？
5. 面對內需市場景氣低迷，本公司在價格、促銷、廣告、通路、產品等方面，有何因應對策？影響程度又將如何？
6. 面對消費族群年輕化及女性化，對本公司信用卡業務有何影響？因應對策又如何？
7. 科技金融業務（FinTech）蓬勃發展及產品創新多元化，對本銀行未來策略之影響評估與因應對策如何？
8. 無店鋪行銷通路崛起的環境意義與競爭分析，以及本公司的因應對策如何？
9. 宅急便事業的未來發展分析與影響評估如何？
10. 低利率時代下，本公司資金成本的影響及對策如何？

五、對環境變化的分析、監測與因應

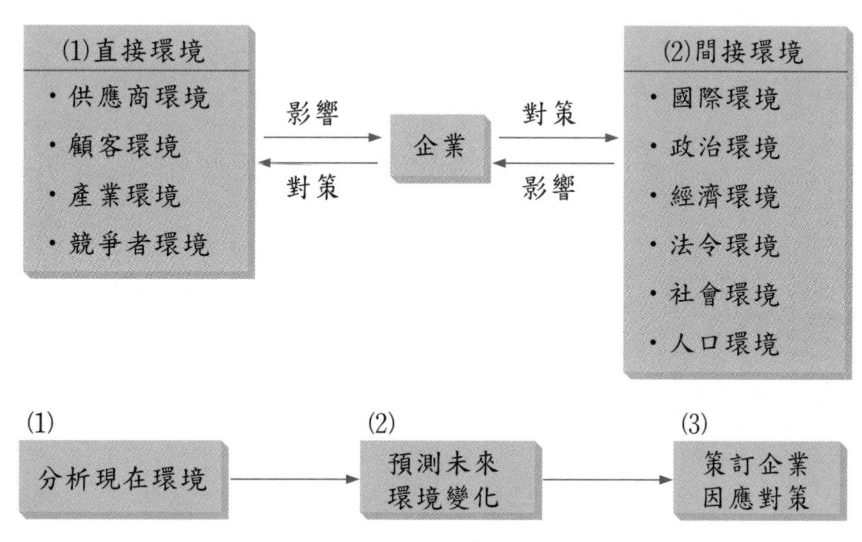

圖 5-4　外部環境變化影響與管理三步驟

第四節　SWOT分析

企業經營管理營運過程中，最常運用的分析工具就是 SWOT 分析。所謂 SWOT 分析，就是企業內部資源優勢（strength）與劣勢（weakness）分析，以及所面對環境的機會（opportunity）與威脅（threat）分析。

針對 SWOT 分析之後，企業高階決策者，即可以研訂因應的決策或是策略性決定。有關 SWOT 圖示如下（圖 5-5）：

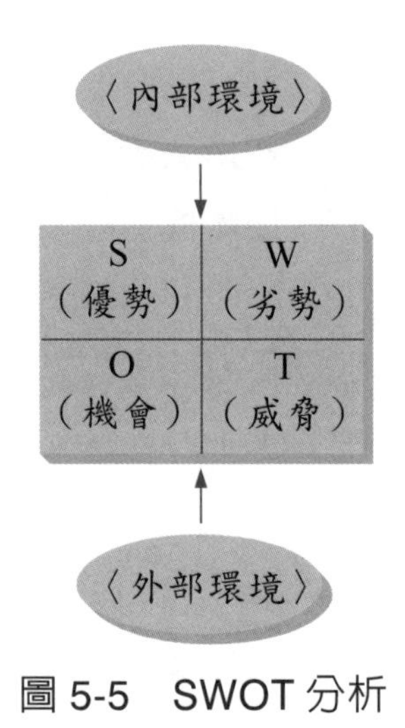

圖 5-5　SWOT 分析

一、攻勢策略

當外在機會多於威脅，以及企業內部資源條件優勢多於劣勢時，企業可以大膽的採取攻勢策略展開行動。

例如：統一超商在 SWOT 分析之後，認爲公司連鎖經營管理經驗豐富，而咖啡連鎖商機及藥妝連鎖商機愈來愈顯著，是進入市場時機。因此，就轉投資成立統一星巴克公司及康是美公司，目前已營運有成。

二、退守策略

當外在機會少而威脅大，以及企業內部資源條件優勢漸失，而呈現劣勢時，企業必須採取退守的策略。

例如：臺灣桌上型電腦營運條件優勢已漸失，因此必須轉向筆記型電腦的高階產品，而放棄桌上型電腦的生產。

三、穩定策略

當外在機會少而威脅增大，但企業仍有內存資源優勢，則企業可採取穩定策略（stable strategy），力求守住現有成果，並等待機會做新發展。

例如：中華電信公司面對多家民營固網公司強力競爭之威脅，但中華電信既有內部資源優勢仍相當充裕，遠優於三大固網公司的新成立有限資源。

四、防禦策略

當外在機會大於威脅，而公司內部資源優勢卻少於劣勢，則企業應採取防禦性策略（defensive strategy）。

自我評量

1. 試從錢德勒學者觀點，說明企業爲何要研究環境？
2. 試從市場觀點，說明企業爲何要研究環境？
3. 試從競爭觀點，說明企業爲何要研究環境？
4. 試圖示影響企業經營的 4 種直接環境爲何？
5. 試圖示影響企業經營的 9 種間接環境爲何？
6. 試說明公司內部監測環境的 2 種組織單位及其功能爲何？
7. 試列示公司對外部訊息情報來源管道有哪些？
8. 試圖示監測環境的分析步驟爲何？
9. 何謂 SWOT 分析？

第 6 章

企業的直接環境分析

第一節　企業與供應商環境

第二節　企業與顧客群環境

第三節　企業與競爭者環境

第四節　企業與產業環境

第五節　波特教授的產業獲利五力分析架構

第六節　企業與其他壓力團體

第一節　企業與供應商環境

一、供應商種類

(一) 企業供應商的組成成分

1. 如果是製造業，則其上游供應商就可能是零組件供應商、原物料供應商及衛星周邊廠商等。
2. 如果是服務業，則其上游供應商可能是各種商品或服務的提供者。

(二) 案例

1. 筆記型電腦組的上游供應商，包括 CPU 供應商、液晶面板供應商、機殼供應商、鍵盤供應商、滑鼠、連接器、電源器等數百個零組件供應商。
2. 便利超商上游供應商可能是上千種的食品、飲料、日用品、菸酒品、熱食、出版品等製造廠、代理商或經銷商等。
3. 汽車的上游供應商，包括引擎供應商、玻璃供應商、水箱、鋼板、儀錶、裝飾品等上百個供應商。
4. 鮮奶的上游供應商，包括飼牛業者、砂糖、塑膠瓶等上游供應商。

二、供應商條件談判與要求

通常企業在選擇供應商時，主要的條件如下：

1. 品質的穩定性；2. 交貨的及時性；3. 價格的合理性；4. 技術的服務性；5. 數量的配合性；6. 研發的前瞻性；7. 付款條件的放寬性；8. 安全存貨與備貨的可能性；9. 企業的信譽（聲譽）；10. 整體售後服務的提供。

企業與供應商關係不夠鞏固，或是供應商環境本身也產生一些變化時，均會影響到企業生產線作業及成本面，甚至影響到對顧客的準時出貨或商譽。

三、供應商的問題克服

面對供應商可能出現的問題或困擾，包括：

1. 品質不一，品質不穩定。
2. 交貨期不夠即時或交貨延期。
3. 交貨數量不能滿足要求。
4. 技術未更新進步。
5. 運送慢。
6. 原料成本上漲或短缺。
7. 斷貨、缺貨、價格上漲。
8. 產品來源不齊全。
9. 服務慢、服務水準不佳。

因此，如何保持與重要、少數的供應商之關係，以永保貨源的穩定性、足量性、準時交貨及成本安定性，將是重要之事。

〈案例 1〉

下游液晶顯示器外銷出貨暢旺，上游 TFT 面板供應廠商，供貨價格上漲。受到液晶監視器出貨暢旺的影響，面板供給產能出現排擠效應，包括臺韓面板廠商都準備在 4 月調漲 15 吋筆記型電腦用的面板報價，估計調整幅度可達 10 美元、漲幅 5.7%，平均報價將達到 185 美元左右。

國內筆記型電腦廠商指出，3 月分筆記型電腦用 15 吋面板供給已經出現較爲緊繃的狀況，主要原因在於 15 吋液晶監視器的下游需求放大，加上面板價格回升，許多適合生產 15 吋面板的 TFT 生產線，紛紛轉往液晶監視器用面板的市場，造成筆記型電腦面板供給緊縮。

第二節　企業與顧客群環境

顧客群是企業營收及獲利的主要來源，企業所有的營運活動過程及價值鏈產生的目標，均是爲了提供顧客物超所値的產品或服務，並贏得顧客的忠誠。

一、顧客群的種類

顧客群的類別，可分爲二大類：

㈠ 消費者市場

以消費者爲對象的商品或服務之提供，例如：洗髮精、鮮奶、服飾、汽車、機車、百貨公司、大飯店、便利商店、CD 唱片、鞋子、化妝品、保養品、遊樂區、KTV、電影、信用卡、家具、精品、書籍、手機等。對消費者市場的經營，主要是透過行銷策略及行銷活動，以吸引顧客上門消費。

消費者市場（consumer market）又可區分爲耐久財與非耐久財：

1. 耐久財：包括汽車、冰箱、電視、住宅、電腦、手機、電話、音響、沙發、床、冷氣、古董字畫、機車等。
2. 非耐久財：包括食品、飲料、日用品、清潔品等。

㈡ 組織市場（Business Market）

非以個別消費者爲對象，而是以一個組織體爲購買對象。

1. 生產者市場

如臺灣廣達筆記型電腦工廠爲美國 Dell（戴爾）大型電腦公司做 OEM 代工生產；仁寶公司爲日本東芝電腦公司做 OEM 代工等。另外，像國內很多半導體零組件代理商亦提供新竹科學園區很多 IC 半導體組裝工廠的採購來源需求。

再如美商應用材料公司，出售半導體生產設備給台積電及聯電公司等。

2. 中間商市場

此即銷售商品給進口商、經銷商、大盤商或代理商等中間通路業者，例如：德國 BENZ 賓士汽車由中華賓士汽車公司所代理銷售；BMW 公司由永業公司所代理，再如世平興業公司為國內最大IC零組件代理公司。

3. 政府市場

政府採購是一個巨大市場，包括公共工程招標案、電腦招標案、器材招標案、日用品招標案等。每年政府採購金額都在數百億元以上，甚至像防衛性武器採購都有千億元以上預算。

4. 國際市場

企業市場轉到海外國家時，在海外的工廠、進口商、配銷商、大型零售商、連鎖店等，都是國際市場的一環。

臺灣 GNP 接近一半，即屬於外銷市場所創造出來的。茲將顧客群市場（圖 6-1）圖示如下：

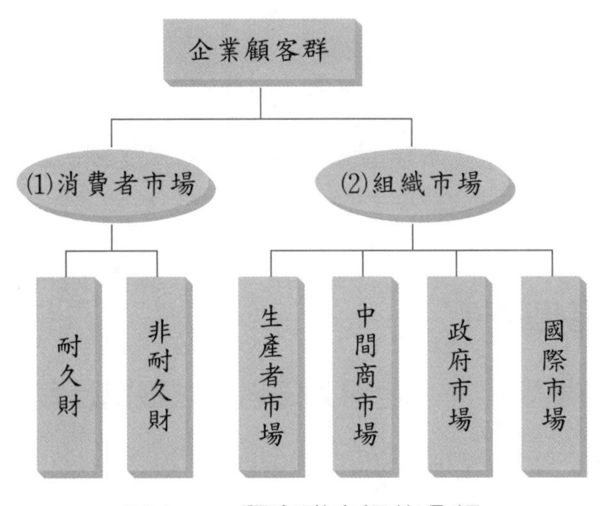

圖 6-1　顧客群市場的分類

二、顧客群市場案例（國內收視觀衆對看電視頻道的偏好類型）

根據 AC 尼爾森收視率資料，最近 3 年來有線頻道經營及收視率的演變，可以明顯看出，國內最重要的五類主流頻道，依序爲綜合、新聞、洋片、國片及卡通，且這五類頻道的收視占有率高達 80%。

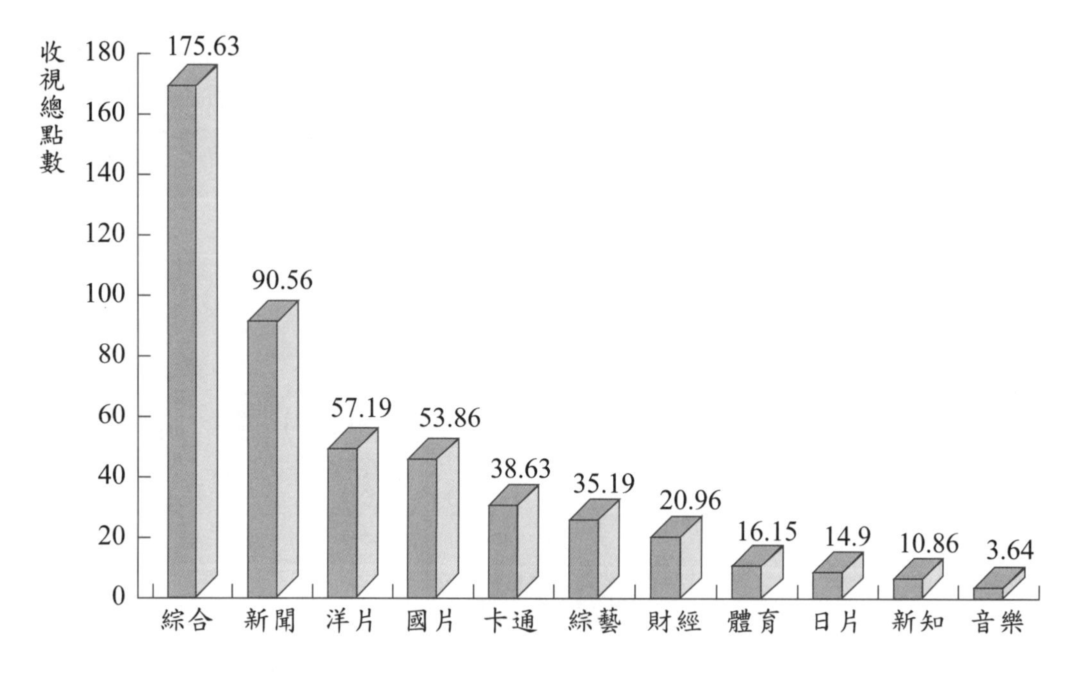

圖 6-2 有線電視各類型頻道收視占有率比較（2005 年）

三、全球人口老化案例

㈠ 消費者環境變化——全球人口老化之警訊及其影響

人口老化議題已成爲全球各國關注的焦點，很多國家已面臨老年人口多於年輕人口的臨界值。迄 2050 年可能一名年輕人須養一名老年人；一對一的扶養臨界值。

1. 以美國爲例，這項潛在勞動人口與年金支領人口之「扶養比例」，隨著嬰兒潮出生人口退休，將從 2000 年的 3.4 倍驟減至 2020 年的 2.1 倍，到了 2040 年將再遞減至 1.7 倍。類似的比例驟減也出現在其他已開發國家。此趨勢在德、義、日尤其嚴重，根據預測，截至 2040 年，在這些國家每名年金支領人口將只有 1.1 名潛在勞動人口提供扶養。

2. 目前多數新興與開發中國家都有較高的扶養比例，但對其中某些國家而言，情況將很快改觀。以中國大陸為例，預測扶養比例將從目前的 5.6 倍降至 2040 年約只剩 2 倍左右，比美國的比例高了不少。在南韓，預期的降幅更大，將從 5.7 倍降至 1.6 倍。再綜觀其他各國在 2040 年的比例，泰國（2.1）、新加坡（1.4）、香港（1.1），所得的結論都一樣：今日的亞洲小龍可能變成明日的壽龜。

㈡ 全球人口老化帶來的正反面影響

1. 不利面

(1) 將減緩經濟成長率。

(2) 各國政府年金給付壓力將更沉重。

(3) 年輕人負擔扶養老年人的各種扣減金額將會增加。

(4) 企業界對年輕勞動力取得更加困難。

2. 有利面

銀髮族產業看好。例如：製藥業、醫院診所業、安養中心、老人健康食品、老人日用品、老人住宅、SPA 水療業、旅遊業及保險業等。

第三節　企業與競爭者環境

企業將面對的日常最大挑戰來源，仍是現有競爭者的強力競爭，包括：產品競爭、價格競爭、服務競爭、促銷贈品競爭、通路競爭、採購競爭、研發競爭、物流速度競爭、專利權競爭、組織與人才競爭及市場占有率競爭、成本結構競爭等。

一、競爭者分析

對於競爭者分析的程序，大致有 3 個階段，如下所述：

1. 對現有及未來潛在競爭者，蒐集他們日常的行銷情報，並提出分析。
2. 針對雙方的競爭優劣勢、定位及資源力量等加以對照分析。
3. 提出我們的因應對策，分為短、中、長期行動計畫及可行方案。

二、分析競爭者的 14 個項目

分析競爭者是一個重要的過程，可從以下 14 種構面去做對照比較：1. 定位分析；2. 競爭策略分析；3. 市場占有率分析；4. 顧客分析；5. 成本結構分析；6. 研發能力分析；7. 價格分析；8. 產品分析；9. 通路分析；10. 廣告與促銷分析；11. 組織人才與薪獎分析；12. 全球布局分析；13. 採購與供應商分析；14. 資金與財務分析。

第四節　企業與產業環境

產業環境是任何一個企業身處在該產業中，所必須有的基本認識及必要認識。對於本產業的過去、現在及未來發展與演變，必須隨時掌握，才會有因應對策及調整策略可言。

國內產業包括資訊電腦產業、IC 產業、汽車產業、電信產業、有線電視產業、百貨公司產業、便利超商產業、食品飲料產業、航空產業、大飯店產業、大賣場產業、網路設備產業、石化產業、住宅產業、媒體產業等。

一、產業環境分析的內容

對於任一個產業環境分析，它所涉及的內容，詳細說明如下（圖 6-4）：

㈠ 產業規模大小

了解這個產業規模有多大？產值有多少？是基礎的第一步，包括市場營收額？市場有多少家競爭者？市場占有率多少？現在多少？及未來成長多少？當產業規模愈大，代表這個產業可以發揮的空間也較大。例如：臺灣的資訊電腦產業、消費金融產業及 IC 半導體產業等。

㈡ 產業價值鏈結構（上、中、下游）

任何一個產業都會有其上、中、下游產業結構，了解這其間的關係，才能知道企業所處的位置及可以創造價值的地方，以及如何爭取優勢及成功關鍵因素，才能爭取領導位置。

㈢ 產業成本結構

每個產業成本結構都有差異，例如：化妝保養品的原物料成本就很低，但廣告及推廣人員費用就占較高比例。而像 IC 晶圓代工，其廣告宣傳費用就很少支出。另外，像食品飲料、紙品等，其各層通路費用也占較高比例。而像直銷產業（如安麗、如新、雙鶴等），或是電視購物公司及型錄購物公司，就可能省略層層通路成本。

㈣ 產業行銷通路

每個內銷或外銷產業的通路結構、層次及型態，也會有差異，包括進口商、代理商、經銷商、批發商、大零售業者、連鎖業者、專賣店、OEM 工廠等。隨著資訊材料工具普及、直營店擴張及全球化發展，產業行銷通路其實也有很大改變。

例如：美國 Dell 電腦在網路上直銷賣電腦，成效卓著。統一食品工廠自己直營統一 7-11 的通路體系，也有很大勢力。而傳統的批發商則慢慢失去存在的價值，且生存空間受到擠壓。大賣場直接向原廠議價、大量進貨，以降低成本。

㈤ 產業未來發展趨勢

例如：桌上型電腦市場已飽和，單價已下降，很難獲利。因此，必須轉向筆記型電腦市場發展。再如 Hi-Net 撥接上網已漸被寬頻上網所取代的明顯變化。另外，像 4G / 5G 手機、AR、VR、機器人、人工智慧 AI 等。

㈥ 產業生命週期（Industry Life Cycle）

產業就如同人的生命一樣，會歷經導入期、成長期、成熟期到衰退期等自然變化（圖 6-3）。如何觀察及掌握這些週期變化的長度及轉折點，然後策訂公司的因應對策，是分析的重點。一般來說，大部分的產業是處在成熟期階段，因此產業競爭非常激烈。

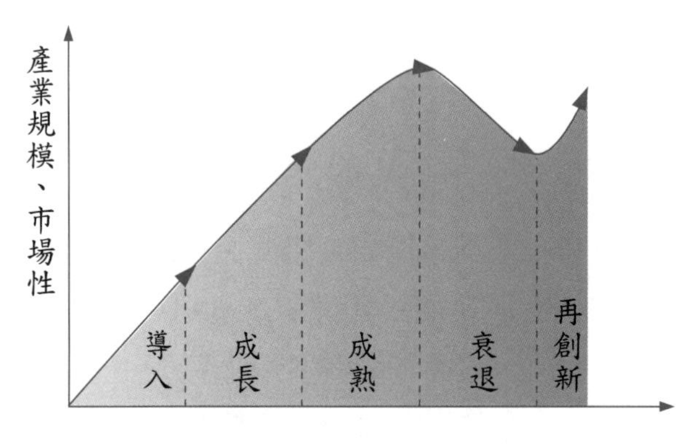

圖 6-3　產業生命週期

㈦ 產業集中度

1. 產業集中度（concentrate rate）係指該產業中的產能及銷售量，是集中在哪幾家大廠身上。如果是集中在少數幾家廠商身上，就稱這幾家廠商是「領導廠商」（dominant firm）。如果此產業的規模，在前 5 家廠商，有 80% 的產銷占有率，指此產業是屬於集中度非常高的產業，此 5 家廠商決定了此市場的生命。
2. 產業集中度愈高的產業，也代表了這可能是一個典型「寡占」的產業結構。例如：像國內的石油消費市場，中國石油及台塑石油公司二家公司產銷規模，即占臺灣95%的汽車消費市場，是高度集中的產業型態。
3. 臺灣由於內銷市場規模太小，因此前二大品牌，很容易占市場規模的一半以上，包括下列行業：

(1)便利超商：統一 7-11 及全家。

(2)大賣場：家樂福、大潤發、COSTCO。

(3)汽油：中油、台塑石油。

(4)KTV：錢櫃及好樂迪。

(5)速食麵：統一、維力、味丹。

(6)壽險：國泰人壽、南山人壽。

(7)國際航空：中華、長榮航空。

(八) 產業經濟結構

產業經濟結構，係指每一個產業的結構性，可以區分為 4 種型態：

1. 獨占性產業。
2. 寡占性產業。
3. 獨占競爭產業。
4. 完全競爭產業。

一般來說，獨占及寡占性產業的獲利性會較高，因為不會面臨競爭壓力。但若是獨占競爭或完全競爭產業，在面臨價格戰之下，企業就不易獲利。對大部分的產業結構來說，以獨占競爭結構的產業居多。亦即，在此產業內，大概有 5～15 家的競爭廠商角逐市場。

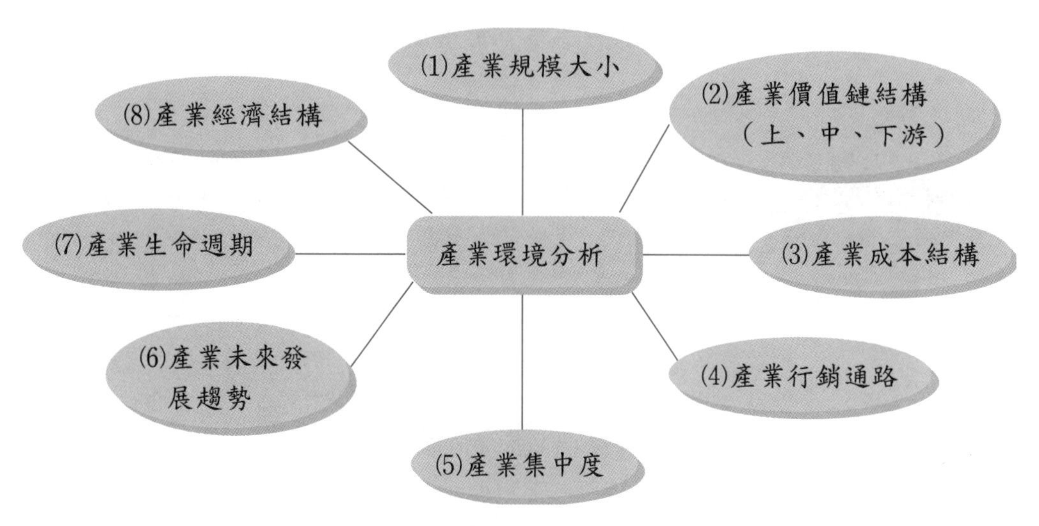

圖 6-4　產業環境分析內容

第五節　波特教授的產業獲利五力分析架構

麥克・波特（Michael E. Porter）教授在 1985 年就提出非常著名的影響產業獲利架構的 5 種力量（five forces）來源。他認爲企業在不同產業結構中，爲何會有不同的產業獲利情況，主要就是因爲在不同的產業中，有不同的產業五力結構所致。這 5 種力量，如圖 6-5 所示。即：

1. 現有競爭者的競爭程度是大？還是小？
2. 潛在新加入者的競爭程度是大？還是小？進入障礙是高？或是低？
3. 廠商與上游供應商議價或其他條件談判的優勢程度？供應商是多？還是少？
4. 與下游顧客議價或談判的優勢程度？下游顧客是多且分散？或是少且集中？
5. 替代品或替代力量來源的威脅程度？

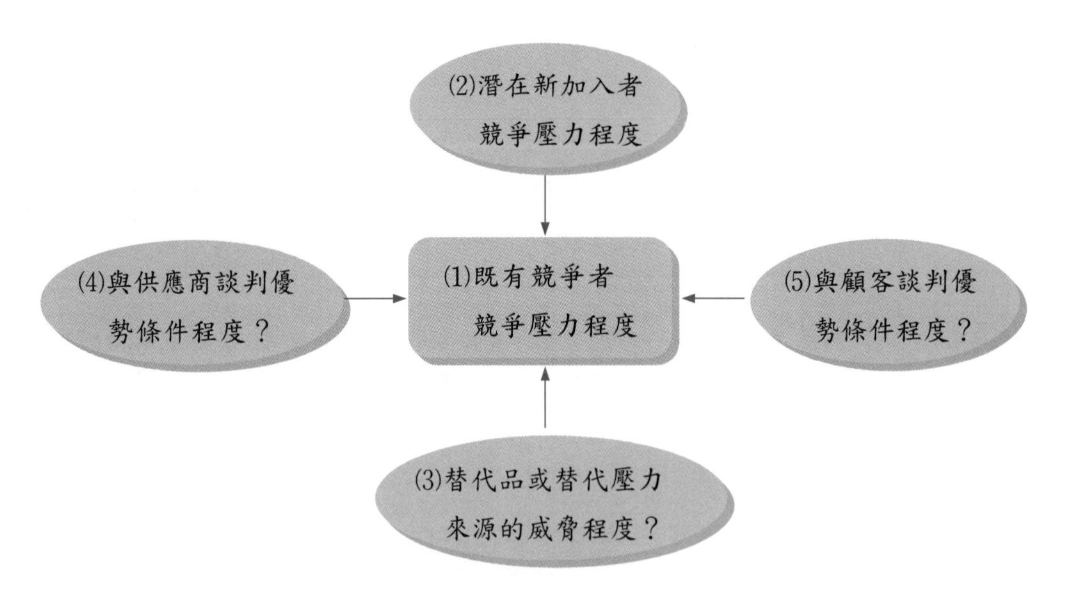

圖 6-5　波特教授的產業獲利五力分析架構

㈠ 既有競爭者的競爭壓力程度（圖 6-6）

1. 成正向影響關係的因素

⑴ 現有競爭者數量的多寡。

⑵ 規模經濟產能的多寡。

⑶ 固定成本比例。

⑷ 退出障礙的容易度。

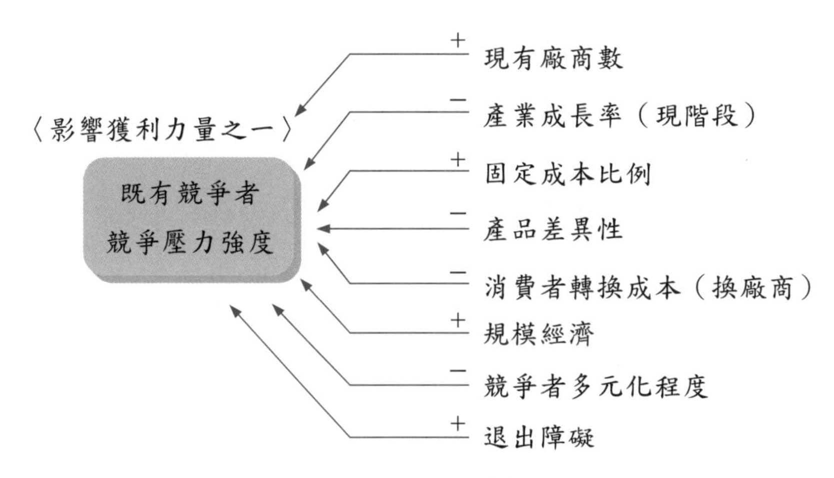

圖 6-6　既有競爭者的競爭壓力程度

2. 成反向影響關係的因素

⑴ 競爭者多元化、分衆化的程度。

⑵ 消費者轉換成本的高低。

⑶ 產品的差異化大小程度。

⑷ 產業成長率大小。

㈡ 與供應商談判的條件能力（圖 6-7）

1. 成正向影響關係的因素

⑴ 供應商的集中程度。

⑵ 供應商品的重要影響程度。

⑶ 供應商品的轉換成本或差異程度。

⑷ 供應商的向前整合能力。

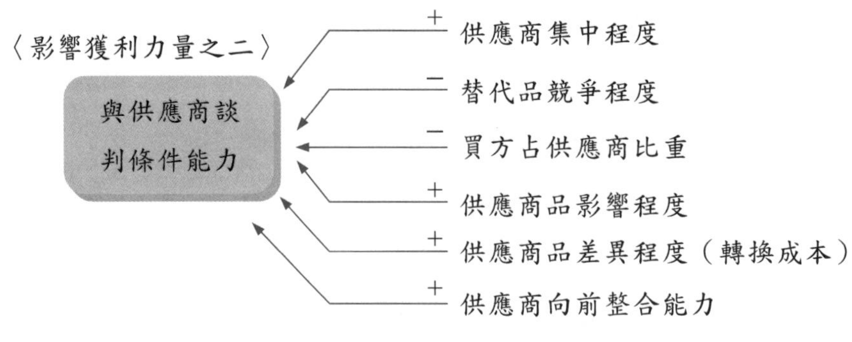

圖 6-7　與供應商談判條件能力

2. 成反向影響關係的因素

(1) 替代品競爭的程度。

(2) 買方（我方）占供應商的採購比重如何。

(三) 替代品的競爭壓力（圖 6-8）

1. 成反向影響關係的因素

(1) 替代品功能差異化大小程度。

(2) 替代品價格差異高的程度。

2. 成正向影響關係的因素

替代品價格差異低的程度。

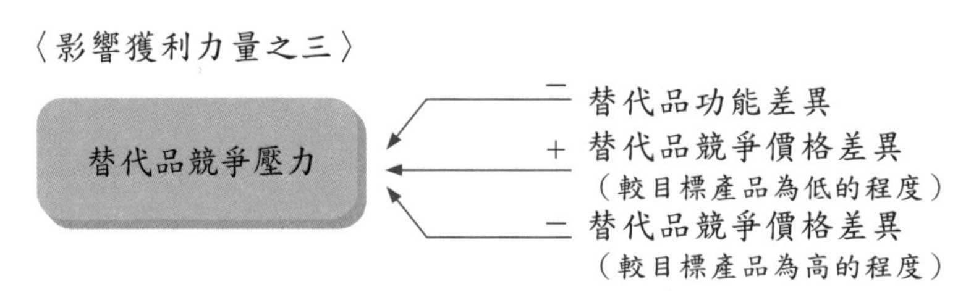

圖 6-8　替代品功能差異

(四) 潛在或新加入者的競爭壓力（圖 6-9）

1. 成反向影響關係的因素

(1) 進入障礙的高或低。進入障礙愈高，新加入者的影響壓力就會較小。而影響進入障礙高低的因素又包括：

①規模經濟程度。

②產品差異化程度。

③資金需求量大小程度。

④消費者的轉換成本大小。

⑤取得通路容易程度。

⑥獨家技術性。

⑦地點因素。

(2) 預期既有業者的報復力大小。

(3) 新加入者的進入成本高低。

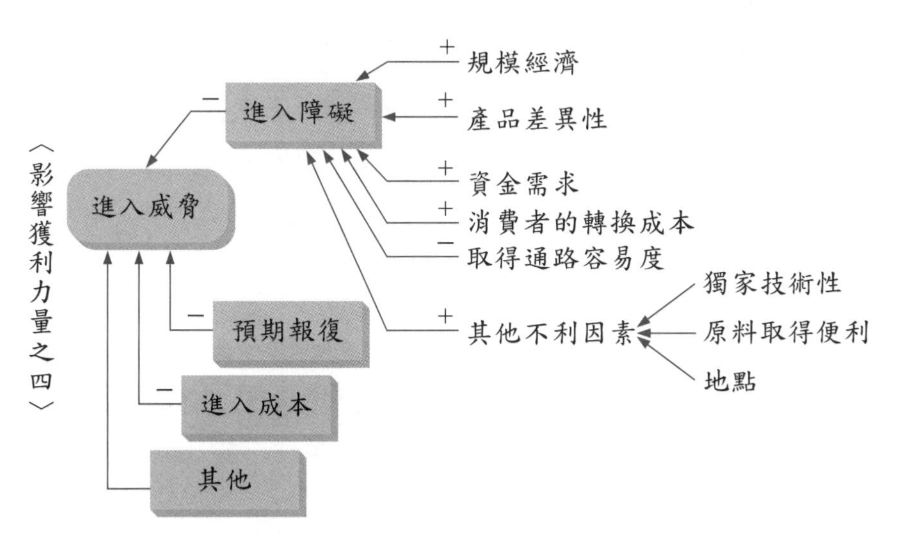

圖 6-9　潛在或新加入者的競爭壓力

(五) 與顧客談判條件能力（圖 6-10）

1. 成正向影響關係的因素

(1) 顧客集中程度。

(2) 顧客向後整合的能力。

(3) 顧客資訊充分的程度。

2. 成反向影響關係的因素

(1) 占顧客採購比重大小。

(2) 目標產品差異性大小。

(3) 顧客之經營利潤大小。

(4) 顧客受賣方產品之影響大小。

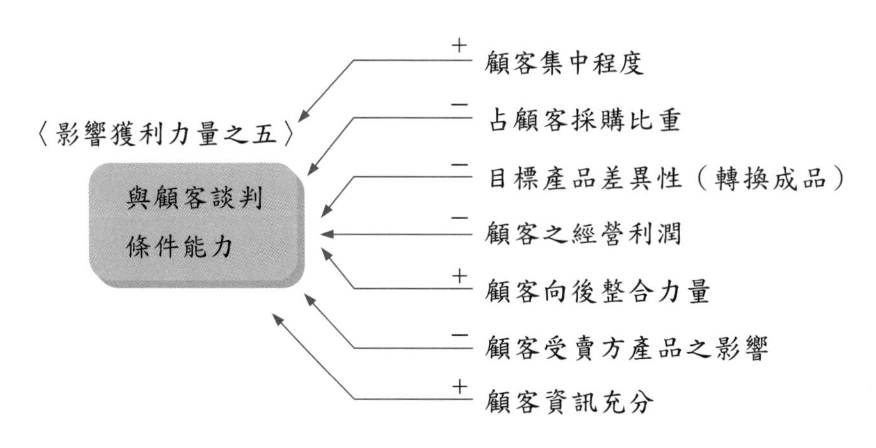

圖 6-10　與顧客談判條件能力

第六節　企業與其他壓力團體

壓力團體（pressure group）也會對企業經營產生影響。這些壓力團體，如圖 6-11 所示。

各種壓力團體對企業經營，可能造成負面影響，但也有正面影響。

尤其是，當政府政策或法律規章不夠符合現況時，壓力團體對政府適度的壓力，就會促使政府加速革新行政政策或是修正法令。但是，當壓力團體爲自己謀私利時，則可能會對正派經營的企業造成不利影響。

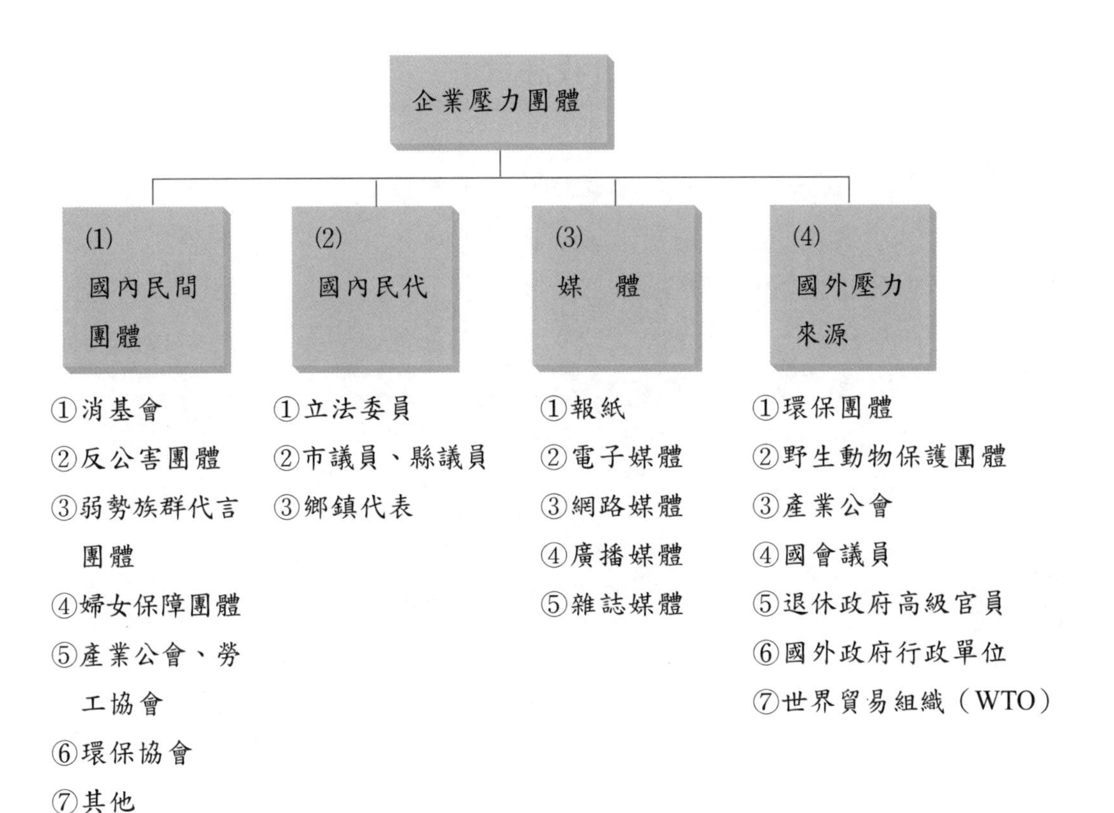

圖 6-11　企業壓力團體的 4 種來源

自我評量

1. 試說明企業在選擇供應商時，應注意哪些條件？
2. 試圖示所謂企業的顧客群有哪二大類？
3. 試列示對公司主要的競爭對手，應該要分析對手的哪些項目，以進行比較？
4. 試圖示產業環境分析的 8 項內容爲何？
5. 何謂產業生命週期？試圖示之。
6. 何謂產業集中度？
7. 產業經濟結構，可區分爲哪 4 種型態？
8. 何謂波特（Porter）教授的產業獲利五力分析架構？其目的何在？並圖示之。
9. 企業面對的壓力團體可能有哪些？

第2篇　管理概論

第7章　管理思想學派與管理哲學

第8章　組織力

第9章　規劃力

第10章　領導力

第11章　溝通協調與激勵

第12章　決策力

第13章　績效考核力與經營分析力

第 7 章

管理思想學派與管理哲學

第一節　「管理」的涵義

第二節　管理思想學派

第三節　管理哲學與人性因素

第四節　全球管理學大師——彼得．杜拉克理論精華

第一節 「管理」的涵義

一、一個好的管理者，既會「做事」，更會「做人」（Do thing right, Do person well）

「管理」泛指經由他人力量去完成工作目標的系列活動，是「管」人去「理」事的方法。能「管人」去處理事務的人，就必須是衆人之上的領導者（leader），必須會「做人」，得到部屬服從。處理事務就是「做事」，聽從指揮命令去做事的人，就必須擁有操作管理技術（technical skills）。

成功管理者（successful manager） ＝ 做事專業 ＋ 做人成功

㈠ 管理最終目的，在發揮群體力量

所以「管理」是講求凝聚「群力」（group power）的方法，是「人上人」的才能；「技術」是講求提高「個力」（individual power）的方法，是「人下人」的才能。群力的發揮必須有好的個力爲基礎，但是好的個力，不一定自然形成好的群力。若無好的管理，可能成爲一盤散沙，或是互相對抗的力量。

一個好的管理者，其本身必須先是一個會「做事」的技術擁有者，同時也必須是一個會團結衆人力量的會「做人」的人。「做人」與「做事」成爲「管理」與「技術」的互換字。先有「技術」（有一技之長），會「做事」，再會「做人」（會處理上級、平行及下級人際關係），才能成爲好的「管理」者。

㈡ 好的管理者擁有 3 種能力

一個好的管理者（manager），必須擁有 3 種能力（capabilities）（見圖 7-1）：第一是做事的「專業技能」（professional skills）；第二是做人的「人性化技能」（human relationship skills）；第三是做主管的「觀念化決策技

能」（conceptual and decision-making skills）。

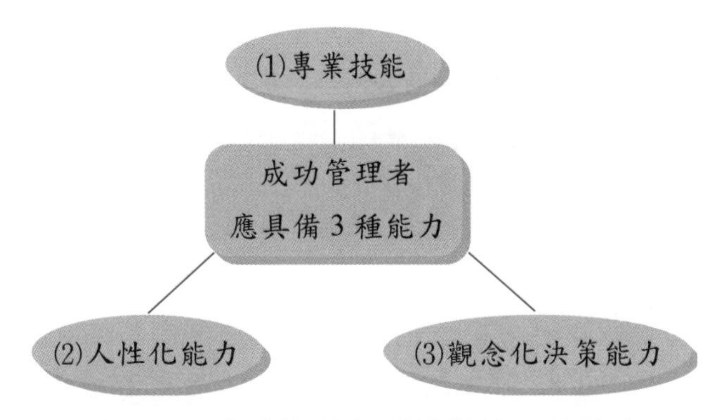

圖 7-1　成功管理者所具備的 3 種能力

㈢ 不同年齡就業階段的不同技能需求

當一個人年輕時，身處別人的基層部下謀職以求生時，「做事」的技術本領，比「做人」的藝術才能重要。壯年時，當年輕部屬的上司，同時也當資深年長領導者的下屬，成為企業的中堅幹部時，「做人」的藝術才能漸形重要，和「做事」的技術才能同等重要。當年長資深時，成為更多人的高層領導，為企業集團或國家社會機構的領航員、舵手時，「做人」的藝術才能要比「做事」的技術才能重要。

換言之，當一個人漸漸從「人下人」的技術操作員往上升等，成為「人上人」的管理人員時，他「做人」的才能漸重、「做事」的才能漸輕。但無論如何，企業有效經營的管理者，既要會「做人」（管眾人去做事），又要會「做事」（眾人會做事以賺錢）。企業有效經營，既要「技術」，更要「管理」。不同年齡就業階段（見圖 7-2），有不同技能需求。

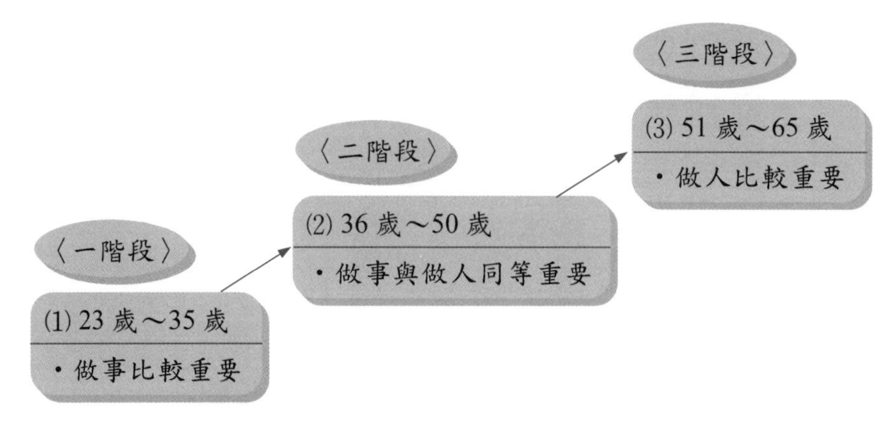

圖 7-2　不同年齡階段的技能需求

二、培養管理能力的二套系統

培養經理人員的管理能力有兩套系統（圖 7-3），第一是有關企業「做事」系統（business systems）的行銷、生產、研究發展、人事及財會（財務會計）、採購、資訊等功能；第二是有關管理「做人」（management systems）的計畫、組織、用人、指導及控制等功能。這兩套系統的工作就是「管理」部屬去「做事」的「系統活動」（series of actions）。這兩套能力就叫作「企業」與「管理」能力，也叫作「做事」與「做人」能力。

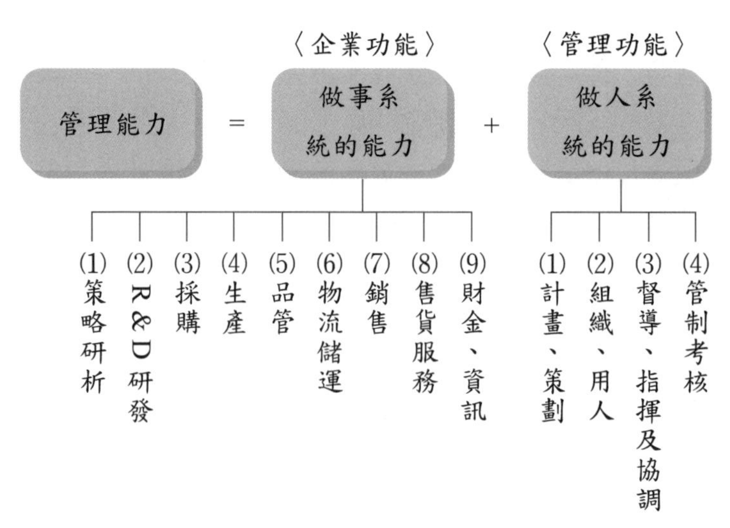

圖 7-3　培養管理能力的系統

第二節　管理思想學派

一、古典學派或傳統學派

傳統的古典學派（classical school）主要以下列三派爲主：

㈠ 泰勒的科學管理

泰勒的「科學管理」（scientific management）觀點取向，主要有四大原則（圖 7-4）：

1. 尋找最佳工作方法

以取代過去完全由作業員個人經驗所決定之個別工作方式。

2. 科學化的選擇工作人員

明確每一個工作人員之個人條件、發展可能，並給予必要訓練。

3. 生產獎金的激勵

泰勒建議必須要有一套激勵系統，依據每位工作人員的生產數量決定個人之報酬多寡。

4. 領班與作業員區分

泰勒將管理者與作業員之間的工作加以區分，讓管理者從事規劃、調配人手、檢驗之工作，而作業員則從事實際之操作。

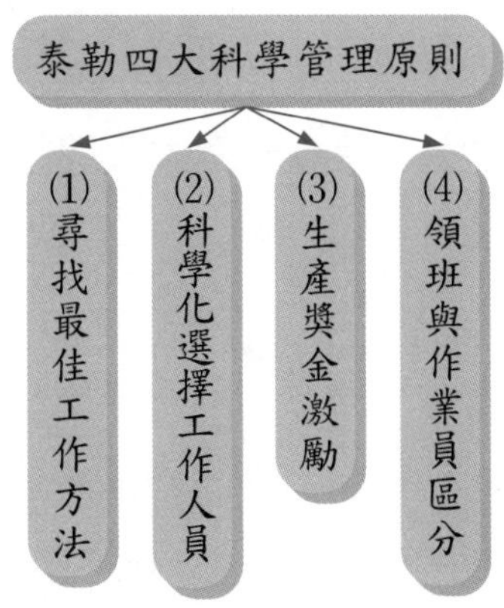

圖 7-4　泰勒四大科學管理原則

㈡ 費堯的管理程序

費堯在法國鋼鐵公司曾從事30年的管理工作，並著《一般及工業管理》專書，該書中認爲管理者必須力行5項基本功能，即規劃、組織、指揮、協調與控制；這5項功能可說是管理的程序，故費堯也被稱爲「管理程序學派之父」。同時，費堯也列示十四大管理原則（圖7-5），作爲人們遵守。茲圖示如下：

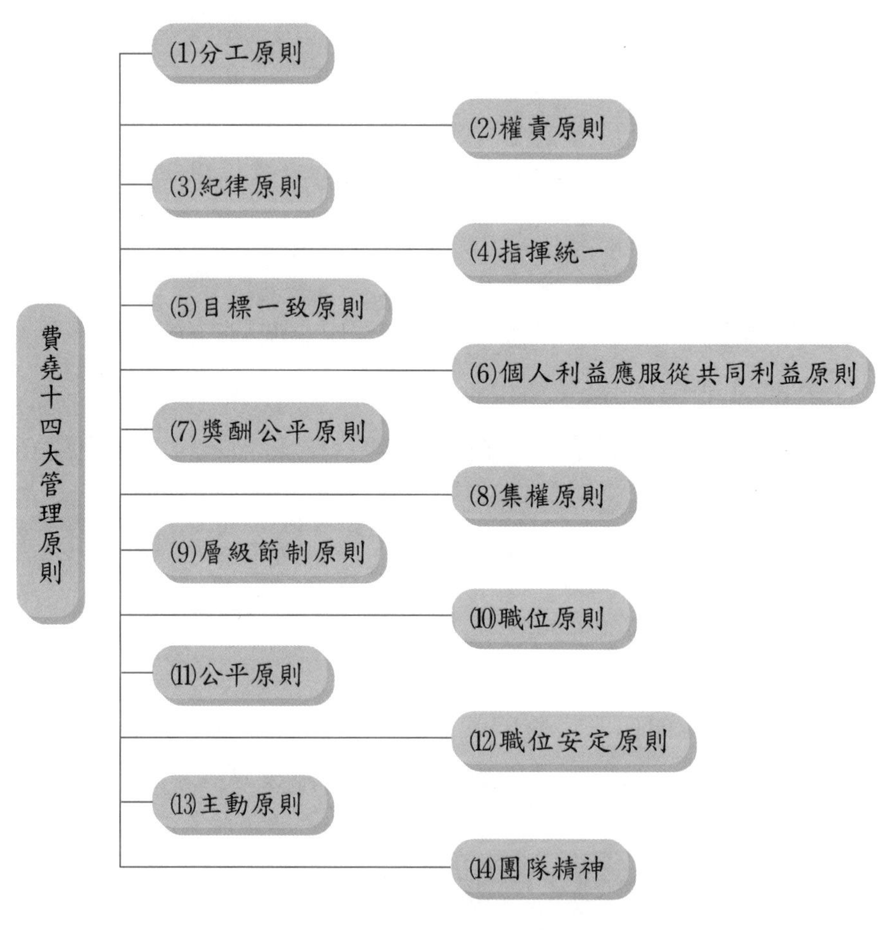

圖7-5　費堯十四大管理原則

〈費堯十四大管理原則〉

1.「分工」原則

指分工（division of labor）專業化，以提高「熟能生巧」之工作效率。

例如：公司在財金、企劃、研發、法務、生產、銷售、服務、資訊、採購、行政、人事、技術工程等不同專業分工的機制。

2.「權利與責任對等」原則（authority and responsibility）

指有責任才有權力，無責任則不可有權力。責任及權力之重量應相等。一個公司的成功，依賴更大的責任履行，不是靠更大的權力耗用。當公司各階層充分授權，依權責對等原則，則責任範圍愈廣大，可是權力總和卻不變，公司愈成功。故權責必須一致才行。

3.「紀律」原則

指嚴懲不遵守規定之員工，維持組織的嚴謹紀律（discipline），以確保產銷的高品質水準目標。

4.「統一指揮權」原則（unity of command）

指一個員工原則上由一位主管來指揮，即指揮系統單一化，而不要有多元、多角指標現象，使員工不知要聽命哪一個主管。

5.「統一管理」原則（unity of direction）

指一個公司或集團的同一目標之產品事業部門或地區事業部門，應由同一位高階層主管來負責管理（計畫、協調與控制）。

6.「個人利益小於團體利益」原則（subordination of individual interests to the common good）

指不可以因私利而害公義；在公、私目標衝突時，則應以公司目標爲優先，放下私利目標。換言之，應犧牲小我、成全大我。

7.「員工薪酬」原則

指員工薪酬（remuneration of personnel）應包括公平待遇、績效獎勵及適度專案簽呈獎勵。

8.「集權化管理」原則

指決策權之集權化（centralization）或分權化程度，應視工作複雜度及組織規模大小而調整。不論企業大小規模，計畫性決策可由中央集權或中央地方均權；執行性決策應由地方分權，但控制性決策，一定由中央集權，才不會變成一盤散沙。

9.「階層連鎖」原則（scalar chain）

指任何組織體除了垂直階層式之指揮報告體系外，應再有平行單位之跳板式協調溝通鏈網存在，以加速機動性。亦即強調水平部門之間的有效及快速溝通，以避免部門本位主義出現。

10.「秩序」原則

指任何人、事、物都應有其定位與順序（order），不可混亂。亦即，非必要時，不宜越級向上報告或越級向下指揮。

11.「公正」原則（equity）

指合情（friendliness）再加上合理（justice）。

12.「員工穩定」原則（stability of staff）

指應在待遇上（payment）及工作成就上（achievement）留住能幹的好人才，亦即員工不宜流動率太高。

13.「主動發起」原則

指鼓勵機構內成員有主動發起（intuitiveness）及創新改造之精神，鼓勵「多做多對，少做少對，不做不對」，而不是「多做多錯，少做少錯，不做不錯」的保守官僚風氣，以因應時代的快速變革。

14.「團隊精神」原則（team work）

指高階主管應強化員工團體同仇敵愾之認同精神，凝聚團隊能力，才會有競爭力可言。

㈢ 韋伯（Max Weber）的層級結構模式

此派之管理理論係建立在組織模式上，一般稱為「官僚模式」（bureaucratic model）或「層級結構」（hierarchical structure）。

韋伯係一社會學家，他認為層級組織係反映現代社會需要的產物，對於大而複雜的機構而言，層級結構是必然的組織方式。他也認為此種組織模式較其他方式更為精確、嚴密、效率與可靠。後世之學者在評估韋伯的層級組織模式，就其所謂的「層級化」或「官僚化」程度高低，係由 6 個構面可得；

1. 權威階級（層）嚴明的程度。
2. 基於功能基礎所採分工的程度。

3. 每位員工權責規定細節的程度。
4. 工作程序或步驟詳盡的程度。
5. 人際關係方面鐵面無私的程度。
6. 甄選或晉升取決於技術能力的程度。

凡在以上 6 個構面程度愈高者，其層級化及官僚化程度也愈高。

〈案例〉

政府機構，即是典型的韋伯層級官僚模式，形成層層管理與節制現象。

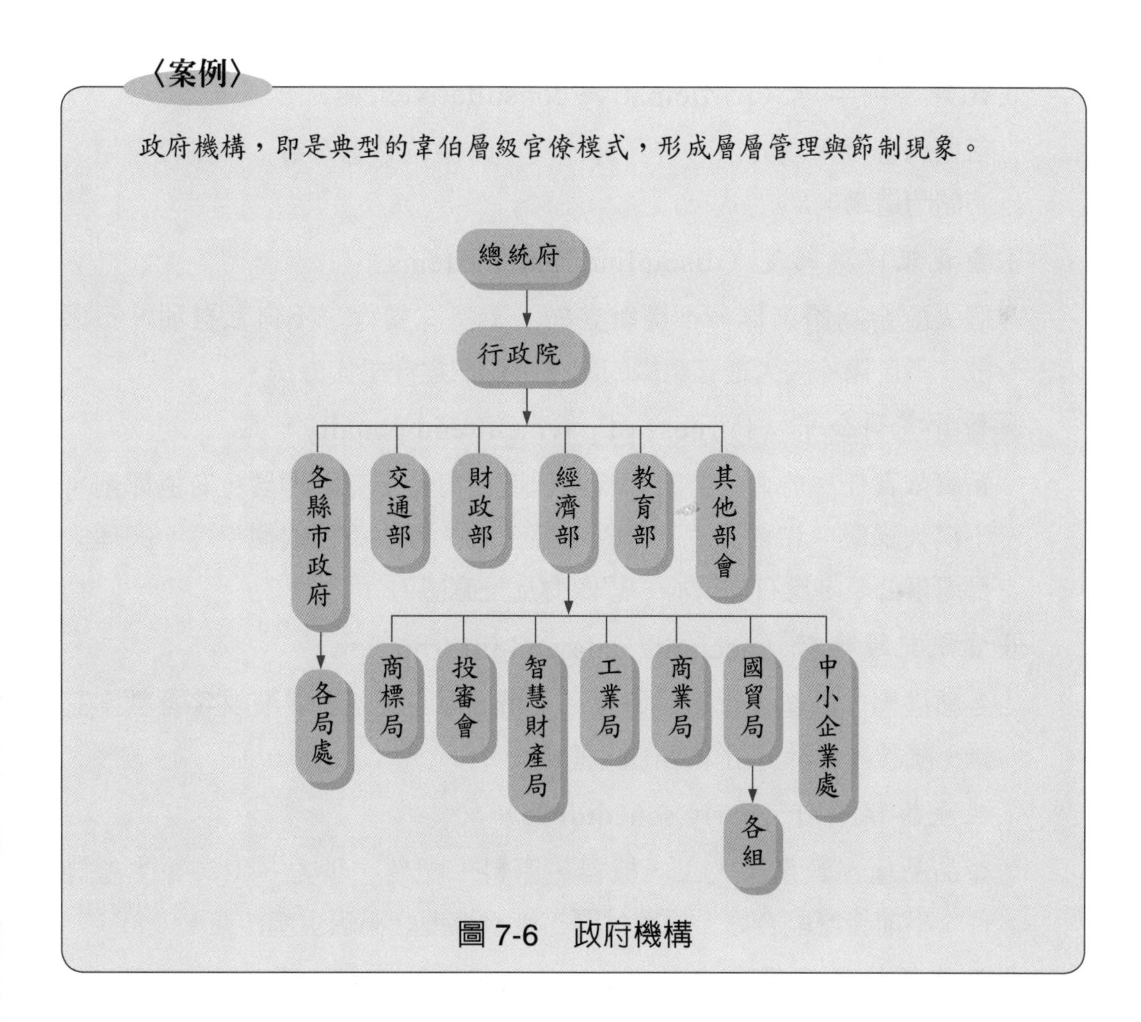

圖 7-6　政府機構

㈣ 艾默生的效率十二原則

艾默生（Harrington Emerson）提出「效率十二原則」（the twelve principles of efficiency），甚爲合理可用，至今尚可奉爲金科玉律，說明如下：

1.工作目標明確（clear-out objectives）

公司目標、單位目標以及個人目標要明確，要有數字及達成時間。此稱爲目標三要件：明確、數量、時間。

2.命令指示客觀（objectivity of orders and directives）

上級對下級下達命令（指臨時性目標）或指示（指手段性方法），要「對事不對人」，要客觀不歧視，不可以有主觀意識型態。

3.允許諮詢參考（participative consultativeness）

目標內容及手段方法，容許跨部門、跨單位集思廣益，不剛愎自用，不閉門造車。

4.重視紀律與制度（disciplines and systems）

個人配合團體工作，不標新立異、不特立獨行、不自私自利、不懶散、不自滿，人人遵守組織的紀律，個個遵守工作方法。

5.薪資賞罰公平（fairness of payment and penalty）

薪資依責任、能力、勞苦、貢獻程度而訂定，有功即獎，有過即罰，不搞大鍋飯、和稀泥，不分善、惡、勤、懶之平頭式假平等。經理人員處事公平，應有同情心、想像力及正直感。

6.資訊記錄準確（accurate data and information）

各種供應、生產、行銷、研發、人事、財會之活動，有文字及數字記錄，統計、會計分析準確、快速。

7.生產排程早訂（early scheduling）

產品品種、數量、人工、機器、原料、配件、動力、工具等生產條件，事前皆應配合好，以應付開工流水線型之暢順生產作業。

8.工作任務規定標準化（task standards）

工作操作方法、單位間配合方法，都有標準化規定、布告式說明。

9.工作環境標準化（environment standards）

工作操作之環境及配套條件，應有標準化規定。

10.產品規格說明及操作標準化（product standards）

產品規格、零組件規格及品質水準等說明，以及現場操作之用人、用料、用時、用錢、用工具等都要訂出標準。

11.操作說明標準化（operation standards）

加工操作技巧，有標準化之說明，以供訓練及參考。連同前三者標準化（職務、環境、產品）都要設定標準化之書面說明，並製成手冊，供作訓練員工及改進之依據。企業界實務上稱為 SOP（標準作業程序，Standard Operating Procedures）。

12.獎勵效率及潛能之發揮（efficiency and incentiveness）

超過工作數量、工作品質、成本及利潤等目標者，應有獎勵措施，以發揮更大潛在能力。

㈤ 傳統古典學派討論

1.近似特色（見圖 7-7）

⑴ 都是從理性基礎出發，認為只要合乎理性及效率，均會被組織成員接受，因此人的行為有如經濟人。

⑵ 人在組織中工作，主要均在追求經濟上的薪資酬勞，故物質手段可以解決員工大部分問題。

⑶ 著重工作效率的技術層面，因此用科學方法有效設計工作方法及組織；而管理者的工作重點也在此。

⑷ 在組織中，每個人都適當的被安置好，依層級體系逐層規範作業。

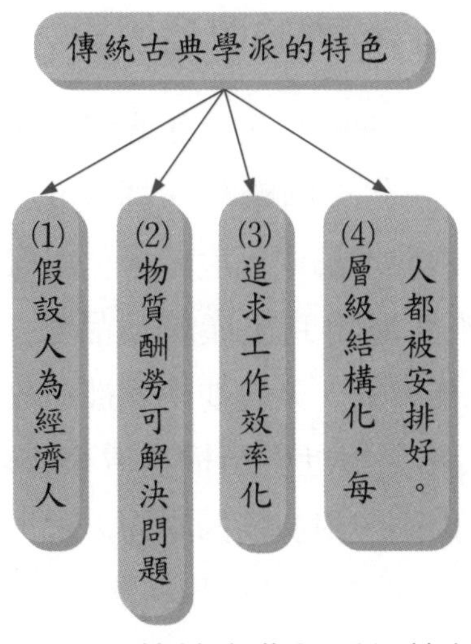

圖 7-7　傳統古典學派的特色

2. 批評點（見圖 7-8）

⑴ 被認爲是一種過度的「封閉式系統」（closed system），所考慮者僅屬組織內部，而未考慮外界環境因素對組織與管理之影響。

⑵ 被認爲對人過分的簡化，亦即把人只當成是經濟動物，用錢即可滿足；而忽略了人性的因素或精神需求層面。

⑶ 純就理論看，古典學派之主張，多屬直覺的推論，未經過科學方法的驗證。

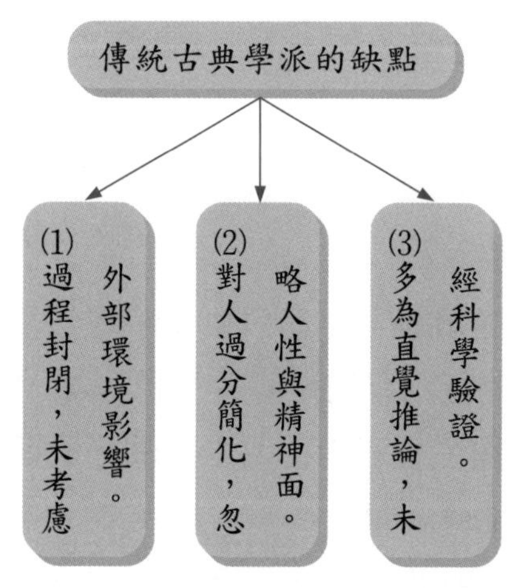

圖 7-8　傳統古典學派的缺點

二、導致傳統古典學派管理理論改變因素

由於下列環境因素不斷快速變化，導致傳統古典學派管理理論發生改變：

1. 組織規模及企業集團化、國際化、擴大化，產、銷、研、管更加複雜，都超越了所謂古典理論中高度結構化組織與例行管理所能掌握。
2. 科技快速突破並不斷應用到生產線及品管工作上，使工廠之組織結構、人員需求、工作方式、素質要求等被迫改變。
3. 工業化及資本主義結果對社會結構也帶來改變，例如：都市化、小家庭制度、人們的疏離感、對眞情歸屬的需求，以及返璞歸眞之心理。
4. 價值觀念的改變，由過去追求自我利潤與權威服從，改變成今日的重視個人權益、民主化走勢以及強調代價問題。

5. 相關統計學、調查技術、電腦資訊 e 化等科學方法的普及化，也使過去直覺式判斷被加以改變，而較重視系統化、數據化的解決途徑。

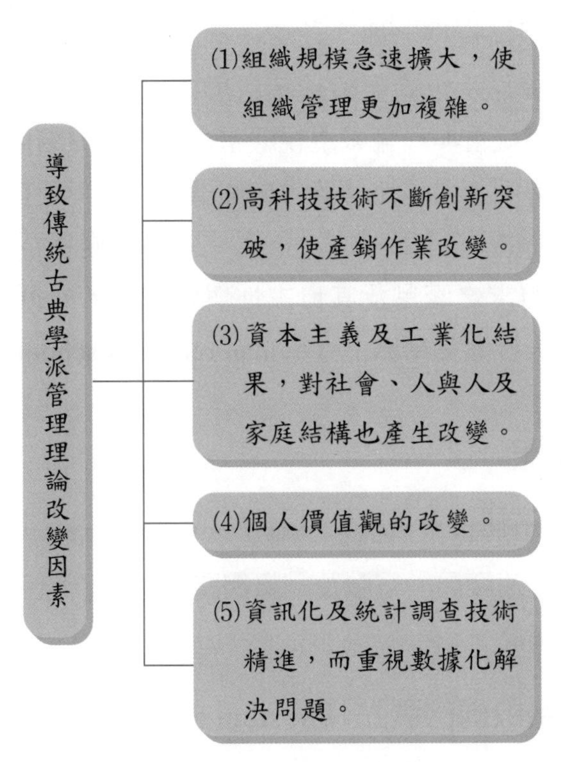

圖 7-9　導致傳統古典學派管理理論改變因素

三、行爲學派（Behavioral School）

管理的意義即是藉衆人之合作而完成組織任務，因此人在組織與管理中扮演相當重要之角色，於是對人的行爲，引起了廣泛之研究。

㈠ 梅約（Mayo）的「霍桑研究」

霍桑是美國西方電氣公司（Western Electric Co.）一個工廠之名稱。這家公司邀請梅約等三位哈佛教授在1927年起在霍桑工廠進行「人際行爲研究」。

此項研究在觀察工作環境、工作時數、休息時間等因素對產量之影響。依古典傳統理論來說，當這些條件變差時，產量會減少。但是此實驗中發現結果並未如此，而係另有人際關係、動機、管理方式型態等因素而產生重大影響。

㈡ 與傳統學派之不同

1. 行為學派將組織視為一種「社會系統」，是由個人、非正式群體、不同群體間關係以及正式組織締結所形成，亦即上述四者之間在聯繫上之關係，與傳統古典理論只重視嚴密之正式組織結構而有所不同。
2. 在研究方法方面，也遠比傳統古典理論較為嚴謹及有系統。
3. 此派將「人」擺在「第一位」，而「效率」則為「第二位」，認為應該重視人性需求之滿足及其自主性與豐富化。此行為學派在早期時，也被稱為「人群關係學派」（human relations school）。

四、近代管理思想

1950 年代後，由於企業組織日漸龐大，產品多樣化、市場全球化、事業版圖擴張化、科技迅速發展、電腦及網際網路普及以及競爭加劇，使得管理與決策的複雜度不斷提高。

㈠ 系統與數量取向的觀點（System School）

Churchman 是系統取向管理學派的代表性學者，他所從事的系統分析主要為計量方式，此種利用數學技巧的計量導向分析法，一般稱為「管理科學」（management science）或「作業研究」。他們大都以系統（組織）整體為著眼點，分析組織問題並制定組織的最佳決策。

Churchman 認為所有的系統有 4 項特色：

1. 系統均存在於其所處的環境當中。
2. 所有的系統同時也是某些元素、成分、子系統所組成。
3. 所有系統其內部子系統間彼此相互關聯（interrelatedness）。
4. 所有的系統都有其中心功能或目標，利用它可以評估組織或子系統的努力與績效。

㈡Burns 和 Stalker 的「權變取向」管理觀點

在近代管理理論中第二個趨向是權變（contingency）或情境（situation）理論，其中以英國的學者 Burns 及 Stalker 較具代表性。

古典學派認爲管理者應集中心力於「物」的方面以提高效率，而行爲學派則著重於組織內人群和諧關係，權變取向的管理者則認爲人與物的管理，應視其所處環境而權宜選擇。

這兩位學者權變理論重要發現，表列如下（表 7-1）：

表 7-1　Burns 和 Stalker 的「權變取向」管理觀點

1. 管理型態	機械式組織	有機式組織
2. 環境型態	不變的	快速改變
3. 主要論點	效率	彈性
4. 如何管理企業	著重於例行性、規則與程序	較多變化、較不規則與程序
5. 類似管理取向	古典的	行爲的

第三節　管理哲學與人性因素

一、管理哲學（Management Philosophy）

麥克里哥（McGregor）在其所著《企業的人性面》（*The Human Side of Enterprise*）一書，對管理哲學提出「X 理論」與「Y 理論」，概述如下：

㈠X 理論（Theory X）

1. 時代：約 1900～1930 年科學管理時期。
2. 組織理論：傳統的古典組織理論。
3. 人性的假定：

⑴一般人生性厭惡工作，因此盡量設法避免工作，亦即經常偷懶。

⑵爲使一般人賣力工作，必須予以強迫、控制、指導、威脅及懲罰。

4.類型：屬於集權式管理。

5.表現：制度化、層級化、官僚化、標準化、效率化。

㈡Y 理論（Theory Y）

1.時代：約 1931～1960 年人群關係理論時期。

2.組織理論：行爲學派（或人際關係學派）。

3.人性的假定：

⑴在適當的情況下，一般人不僅接受責任，更尋求責任。

⑵一般人將自我指導與自我控制，不適用懲罰性的威脅。

⑶一般人對目標的承諾程度，取決於達成目標所獲之報酬。

⑷具有高度想像力、創見以及創造力。

⑸一般人具有潛在智慧，但僅發揮一部分而已。

4.類型：參與式管理。

5.表現：尊重人格、了解人性、積極激勵、發展潛能、共同利益、相互依存。

㈢Z 理論（Theory Z）

1.時代：1961～1974 年系統學派時期。

2.提倡人：西斯克（Sisk）在其著作《管理原理：管理過程之系統研究法》提出現代化管理觀念 Z 理論。

3.學說要旨：

⑴科學管理學派著重「制度」，而人群關係學派著重「人」，均各有所偏，必須「制度」與「人」同時兼顧，才是管理的眞義。

⑵X 理論視人性懶惰、不喜工作，故重「懲罰」手段；而 Y 理論視人樂於工作，故重「激勵」手段。但 Z 理論則認爲有人須用「講理」、「激勵」，有人則須用「處罰」；對象不同，手段亦異。

⑶科學管理學派重視人的生理需要，故主張效率獎金；而人群關係學派則偏重心理需要，講求溝通、民主領導與激勵。而 Z 理論則主張

生理與心理並重，期使效率與快樂的工作人員出現，而將兩者理論加以融合。

⑷ X 理論之組織爲靜態體，而 Y 理論則爲動態體，似乎各有所偏；Z 理論則視組織爲一「有機體」，並注意到系統內與系統外之環境，而將兩者理論加以融合。

㈣ 管理上的涵義

在了解 X 理論及 Y 理論後，對管理階層者而言，有 2 項問題値得提出：

1. **到底人性是屬於 X、Y 理論，或兩者之間？**

就事實而言，X 理論及 Y 理論均屬極端狀況，絕大多數的人乃處於兩者之間，而且個人間也存在有相當大的差異。我們所能確定知道的是：

⑴ 在同一情境下，不同的兩個人就會有不同的表現（個別差異化）。

⑵ 即使是同一個人，在不同時間及組織環境下，其表現也會有所不同（情境理論）。

2. **管理者在態度上接受某種人性假設，和他在實際管理行爲之間，有無必然關係？**

學者艾吉里斯（Argyris）認爲，在態度與行爲之間可能不同，他的看法是：

⑴ A 型行爲模式（古典傳統式）。

⑵ B 型行爲模式（現代式）。

⑶ X 理論與 Y 理論。

⑷ 在正常狀況下，一般人都認爲 X 理論會與 A 型行爲相連結（稱 XA）；Y 理論會與 B 型行爲相連結（稱 YB）。

⑸ 但是，亦有可能出現 XB 型的管理人員，即認爲人性是 X 理論，但所採行爲卻是支持性與鼓勵性的。當然，亦有可能出現 YA 型的管理人員，即認爲人性屬 Y 理論，但爲求工作績效，所採行爲卻是命令督導式。

所以，交叉出上述的 4 種可能模式的組合：

⑴ X 理論，A 古典行爲模式。

⑵ Y 理論，B 現代行爲模式。

⑶ X 理論，B 現代行爲模式。

⑷ Y 理論，A 古典行爲模式。

二、管理與人性因素

對一個中高階管理人員而言，影響工作的 4 項人性因素（human factors）（見圖 7-10）必須深入了解；因爲這些因素就猶如過濾器一般，會有增加、減損與扭曲刺激之效應。

㈠ 認知作用（Perception）

人是靠感官傳達來的刺激而反應與行動，但我們如何定義或認知到這些刺激，端賴以下因素：

1. 經驗（experience）多寡。
2. 壓力（stress）大小。
3. 職位（position）高低。
4. 需求（demamd）大小。

㈡ 個人因素

1. 人格

人格（personality）的定義爲：「個人的特徵與獨特的特質，以及這些特質交互作用之方式；經由這種交互作用，而幫助或阻礙一個人對別人或環境之適應。」

2. 能力

能力（ability）乃是影響一個人如何表現的另一個重要的個人因素。

㈢ 工作群體（Work Group）

群體以 3 種方式影響其所屬成員之績效與意願：

1. 群體所自設之規範。
2. 群體所提供之壓制或協助。

3. 群體所提供之物質與非物質之獎懲。

㈣ 動機

一個人的動機（motivation），反映出他欲成就某種目的之驅力（drive），而人性需求乃是動機之最主要源頭。

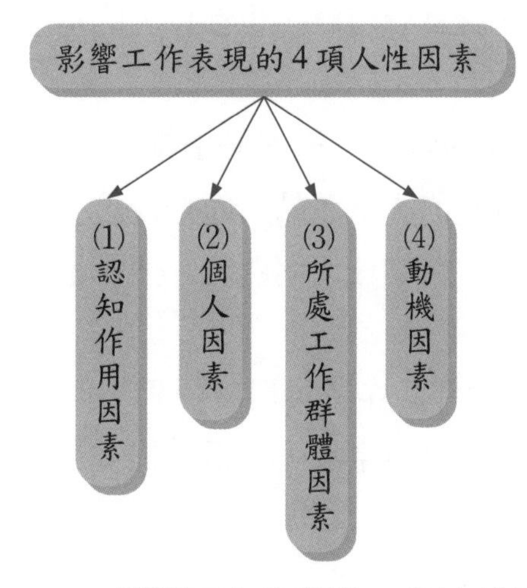

圖 7-10　影響工作表現的 4 項人性因素

第四節　全球管理學大師——彼得．杜拉克理論精華

一、彼得．杜拉克：管理學大師中的大師——成爲世界上最有錢的人，對我毫無意義

彼得．杜拉克已於 2005 年 11 月辭世，享年 95 歲高齡。對於這位影響企業學界的管理大師，他的辭世，大家同感惋惜。

㈠ 人，才是管理的重點

1930 年代初期，他在倫敦的投資銀行工作，有一陣子每天到劍橋大學旁聽凱因斯的課。這令他恍然大悟，自己對於賺錢、商品並不感興趣，不認爲資產管理工作是一種貢獻，因爲他眞正好奇的，是人的行爲，「成爲世界上最有錢的人，對我毫無意義。」

所以，他在看企業、社會管理時，也都以人的角度出發，《華爾街日報》如此分析。

例如：員工是最重要的資產，組織必須提供知識工作者發展的空間，因爲薪水買不到忠誠；顧客買的不是產品，而是滿足；資質平庸無所謂，人要把自己放在最有貢獻的地方。談到任何問題時，他總是不忘提到：「人，才是重點。」

《彼得 · 杜拉克的世界》作者貝堤就提到，他最常談的是價值、品格、知識、願景、知識……，「唯有金錢，他很少提及。」

㈡ 大師中的大師

他的工作方式也是成功的要因。他強調要專注，把個人的優勢投注在最關鍵的事情，因爲他認爲「很少人能同時做好三件事情。」所以他總能問出核心的問題，而且幫助許多人如此解疑。

華爾街帝傑（Donaldson Lufkin & Jenrette）投資銀行的創辦人洛夫金，就對此印象深刻。

1960 年代，公司剛成立不久時，他曾就教於彼得 · 杜拉克。當他問彼得 · 杜拉克是否該發展哪些商品、該採什麼策略時，彼得 · 杜拉克總是答：「不知道」。

「那僱你做什麼？」洛夫金問。

「我不會給你任何答案，因爲世上有許多種不同的方法能解決問題，不過我會給你——你該問的問題。」彼得 · 杜拉克回答。

於是他們開始談，彼得 · 杜拉克之後不斷重複、提醒世人，洛夫金此後也不斷自我探詢「我們是誰」、「我們想做什麼」、「有什麼優勢」、「該怎麼做」。

「每年都有幾百本管理書問世，但只要讀彼得 ・ 杜拉克就好了。」《華爾街日報》說，因爲他就像是文藝界的莎士比亞，《經濟學人》讚頌他是「大師中的大師」。

二、彼得・杜拉克（Peter F. Drucker）的六大核心管理觀點概述

〈觀點 1〉

企業唯一的目的，在於創造顧客
（The Purpose of Business is to Create Customers）

「顧客第一」這四個字，如今已是眾所周知的企業經營法則，然而，杜拉克卻是在 1954 年出版《彼得 ・ 杜拉克的管理聖經》時便指出，企業的目的只有一個正確而有效的定義，即創造顧客。換句話說，企業究竟是什麼，是由顧客決定的。因爲唯有當顧客願意付錢購買商品或服務時，才能將經濟資源轉變爲商品與財富。

既然顧客是企業的唯一目的，也攸關事業的本質究竟是什麼，因此杜拉克又提出了幾個關鍵問題，以深入了解顧客。第一，「釐清眞正的顧客是誰」？潛在的顧客又在哪裡？他們是如何購買商品及服務的？最重要的是，如何才能接觸到這群顧客？這些問題不但會決定市場定位，也會影響配銷方式。第二，在了解顧客的輪廓、接觸到顧客之後，杜拉克接著又問：「顧客買的是什麼」？他舉例說明，花大錢購買凱迪拉克汽車（Cadillac）的顧客，買的是代步的工具還是汽車所象徵的價值？他還舉了一個極端的例子，指出凱迪拉克的競爭對手搞不好是鑽石或貂皮大衣。第三個問題則是，「在顧客心目中，價值是什麼」？杜拉克指出，價格並非價值的唯一衡量標準，顧客還會將其他因素納入考量，包括產品是否堅固耐用，抑或售後服務的品質等。

藉由提出「沒有顧客就沒有企業」這樣一個簡單的概念，杜拉克扭轉了傳統視「生產」爲企業主要功能的偏差，引領了行銷與創新的新思維。

〈觀點 2〉

員工是資源，而非成本

（Worker is a Resource, not a Cost）

《企業的概念》一書，除了造成聯邦分權制度的風行之外，也引發出另一個有趣的管理議題，亦即呼籲通用汽車應將工人視爲資源而非成本。回溯 1950 年代左右，絕大部分人都認爲，現代工業生產的基本要素是原料和工具，而不是人；也因此，很多人便誤以爲現代的生產制度是由原料或物質所支配，遺忘了人的組織才是創造生產奇蹟的關鍵。畢竟，只要是人的組織，就能隨時發展新的原料、設計新機器、建造新廠房。

傳統勞資關係普遍認爲，員工只要能領到高薪就很開心，根本不關心工作和產品。杜拉克則率先指出這樣的觀念是錯誤的，主張員工應該被視爲資源或資產（assets），而非企業極力想要抹除的負債。因爲員工並不甘於只被當成一個小螺絲釘，在生產線上做著機械化的動作；他們心中還是渴求有機會盡可能認識和了解他的工作、產品、工廠和職務；更重要的是，他們不但願意學習，而且還渴望扮演更積極的角色：透過在工作上所累積的經驗，發揮他們的發明能力和想像力，從而提出種種的建議，以提升效率。

企業是一個「人類組織」的概念，是由杜拉克所原創。他在二次大戰期間於通用汽車進行研究時，便看見了「企業是人們努力的成果」，而組織乃是結合一群平凡人、做不平凡的事。因此，企業應建立在對人的信任和尊重之上，而非只把員工當成是創造利潤的機器。

杜拉克指出，過往採取「命令與控制」的管理方式，根本不會有人去關心如何激勵員工這件事，然而現代管理學則不同了，「其任務就是讓人們能夠合力創造績效，讓他們的長處發揮效用，並且使得他們的弱點無法產生負面影響」。

〈觀點 3〉

目標管理與自我控制

（Management by Objectives and Self Control）

在杜拉克的「發明清單」中，最常被提及、或許也可說是最重要及影響最深遠的一個概念，就是目標管理（management by objectives）；而透過目標管理，經理人便能做到自我控制（self-control），訂定更有效率的績效目標和更宏觀的願景。不過，杜拉克也認爲，由於企業績效要求的是每一項工作都必須以達到企業整體目標爲目標，因此經理人在訂定目標時，還必須反應企業需要達到的目標，而不只是反應個別主管的需求。

目標管理之所以能促使經理人達到自我控制，是因爲這個方式改變了管理高層監督經理人工作的常規，改由上司與部屬共同協商出一個彼此均同意的績效標準，進而設立工作目標，並且放手讓實際負責日常運作的經理人達成既定目標。乍看之下，目標管理和自我控制均假設人都想要負責、有貢獻和獲得成就，而非僅是聽命行事的被動者。然而，雖然經理人有權也有義務發展出達成組織績效的諸多目標，但是杜拉克也認爲高階主管仍須保留對於目標的同意權。

〈觀點 4〉

知識工作者

（Knowledge Worker）

杜拉克是第一個提出「知識工作者」這個「新名詞」（今天看來，當然一點也不新）的人，也率先爲我們描繪出未來「知識型社會」（knowledge society）的情景。對於永遠走在別人前面的杜拉克而言，首先提出這個已成爲勞動人口主力的名詞，當然不足爲奇，但是到底有多早？答案是他在 1959 年出版的《明日的里程碑》一書。《企業巫醫》一書的作者則指出，杜拉克自大學畢業後，先拒絕了成爲銀行家的機會，接著又與學術界保持著一個似近又遠的關係，他或許可以稱爲最早、最典型的知識工作者。

早在 1950 年代，杜拉克便看出美國的勞動人口結構正在朝向知識工作者演變。在他看來，教育的普及使得眞正必須動手做的工作逐漸消失。不過，這並不表示今天所有的工作，必定都需要接受更多的教育才能進行；相反地，知識工作和知識工作者的興起，有相當程度其實是因爲供給量變多，而非全然是需求增加所致。

到了《杜拉克談未來企業》一書，杜拉克更進一步確立知識型社會。在資本主義制度下，資本是生產的重要資源，資本與勞力完全分離；但是到了後資本主義社會，知識才是最重要的資源，而且是附著在知識工作者身上。換言之，藉由學會了如何學習，並且終其一生不斷地學習，知識工作者掌握了生產工具，對於自己的產出享有所有權，他們除了需要經濟誘因之外，更需要機會、成就感、滿足感和價值。

知識型社會和知識工作者，是杜拉克歷年作品中的一大主題。他除了關切世界將逐漸由「商品經濟」轉變爲「知識經濟」之外，也提醒經理人，管理型態將隨之改變。知識工作者固然多半扮演部屬的角色，但常常也是主管，甚至更想當自己的老闆。因此，杜拉克除了認爲知識工作者的管理（例如：如何找到這樣的人才、激勵他們保持工作的動力）將是經理人必須面對的課題之外，也對於知識工作者在這個他們既非老闆、也非員工的新世界中將如何自處的問題多所著墨。

〈觀點 5〉

創新與創業精神
（Innovation and Entrepreneurship）

早在《彼得．杜拉克的管理聖經》裡，杜拉克便曾提出行銷與創新是企業的兩大功能。簡而言之，創新就是提供更好、更多的商品和服務，不斷地進步、變得更好。但是，眞正奠定杜拉克在創新和創業精神這個領域的地位，則是他在 1985 年出版的《創新與創業精神》這本書。

杜拉克在該書的序言說：「本書將創新與創業精神當作一種實務與訓練，不談創業家的心理和人格特質，只談他們的行動和行爲。」換言之，杜拉克談的是「創新的紀律」（The Discipline of Innovation；這同時也是他在 1998 年刊登於《哈佛商業評論》的文章篇名），他認爲成功的創業家不會等待「繆斯女神的親吻」，賜予他們靈光一閃的創見；相反地，他們必須刻意地、有目的地去找尋只存在於少數狀況中的創新機會，然後動手去做，努力工作。

他接著談論創業精神在組織裡如何落實，希望了解究竟是哪些措施與政策，能夠成功孕育出創業家。同時爲了提倡創業精神，組織和人事制度應如何配合、調整，另外也談及了實踐創業精神時常見的錯誤、陷阱和阻礙。最重要的則是，如何成功地將創新導入市場；畢竟，未能通過市場檢驗的創新，只不過是走不出實驗室裡的絕妙點子而已。

〈觀點 6〉

效率與效能

（Efficiency and Effectiveness）

1966 年，杜拉克出版了《有效的經營者》一書，如今人人耳熟能詳到以爲是古老俗諺的「效率是把事情做對；效能是做對的事情」這句名言，便是出自本書的一開始；而從這句話所引申出來的概念也同樣精彩，包括：「管理是把事情做對；領導則是做對的事情」、「做對的事情，比把事情做對更爲重要」等。

在杜拉克看來，隨著組織結構從過去仰賴體力勞動者的肌肉和手工藝，轉型到仰賴受過教育者「兩耳之間的腦力」，組織不能繼續停留在追求效率這件事。而是要進而要求和提升知識工作者的效能。相較於效能，效率是一個簡單的概念，就好像是評估一個工人一天生產了幾雙鞋，而每雙鞋的品質如何。但是效能就涉及比較複雜的概念了，因爲一個人的智力、想像力和知識，都和效能關係不大，唯有付諸實際行動，辛勤地工作，才能將這些珍貴資源化爲實際成效與具體的成果。

杜拉克指出，聰明人做起事來，通常效能超差，主要是因爲他們未能體悟到卓越的見識，並無法等同於成就本身。他們從來不知道，精闢的見解，唯有經過有嚴謹、有系統地辛勤工作，才會發揮效能。畢竟，「To effect」（發揮成效）和「To execute」（付諸執行）幾乎是同義詞，在組織裡埋頭苦幹的人，只要一步一步走得踏實，終將成爲龜兔賽跑裡的贏家。

眞正有效的管理者，不會再像過去一樣，只專注於把事情做對。或是把已經被完成的事情再做得更好；他們會更進一步要求自己「把對的事情做好」，將自己所習得的知識、理論與概念實際應用到工作上，並獲致卓著績效，從而對組織發揮貢獻。

三、以管理實踐社會公益——許士軍教授對彼得·杜拉克的肯定

元智大學講座教授許士軍教授，對彼得 · 杜拉克持高度的肯定，他在一篇文章中提及：

> 人們推崇杜拉克是一位管理學大師，也是企業界的導師，這是比較表面的說法。基本上，他所關注的和感興趣的，是增進人類社會福祉。
>
> 依杜拉克自己的說法，他初到美國之際，最盼望研究的，既不是企業也不是管理，而是美國這種工業社會的政治和社會結構。只有立足此一較高境界，才能真正了解他為何重視企業與管理的本意。
>
> 杜拉克對社會所秉持的信念，依他在近年的一次訪問中所說，這些年下來，他「愈來愈相信，世界上並沒有一個完美的社會，只有勉強可以忍受的社會。」幸運的是，人們可以想辦法改善社會。
>
> 管理的最終目的，是為了使人們有能力實現「公益」（common good）。因此，管理也當建立在正直、誠實和信任等價值之上，而非作業性和技術性的經濟活動而已。在杜拉克心目中，管理乃是牽動整個世界和人類前途的一種力量，而管理新社會——而非新經濟——正是今後經理人所面臨的最大挑戰。
>
> 杜拉克對於企業和管理的創見與貢獻，已為大家所熟知。我們如今了解，支持和推動他這種脫俗的思想和動機，嚴格說來，他不是一個管理學者，而是一位以管理為最愛的偉大社會思想家。

四、彼得·杜拉克的八大管理哲學思想概述

國內管理學資深前輩陳定國教授非常精闢的整理出彼得 · 杜拉克所累積 60 多年的偉大管理哲學思想，茲分述如下：杜拉克的管理哲學思想，可以說環繞著以下重點：

㈠ 企業經營的最終目標是「顧客滿意」，不是「老闆滿意」，也不是「最大利潤」（Profit Maximization）

在 1954 年彼得・杜拉克的《管理聖經》一書提出「顧客滿意」（customer satisfaction）第一時，很多人不了解，因爲當時大家認爲顧客是「雞蛋」，工廠老闆是「石頭」，雞蛋碰石頭，當然雞蛋破，何必把顧客抬得這樣高呢？可是今日，有誰能否定「顧客主權」的至高地位？先有了「顧客滿意」，「合理利潤」就容易得到，水到自然渠成。

㈡ 要達成「顧客滿意、合理利潤」最有效的方法，就是「目標管理」（Management by Objectives, MBO），而不是「手續管理」、「法規管理」

換言之，從最高主管開始到作業員爲止，都要先把各階層、各部門、各人的長短期目標及標準訂清楚，讓大家都明白爲何訂這些目標、標準背後更高層的理由，並且上下目標體系要環環相扣，不可脫離，亦即公司的「目標網」（objective network）要完整，不可有破網。用目標及成果來要求部屬，比只用冷酷的手續規定來管部屬，有激勵作用、有彈性調整作用。

㈢「管理」是「責任」的履行，不是「權力」的動用

管理者是支持者，不是暴君。所以當上級主管的人，應以謙沖支持者的立場，全心全力協助部屬完成責任目標，而不是以驕傲的立場，動用懲罰性、恐嚇性的用人及用錢權力，來虐待壓制部屬。

㈣ 企業的有效經營是要用「專業管理」，不是用「隨意管理」

公司從班長、課長、經理、協理、副總經理，到總經理等職位，要用受過專業訓練的專業經理人，連公司董監事會成員及董事長也要有專業經理人的背景訓練，才不會把公司帶入過度冒險及敗德違法風暴，「公司治理」自然做得好。

㈤ 21世紀是「知識經濟」（Knowledge Economy）時代，公司的絕大多數員工都是有高等教育的「知識工作者」（Knowledge Workers）

發揮知識員工的生產力是未來企業成功的基石。管理知識員工應如同對待同等身分的夥伴及合作者，因爲他們可能有朝一日，躍升爲你的上司。

㈥ 知識經濟特別重視創新

創新（innovation）要以顧客爲市場導向，也需要組織及管理，才不會使創新變成浪費。

㈦ 資訊科技（Information Technology）很重要

其重心應多放在外部環境新資訊「情報」的取得，而非內部舊資訊處理的「科技」改進，否則會變成爲科技而科技、爲機器而機器的現象。

㈧ 非營利事業組織（Nonprofit Organization, NPO）在未來社會的比重愈來愈大

如政府、醫療、教育、慈善基金、宗教、退休金、文化、藝術、健康等，所以不僅營利事業需要有效管理（effective management），連非營利事業也更需要有效管理，這樣國家生產力才會充分發揮出來，眞正提高人民的福祉。

自我評量

1. 試分析一個成功的管理者，應該做好哪二件事情？爲什麼？
2. 一個好的管理者，基本上應具備哪 3 種能力？試說明之。
3. 在不同年齡層，做人與做事何者重要？試圖示之。
4. 試圖示培養管理能力的二套系統。
5. 試簡單列出古典或傳統的管理思想學派，有哪 3 項？
6. 傳統古典管理學派的特色爲何？它被批評的地方何在？
7. 試說明導致古典管理理論變化的因素爲何？
8. 試分析後來興起的「行爲學派」與傳統學派，有何不同？
9. 試申述 Burns 和 Stalker「權變取向的管理觀點」之意義何在？
10. 試簡述 X 理論與 Y 理論之不同意義何在？
11. 試列出影響員工工作表現的 4 項人性因素何在？
12. 試列示彼得．杜拉克教授的六大核心管理觀點爲何？
13. 試分析彼得．杜拉克教授所謂「企業唯一的目的，在於創造顧客」之意涵。
14. 試分析彼得．杜拉克教授對「創新與創業精神」的看法爲何？

第 8 章

組織力

第一節　組織的理論

第二節　組織設計因素與原則

第三節　組織部門設計類型分析

第四節　幕僚與直線

第五節　影響員工士氣的 11 項要素

第一節　組織的理論

一、古典學派組織理論

㈠ 意義

古典組織（classical organization）乃係以韋伯的「層級組織」爲主要代表，此種組織模式有如下特點：

1. 強調層級結構。
2. 強調職位、職權與規章制度。
3. 組織成員均具有分工之專長。
4. 決策均經由理智思考所形成，未摻雜私人情感。
5. 是一部迅速、嚴格、沒有彈性的機器組織體。

在韋伯之後的組織管理學者如泰勒、費堯等亦各有其理論提出，但其基本觀點均著重在組織的分工、控制幅度、指揮統一等原則，和韋伯的見解均相似；此等理論，總結看就是所謂的「古典組織理論」，又稱爲「機械組織模式」（mechanic model）。

㈡ 理性官僚之特質（Characteristics of Rational Bureaucracy）

1. 有明確的部門分工，基於各專業人員的分類（clear-out division of labor）。
2. 有嚴明之層級組織，此種層級就形成一個指揮與控制的系統（hierarchy of office）。
3. 有一套標準的法規、程序與制度運作，以確保工作執行之一致性（consistent system of rules and standards）。
4. 基於正式而非個人隨興化之辦事精神，以執行職責（spirit of formalistic impersonality）。
5. 員工都是依專長而僱用之合格人員且受組織保護（employment based on technial qualification）。

㈢ 官僚之被批評

官僚組織與官僚系統為人所批評的二點為：

1. 員工行為的僵硬化（behavioral rigidity）
   由於辦事基於標準規則、程序、制度，在此高度一致性的動作下，員工的行為將更趨僵硬，而缺乏彈性與變通。
2. 員工發展的僵硬化（development rigidity）
   在官僚組織中，員工的創造力受到壓抑，工作也缺乏挑戰性，責任感漸失，對員工之遠程發展明顯僵硬。例如：國內政府機關的公務人員即有些許此種傾向。

二、行為學派組織理論

㈠ 興起原因

古典學派組織理論及結構過於機械化，忽略了人性的一面。行為學派（behavior organization）學者認為人類的組織應該是一種社會系統，主要有 2 個目標：第一是要生產財貨及服務，第二是要滿足組織成員的各種需求。是以，組織是經濟的，也是社會性的。

㈡ 意義

此派學者認為組織的設計不能僅考慮理性及邏輯因素，也不能僅靠正式結構、職權、規章以規範人員之行為。除這些之外，還有許多非正式因素，如小群體、動機、知覺、情緒、環境與個人特性等影響作用。其特點為：

1. 組織內職責之劃分，應盡可能避免使其正式化及固定性，而須依任務而賦予彈性。
2. 每個人的工作不宜加以細分及例行化，而應求內容多樣化及有彈性。
3. 主管的領導，並不完全依照職權，而是基於協調與聯繫。

此種組織有別於古典組織的機械模式，又稱為有機組織模式（organic model）。

三、情境理論或權變理論

㈠ 意義

從有機組織模式看，似乎是較重視人的因素，那是否就表示有機模式是最好的組織模式呢？根據實證研究顯示並不盡然。那到底何種組織結構最好呢？應視情境而定，此種觀點認爲沒有一種特定組織，可以適用於所有的情境狀況。由於此種理論，特重「情境」因素，故稱爲「情境理論」，也常稱爲「權變理論」（contingency theory）。

㈡ 情境因素

這些情境因素包括下列 4 項（圖 8-1）：

1. 經理主管及其經營哲學的不同

高階管理人員對其所經營事業之願景定義與內涵分析、競爭方式及管理哲學，都會影響到其所選擇之組織結構。

2. 工作單位任務性質的不同

此任務性指完成組織目標之技術條件或因素。技術條件不同，會影響工作劃分、工作程序及授權等做法，此亦連帶影響組織結構。

3. 環境狀況的變化程度

最主要的環境特性，係指改變的速度與不確定程度。

4. 工作人員之需要不同

組織成員的需要，並不完全相同。一般而言，技術及專業人員較其他性質人員，更重視工作之自主性、參與決策機會與成就感之滿足，而基層人員就不那麼明顯重要。

5. 結構追隨策略（structure follow strategy）

組織結構及模式，將會隨企業在不同的階段採取不同的經營策略而有所相應變化。如果組織結構不跟隨變化，那會造成策略無法達成與組織運作問題重重。此係策略學者錢德勒著名的組織管理觀點。

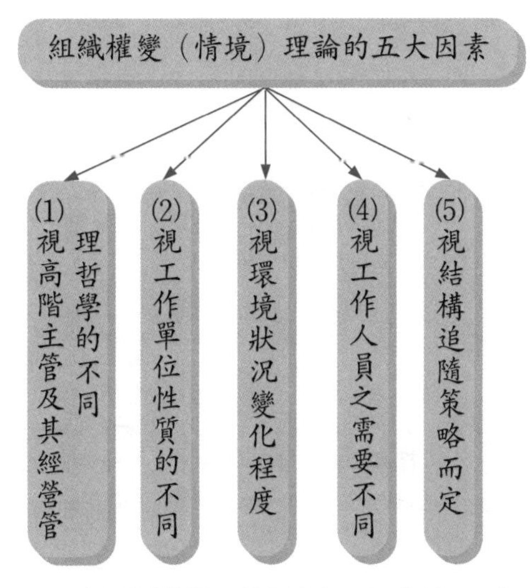

圖 8-1　組織權變（情境）理論的五大因素

四、古典與現代組織之比較

茲比較古典與現代組織理論之差異分析（表 8-1）：

表 8-1　古典與現代組織之比較

㈠ 古典組織	㈡ 現代組織
1. 規模：少有大型組織	1. 專業經理人數：不多
2. 管理工作區分：不明確	2. 決策人員：由少數人做決策
3. 強調：控制、指揮與直覺	3. 受環境影響：程度稍低
4. 權力分配：集權	4. 很多大型且具影響力之組織
5. 很多中高階專業經理人	5. 管理工作已成為明確之工作
6. 多數的人已能做各種層次之決策	6. 團隊工作及理性分析
7. 程度高	7. 授權與分權

而古典與行為組織理論之個別堅持觀點，如下：

㈠ 古典學者深信最好的組織方式

依附於固定的指揮體系上，集中式的決策、機能式的部門劃分、較窄的控制幅度以及每人均有專司之工作。

㈡ 行為學者相信最佳的組織方式

較不具預定性的指揮體系、較多的職權下授、較寬的控制幅度、各部門應求自給自足、權責一致及豐富化的工作設計。

第二節　組織設計因素與原則

一、「組織」定義

所謂組織（organization）是一群執行不同工作，但彼此協調統合與專業分工的人之組合，並努力有效率推動工作，以共同達成組織目標。

二、設立組織的考慮事項（或組織活動步驟）

企業在設立新部門組織的時候，應注意下列 6 點事項：

㈠ 確定要做什麼？

組織工作的第一步就是先考慮指派給本單位的任務是什麼，以確定必須執行的主要工作是哪些。例如：要成立新的事業部門，或是革新既有的組織架構，成爲利潤中心制度的「事業總部」或「事業群」組織架構。再如，成立一個臨時性且急迫性的跨部門專案小組的組織目的。

㈡ 部門劃分與指派工作

第二步驟乃是決定如何分割需要完成的工作，亦即部門劃分（departmentalization）或單位劃分，並依此劃分而授予應完成之工作（task）。例如：要區分爲幾個部門，每個部門下面，又要區分爲哪些處級單位。

㈢ 決定如何從事協調工作

有效的各部門配合與協調才能順利達成組織整體目標，以及了解與做好協調（水平部門）流程及機制爲何。

㈣ 決定控制幅度

所謂控制幅度（span of control）係指直接向主管報告的部屬人數爲多少。例如：一個公司總經理，應該管制公司副總理級以上主管即可，中型公司能有八個，大公司也可能有十五個副總主管。

㈤ 決定應該授予多少職權

第五個步驟爲決定應該授予部屬多少的職權，亦即授權的範圍、幅度及程度有多少。通常，公司都訂有各級主管的授權權限表，以制度化運作。例如：副總級以上主管任用，必須由董事長權限決定始可。而處級主管，則由總經理核定即可。

㈥ 勾繪出組織圖

最後必須將組織正式化（formalize），繪出組織圖，以呈現組織各關係之架構，包括董事長、總經理、各事業部門副總經理、各廠廠長、各幕僚部副總經理及細節部門名稱，以及指揮體系圖。

三、組織設計變數

美國華頓管理學院蓋博爾斯教授，對於組織設計變數曾圖示關係如圖 8-2，計有 6 種變數，概說如下：

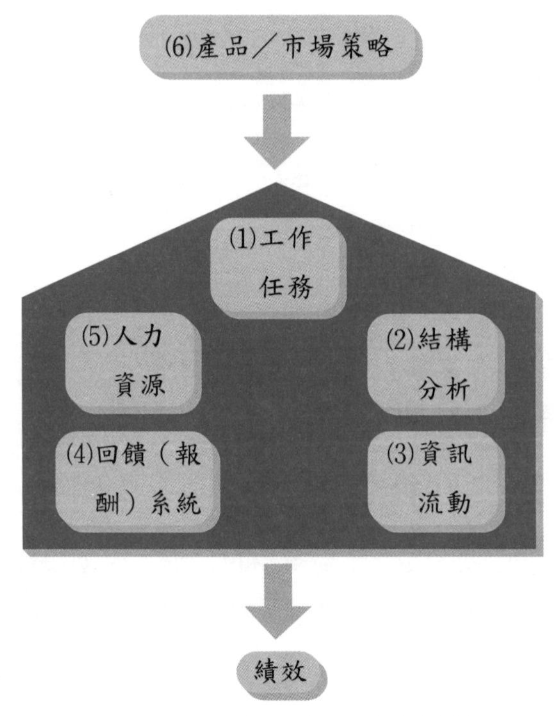

圖 8-2　影響組織設計六變數

概說如下：

1. 每一種變數代表組織的選擇。
2. 組織要成功，必須使變數的設計與產品／市場策略相符始可。
3. 只要策略一改變，以下的所有變數，就必須跟著調整改變。
4. 綜合而言，即是經營策略→組織架構→作業程序的一貫化組合。

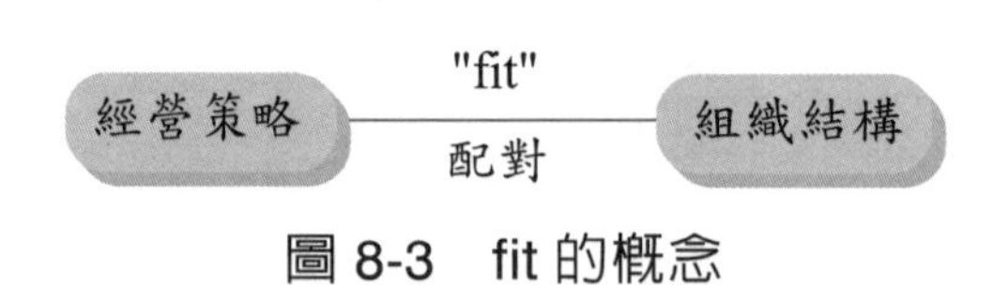

圖 8-3　fit 的概念

四、組織設計之原則（見圖8-4）

㈠ 確定組織目的

1. 組織一致目標原則。

2. 組織效率（efficiency）原則。

3. 組織效能（effectiveness）原則。

4. 組織願景（vision）原則。

㈡ 組織層次考量

因控制幅度原則的考量與組織扁平化最新設計趨勢，因此，必須精簡組織層級架構的規劃。

㈢ 組織權責界定

1. 授權原則。

2. 權責相稱原則。

3. 統一指揮原則。

4. 職掌明確原則。

㈣ 組織部門劃分

1. 分工原則。

2. 專業原則。

㈤ 組織彈性運作目標

不必太拘泥於官僚式僵硬層級組織，而應像變形蟲式的，以完成特定重大任務爲要求的彈性化、機動式組織因應。

㈥ 組織單位的適當名稱

例如：專業總部、事業部或事業群，再如財務、會計、採購、法務、企劃、生產、行銷、倉儲、資訊、策略、經營分析、稽核、人力資源、總務、行政、祕書、R & D 研究、工程技術、品管、海外事業單位、售後服務、客服中心、分店、分公司、直營門市、加盟店等適當名稱。

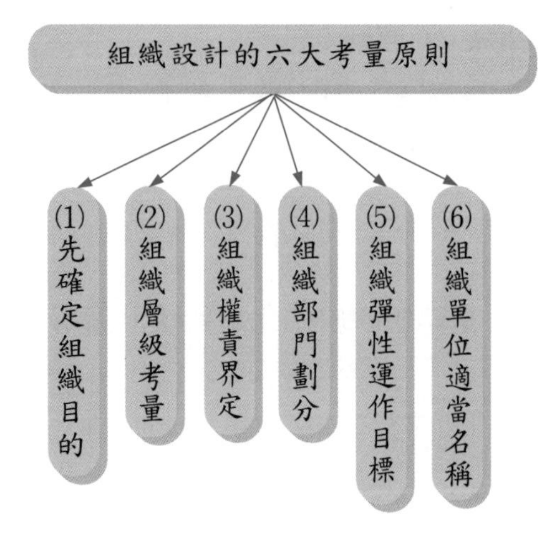

圖 8-4　組織設計的六大考量原則

五、組織特質（要素）

任何企業形成組織，應具備以下 9 項要素（特質）：

㈠要有共同的目標及願景，組織成員才會有道義及精神的鼓勵力量。

㈡權責的劃分與聯繫。

㈢滿足成員的需求及激勵成員的努力。

㈣組織必須依賴於外部環境，無法自絕於外部環境。

㈤組織必須透過本身資源之運用及轉換才能達成目標。

㈥組織會有水平的部門劃分，以行使專業分工。

㈦組織必會有管理的需求。

㈧組織必須有能力與知識，才能存活下去。

㈨組織必須是活化的、流動性的、新陳代謝的，才能歷久彌新。

第三節　組織部門設計類型分析

一、5 種基本組織結構

著名的組織學者明茲伯格（Mintzberg），曾將組織結構的設計，劃歸爲 5 種型態（圖 8-5），茲分述如下：

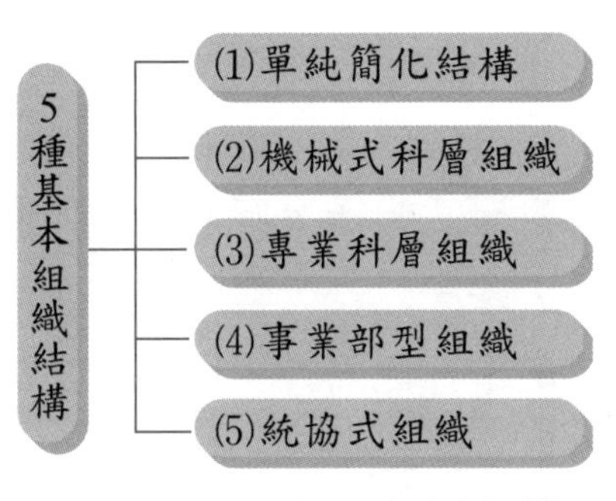

圖 8-5　5 種基本組織結構

㈠ 單純簡化結構（小型公司）

1. 意義

單純結構（simple structure）是一種比「沒有組織結構」稍強之公司組織，在此組織內，人員及單位很少，也沒有嚴明之工作劃分及協調指揮系統。

2. 適用（決定因素）

規模小、技術不甚純熟，處在單純的靜態環境，做小生意而已。

3. 案例

泛指一般的小企業而言（20 人以下的小公司組織）。

㈡ 機械式科層組織

1. 意義

此組織結構係指具有非常正式化與專業化作業程序，有一套規則與條例說明，分工相當明確，傾向集權決策方式，直線幕僚間也嚴格劃分。

2. 適用（決定因素）

⑴ 環境的單純與穩定（市場競爭力非常小）。

⑵ 較成熟的大規模組織，也易成爲機械科層組織（machine bureaucracy）。

3. 案例

類似政府組織公家單位型態，即爲一例。

㈢ 專業科層組織

1. 意義

有許多組織雖同爲科層式組織，不過並未如機械式科層組織那樣的高度集權化；例如：大學、綜合大醫院、綜合會計師事務所，雖然它們的作業比較穩定，但是在此同時，作業本身又較複雜，必須由工作者本人做好控制。因此，專業科層組織（professional bureaucracy）非常依賴於各個企業機能的專業知識與技能，以製造出標準化的產品及服務。

2. 適用（決定因素）

環境複雜但確定。

3. 案例

例如：各大學（像臺大、政大、交大）、萬芳醫院、臺大醫院、各大市立醫院、各種政府研究機構、中華經濟研究院及工研究等。

㈣ 事業部型組織（Divisionalized Form）

1. 意義

此組織結構已爲人所深知，此係依各市場別、產品別或消費客戶群別爲中心，而結合產銷機能於一體之獨立營運單位。

2. 適用（決定因素）

⑴ 市場具多樣性（market diversity），而必須加以切割時。

⑵ 當組織的技術系統能有效加以分割。

⑶ 權責必須一致，要有人擔起全部的責任。

⑷ 培養高級主管人才。

3. 案例

國內各大型企業的組織，目前已大多採取事業部、事業總部或事業群的組織架構。

㈤ 統協式組織

1. 意義

統協式組織（adhocracy organization）是有機式、自由變動性的組織結構，它具有多種特性：

⑴ 組織行爲較少正式化。

⑵ 溝通網路可自由變動。

⑶ 傾向於聚集一群專家在一個功能專案單位中。

⑷ 常結合不同高度專業化之專業人員。

2. 適用（決定因素）

在複雜且高度動態性的環境中，公司必須緊急面對各種挑戰及問題即刻解決者。

3. 特殊屬性

Peter 和 Waterman 在暢銷的《追求卓越》一書中，發現那些成功且具創造力之公司，都共同擁有 8 個特性，而且他們也大都屬於統協式組織：

⑴ 偏重於執行的工作，而非研究報告或分析工作。

⑵ 較接近顧客。

⑶ 較主動且具備企業家精神，努力拼命。

⑷ 透過人員發揮生產力。

⑸ 員工彼此間有共同價值觀，可相互交流與驅策。

⑹ 堅持著公司組織緊密結合狀態。

⑺ 簡單的組織型態與精簡的幕僚人員。

⑻ 既鬆又緊的組織特性。

4. 案例

國內各大公司組織裡，除正式層級、正式組織外，亦經常成立各種專案委員會、各種功能小組組織等，均屬之。而這些委員會、小組都是跨部門的，因此權力常大於傳統組織架構的人員。

二、企業組織設計的實驗類型

就實務而言，企業的組織設計，大致可區分爲 5 種類型（圖 8-6）：

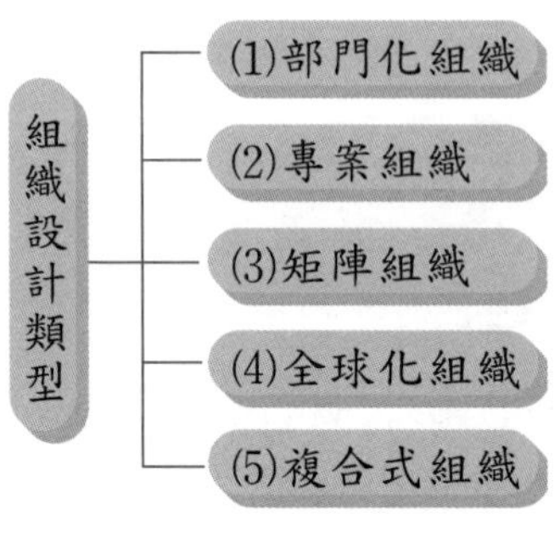

圖 8-6　組織設計類型

(一) 部門化型態

部門化（departmentalization）之基礎有兩大類，分述如下：

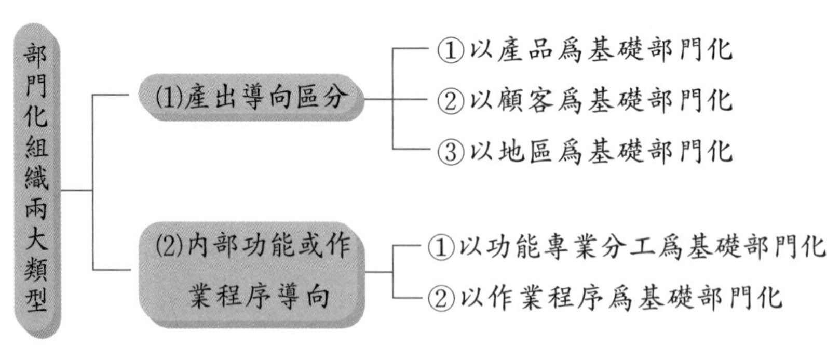

圖 8-7　部門化組織兩大類型

1. 產出導向基礎之部門化

最常見的又可區分爲以下 3 種：

(1) 產品基礎部門化（product departmentation）：

① 意義：

係指企業將相同產品線之產銷活動結合在一起，形成一個部門來運作，又可稱為「事業部組織」。

② 適用：

A. 較大規模的企業組織。

B. 有不同的產品線，可加以劃分。

C. 每一種產品線，其市場容量均足以支撐這種獨立事業部產銷之運作。

D. 強調各部門責任利潤中心式經營，自負盈虧責任之經營管理導向。

③ 圖示：

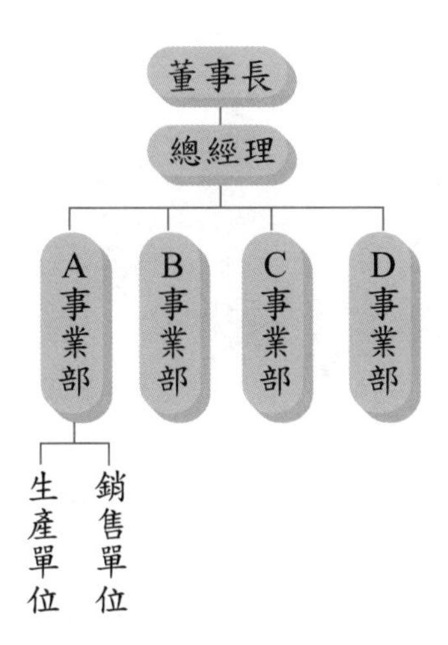

④ 事業部組織優點：

A. 產銷集於一體，具有整合力量之效果。

B. 可減少不同部門間過多的協調與溝通成本。

C. 自成一個責任利潤中心，可使其事業部主管努力降低成本，增加營業額，以獲取利潤獎金分配之報償。

D. 是高度授權的代表，有助獨當一面將才之培養。

E. 可有效及快速反應市場之變化，而求因應對策。

F. 形成事業部間相互競爭的組織氣氛。

G. 建立明確的績效管理導向，以獎優汰劣。

而事業部組織之缺點則為：難尋通才領導者。

(2) 顧客基礎部門化（customer departmentation）：

① 意義：

係按不同客戶群，加以區分營業組織單位之方式。

② 適用：

A. 營業規模複雜且龐大。

B. 客戶群性質不相同。

C. 每一客戶群之市場均有適當之規模。

③ 圖示：

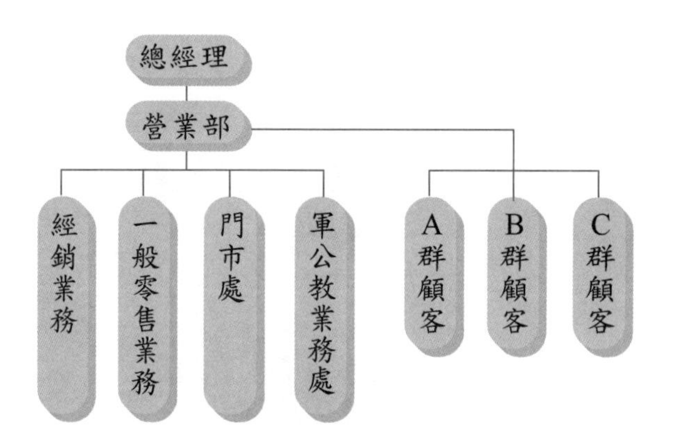

(3) 地區基礎部門化（territorial departmentation）：

① 意義：

係按不同地理區域，加以區分不同的部門組織。

② 適用：

A. 全國性或跨國性之集團企業。

B. 每一地理區域市場有適當之規模且性質不盡相同。

C. 各地理區域必須因地制宜。

③ 圖示：

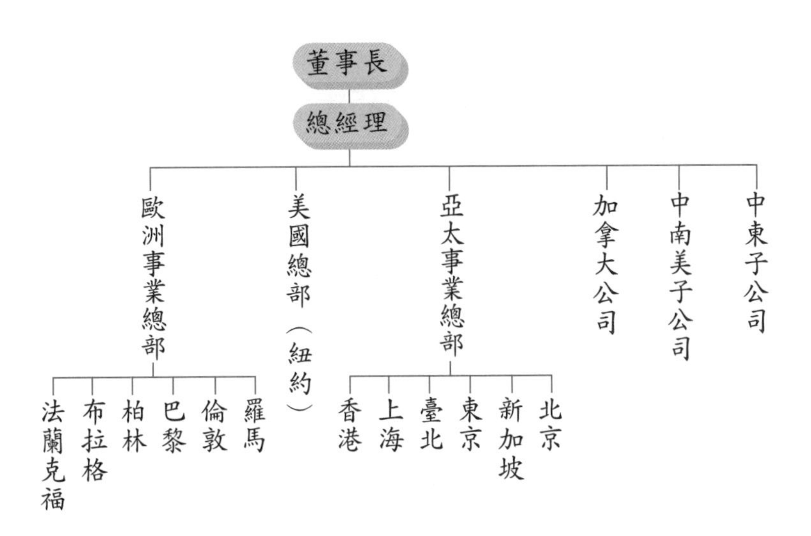

2. 內部功能或作業程序導向

⑴ 功能基礎部門化（functional departmentation）：

① 意義：

係按各企業不同功能，而予以區分爲不同部門，此是基於專業與分工之理由。

② 適用：

A. 中小型企業組織體，產品線不多，部門不多，市場不複雜。

B. 即使在大型企業裡，會按地理區域或產品別劃分事業部組織，但在每一個事業部組織裡，仍然需要有功能式組織單位。

③ 圖示：

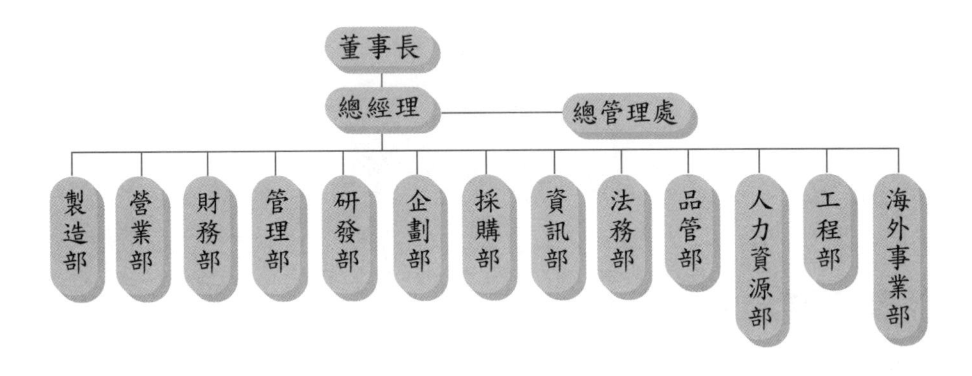

④ 功能部門缺失：

以功能為基礎而劃分部門之組織，雖具有簡單、專業化及分工化之優點，但也有以下缺失：

A. 過分強調本單位目標及利益，而忽略公司整體目標及利益。

B. 缺乏水平系統之順暢溝通，容易形成部門對立或本位主義。

C. 缺乏整合機能，該部門只能就各單位事務進行解決；但對公司整體之整合機能則無法做到，而在事業部的組織裡則可。

D. 高階主管可能會忙於各部門之協調與整合，而疏忽了公司未來之發展及環境之變化。

E. 功能性組織實屬一種封閉性系統，各單位內成員均屬同一背景，因此可能會抗拒其他的革新行動。

⑵ 程序基礎部門化：

① 意義：

係按生產過程之步驟，而予以區分為不同部門。

② 適用：

A. 生產過程是企業最大之功能活動。

B. 每一生產過程均截然不同，而且規模不小。

C. 此種組織已不多見了。

③ 圖示：

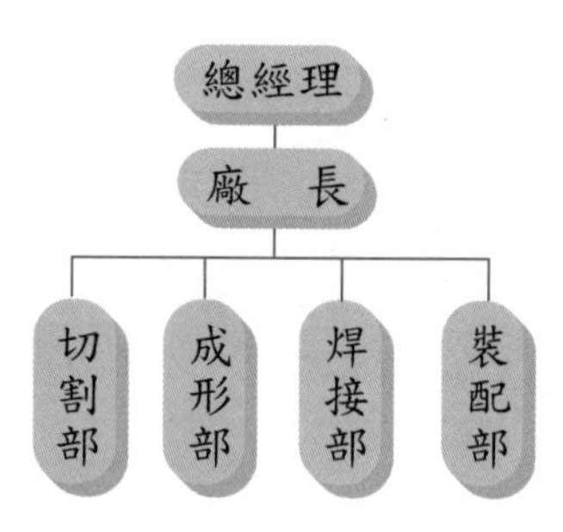

㈡ 專案組織（Project Team）

1. 意義

為因應某特定目標之完成，可由組織內各單位人員中，挑選出優秀人員，形成的一個任務編組，包括各種專案委員會或專案小組。

2. 優點

(1) 任務具體而明確，是採任務導向，不去管原有單位事務。

(2) 可發揮立即整合力量，不必再透過其他協調與溝通管道。

(3) 由一頗爲高階之主管人員統一指揮，不會有本位主義或多頭馬車之情況。

(4) 每一位小組成員均以此爲榮，具有高度之激勵效果。

(5) 具高度彈性化，不爲原有法規、指揮、系統、制度所限制。

(6) 廣納各方面優秀人才，實力堅強。

3. 可能的問題

(1) 小組的領導者如何發揮高度整合力量，以化解各不同背景及部門成員之不同認知、態度與職位，而使其一致、和諧共處，是關鍵點。

(2) 專案小組如果時間流於太長，則可能造成熱情消減，成效不彰，虛設單位的情況。

(3) 對於專案小組的任務圓滿達成之後，應該給予適切獎勵，否則成員可能不會全心全力。

(4) 任務小組必須有足夠權力才能做出成效，否則處處碰壁，其敗可期。

(5) 小組或委員會的召集人，其職位是否夠高，才能統御小組成員。

4. 案例

例如：成立新產品開發小組、成本降低小組、轉投資小組、新事業開發小組、上市上櫃小組、西進大陸小組、業務特攻小組、品管圈小組、創意小組、稽核小組等。

5. 優缺點

(1) 優點：

① 可確保每個專案計畫都能夠成爲一個自給自足式的部門。

② 可避免因計畫而設立永久性部門組織，形成重複之人力浪費。

③ 可使整體組織呈現動態化營運，提高效率。

(2) 缺點：

① 組織成員分屬功能部門及專案計畫兩個工作單位及任務要求，形

成「角色衝突」之窘境及困擾。

② 對於時間、成本及效率間之平衡，應特別加以注意。

㈢ 矩陣組織

1. 意義

係指組織之結構體，一方面由原有部門功能組織形成，另一方面又有不同的專案小組成立，如此縱橫相交並立，形成「矩陣組織」（matrix organization）。在此矩陣組織內，專案小組總負責人的權力是大於各部門主管的權力。

2. 圖示

表 8-2 矩陣組織結構

原有部門／新成立小組	製造部	財務部	管理部	業務部	研發部	採購部	企劃部
成本降低專案小組	△	△	△	△	△	△	
新產品開發專案小組	○			○		○	○
管理革新專案小組	□	□	□	□			□

註：圖中有記號者，表示兩種組織有相互往來關係。

3. 與專案小組之差異

矩陣組織與專案小組組織之差異在於：專案小組是完全獨立之單位，人員也專屬此小組，在任務未完成之前，成員不可能爲別的單位或原有單位服務，而係專心爲此小組工作。而矩陣組織，成員可同時爲兩個組織服務，但專案組織的工作優先於原有單位的工作。除了人員之外，其他像設備工具、財務等也都可能是獨立擁有的，與他部門無涉。

4. 缺點

此類型組織的缺點是它太複雜了；又是水平指揮、又是垂直指揮，有違指揮系統的一元性。不過，在企業實務上，還是經常可見的，顯示此種組織型態仍是有其功能的。

5. 案例

例如：大學中的組織，包括既有各種學院，又有跨學院的整合性學程組織設計。

㈣ 全球組織架構

在全球化組織結構（global structure type）下，有 2 種常見之組織型態：

1. 全球產品組織（global product division）：

此係以產品來劃分組織，如圖 8-8 所示：

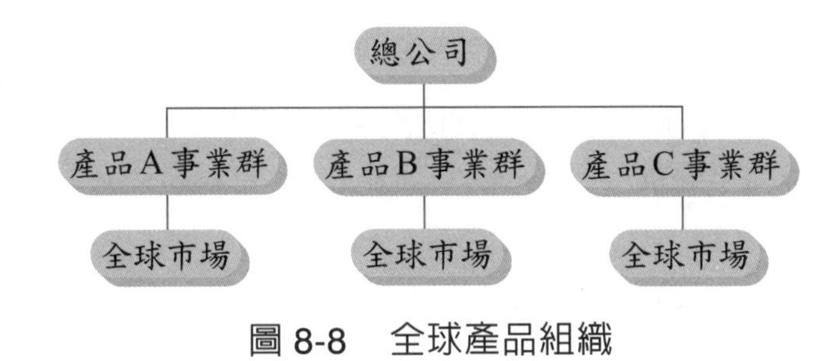

圖 8-8　全球產品組織

2. 全球地區組織（global area division）

此係以大區域來劃分組織，如圖 8-9 所示：

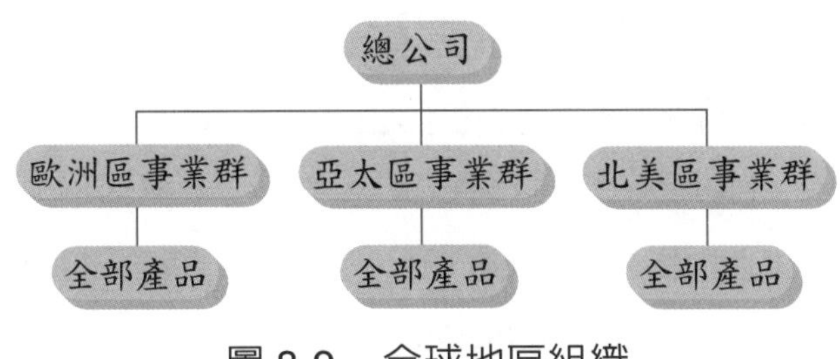

圖 8-9　全球地區組織

㈤ 複合式組織（Conglomerate Organization）

此種組織常見於巨大型組織，例如：美國的 Walmart 公司、Sears Roebuck、Gulf and Western、IBM等。這種組織架構，沒有單一的劃分方式，而採取了多種的劃分方式，以適應不同性質之組織單位。

他們可能同時採取了產品劃分的全球組織，但每一個區域組織又採取了功能組織，同時又會成立很多專案小組做特別任務。當然，也可能透過併購手段，新增加不少其他相關或不相關的海外事業部門。

㈥ 組織架構類別

以組織架構來說，整個可區分爲三類別：

1. 機械式（官僚）結構（mechanistic structure）。
2. 有機式結構（organic structure）。
3. 適應式結構（adaptive structure）。

其中有機式與適應式結構兩者較爲接近，例如：專案、矩陣、複合式等組織，均屬在此結構下所產生之架構。此兩類型組織均爲有效克服機械式組織之缺點，而發展出來。

三、組織結構如何因應環境變化

今日高階管理人員都面臨所謂「劇變的環境」，而我們也知道錢德勒的「結構追隨策略」之原則，以落實的角度來分析，組織結構之因應方法，可有以下幾種：

㈠ 成立「事業部」組織模式（Divisional Organization）

事業部組織又稱 M 型組織（multi-divisional），乃係以不同產品別之產、銷、研、管四大作業集於一體之組織模式。如果再輔以「責任利潤中心」（profit center）式的運作在 M 型組織上，則更能發揮高的績效。此組織又可稱爲「戰略事業部門」（strategic business unit, SBU），此爲新名詞。

㈡ 成立「專案小組」（Project Team）

爲因應特別且重要之任務，可成立專案小組，結合各部門一流人才，暫時放掉原先單位工作，在小組組長領導與公司全部資源的支援下，限期完成任務目標。比如新產品開發小組、投資小組、拓展國際市場小組、降低成本小組、擴大生產線小組等。

㈢ 成立矩陣式組織（Matrix Organization）

此模式一方面維持原有組織，另方面有幾個專案小組同時運作。

㈣ 成立「經營委員會」（Top Committee）

此係由各關係企業或各部門一級主管所組成，針對目前重大營運策略、政策、績效、資金流通及新事業投資評估與決策，進行檢討與決定，又可分爲集團的及個別公司的。

㈤ 成立高階「綜合企劃部門」（Top Planning Department）

此部門之任務包括：

1. 做公司未來發展策略分析與評估事務。
2. 做關係企業統合管理與考核事務。
3. 做關係企業績效評估與改善事務。
4. 做新事業單位調查、分析與企劃事務。
5. 做全公司資源之有效與合理的配置使用，使發揮最高效益。
6. 做現實環境變化的資料蒐集、先行判斷預測，以及因應策略之研擬。

四、組織名稱解釋

㈠ 控股公司型（Holding Company；簡稱 H 型組織）

以總部立場，轉投資各家子公司，但本身並不介入實際運作，而只以財務投資控股及重點式管理模式，了解及督促各子公司營運效益。

㈡ 多事業部組織（Multi-divisional Organization；簡稱 M 組織）

1. 以各主力產品獨立運作之組織體。
2. 形成的原因主要是產品的差異性愈來愈大，且單一產品市場夠大，爲了提高產銷的效率性及責任利潤中心的運作，才形成了 M 型組織。
3. 再加上近年來多角化及整合化經營方針之發展，使事業愈來愈多。
4. 圖示：

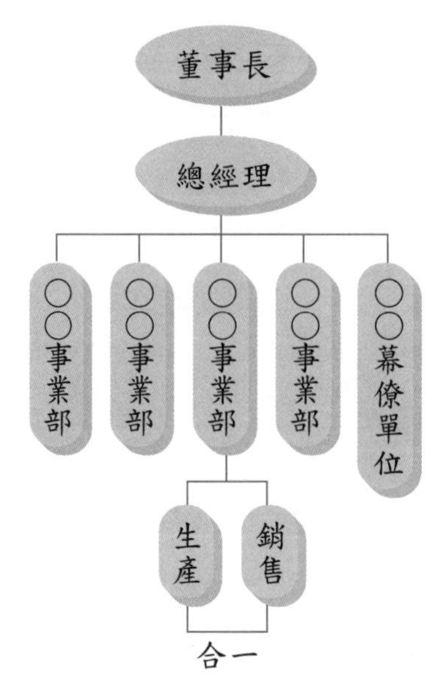

圖 8-10　多事業部組織

㈢ 全球化組織（Global Organization；簡稱 G 型組織）

1. 以全球各地爲產銷據點之組織體。
2. 形成的原因主要是企業爲尋求不斷的成長以及產銷作業更具成本競爭力，而導致現地設廠及併購他公司之經營方向。

㈣ 功能性組織（Functional Organization；簡稱 F 型組織）

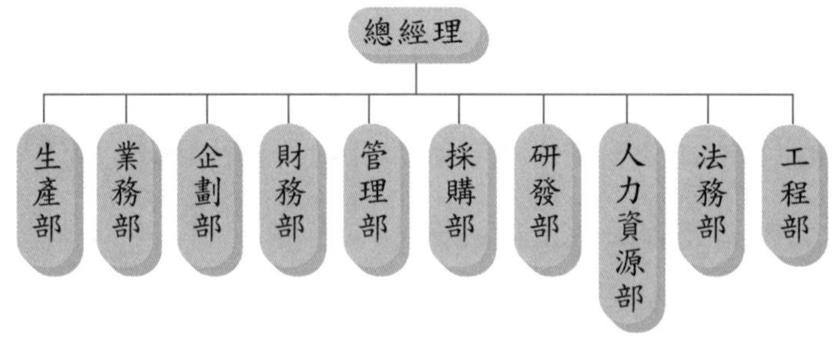

圖 8-11　功能性組織

㈤ 簡易型組織（Simple Organization；簡稱 S 型組織）

缺乏正式化及複雜化之組織單位。

㈥ 集團組織（Group Organization）

集團旗下有各大公司獨立運作。例如：國內的國泰金控集團、台塑集團、遠東集團、統一集團、宏碁集團、東森媒體集團、富邦金控集團、新光集團、鴻海集團、聯電集團、裕隆汽車集團。

第四節　幕僚與直線

一、幕僚類型

幕僚類型主要區分為 2 種：

㈠ 個人幕僚

係指特定主管之個人幕僚（personal staff），在大組織內可稱為「總經理室」或總管理處，有一群個人幕僚；在中小組織內可稱為「特別助理」，人數較少。一般而言，這些個人幕僚之職責包括：

1. 為所屬主管閱讀、審查各種報告，並簽註意見。
2. 代表所屬主管與外界聯繫、洽商或處理函件。
3. 協調屬下單位、溝通或澄清所屬主管之觀念及目標。
4. 對有關事項之進行與問題，蒐集資訊情報。
5. 配合所屬主管職責需要，分析有關資訊，並提出建議規劃案與因應對策及方案想法。

㈡ 專業幕僚

係指對於某些專門問題，具有理論與實務專長，不過所服務的對象是公司而非個人。這些專業幕僚（specialized staff）包括法律、投資、金融、技術、市場、媒體關係等類。

二、與直線人員（第一線生產、銷售及服務人員）建立良好關係

幕僚人員必須和直線人員保持良好合作關係，故：

㈠應與直線人員保持溝通及接觸。

㈡在提出計畫與建議之前，應盡量了解直線之實務。

㈢切忌居功，將功勞歸給直線人員，自己只是幕後功臣。

㈣保持坦誠之心。

㈤要眞正實質幫助直線單位，讓他們不再排斥，而展開雙手歡迎。

㈥應明確劃分雙方之權職與責任。

三、直線與幕僚衝突來源

在同一組織內，直線與幕僚人員彼此間衝突的存在是顯而易見的，最主要之來源（原因）乃係：

㈠幕僚人員感覺直線人員較頑固，常會抗拒一些新觀念與變革。

㈡幕僚人員顯然比直線人員較年輕、高教育程度、更積極改革，因此自視頗高。

㈢直線人員怕最後會被擺在一邊，地位大幅下降。

㈣認爲幕僚人員把直線單位視爲一個實驗單位，成功了歸於幕僚，失敗了歸直線人員承擔。

四、解釋名詞

㈠ 直線人員

係指在組織中，從事直接與企業營利及產銷活動有關之從業人員。例如：工廠的生產線人員、銷售單位的銷售人員或店面服務人員等均屬之。

㈡ 幕僚人員

係指在組織中，從事間接與企業營利及產銷活動有關之從業人員，其主要功能在協助直線人員做更順暢的發揮。例如：財務部、管理部、研發部、採購部、企劃部、稽核部、人資部、資訊部及法務部等人員均屬之。

五、幕僚的職權

幕僚的職權（variation in staff authority）可以概括爲 4 類：

㈠ 建議職權（Advisory Authority）

幕僚人員對直線人員有提出建言之權，請其參考改善或處理。

㈡ 功能職權（Functional Authority）

幕僚本身在其工作中就是一個專家（expertise），他們可執行工作任務，例如：財務、會計、企劃、人事、總務、採購、研究開發等。

㈢ 同步的職權（Concurrent Authority）

幕僚人員可透過高階主管之正式授權，而對直線人員在某件事情上，擁有稽核與核准的權力。例如：費用支出、計畫內容審核權與同意權等。

㈣ 強制性的諮詢（Compulsory Consultation）

高階主管在對直線人員要求訂定某些計畫案或檢討執行成果時，得要求幕僚人員加入研討，提供幕僚人員強制性的諮詢觀點。

六、經營者及高階主管的頭等大事：找能幹的人

尋求千里馬，需把「找人」當作是頭等重要大事。從事管理工作的人都知道，把對的人擺在對的位置上，事情就搞定一大半。

有的主管會把找人當作優先而且重要的事來做；有些雖然自己忙得不可開交，卻老是覺得部屬能力不夠，工作交代不下去，成果做得不理想，但就是不會花些時間去找好的幫手。

用人的第一個步驟是要認識人，其次是要判斷是不是有能力，再來是思考適不適合引進組織，最後還要說服他願意離開原來的工作單位，跟你一起打拼。而在公司內部，如何說動上層主管願意用這個人，就要花不少力氣，再者薪水、職稱等事情需要跟人力資源部門溝通，等這個人順利進入公司之後，還得設法讓他融入現在的團隊。每個環節都需要照顧到，才能把一個好的幹部導入公司。

第五節　影響員工士氣的11項要素

部門業績取決於員工士氣，只要能確切掌握屬下的需求並「對症下藥」，便可有效提振士氣、維持業績長紅。

要素1：適才適用

指的是員工喜不喜歡自己現在的工作？認為這個工作是否適合自己？亦即對於工作的「適任」程度。如果能夠讓員工認為非常喜歡現在的工作，而且是自己很想做的工作，那麼工作時便會充滿活力，並樂在其中，進而成為一股相當大的動力。相反的，如果覺得工作不適合自己，並因此而感到不滿時，就會導致士氣下滑。

要素2：私生活互動

此項判斷基準在於員工的家人及親友是不是可以理解，並支持自己的工作？亦即員工是不是確實享有工作以外的私人時間？基本上，一般人在工作上遇到問題時，都會和家人或親友商量，此時，如果可以獲得家人或親友對自己工作的支持，亦即平時的私生活如果充實，可以與家人或親友有著良好的互動，即可提振士氣。

相對的，如果無法獲得家人或親友對於自己工作的理解，亦即平常未能確實享受私生活的話，就會造成對工作的不滿，因而失去工作意願。

要素3：自我表現

取決於工作上是不是能發揮自己的想法、創意，並展現自己的個性，這一點非常重要。如果員工認爲自己在工作上能夠充分發揮長處與個人特質，便會產生充實感；但如果情況相反，員工覺得現在這個職場無法展現自己的想法、發揮創意的話，就會產生不滿的情緒，進而影響士氣。

要素4：適應環境

適應環境的能力會影響員工士氣，如果員工能夠讓自己適應工作或環境變化，則面對困難或障礙的解決能力也會相對的提高。因爲可以因應環境變化、對抗壓力，即可不受影響地全心投入工作。

要素5：環境及設備

公司的各項設備、所在地以及工作流程是否明確等，這些與職場環境有關的所有條件，都是影響員工士氣的重要因素。對於員工而言，是否能在自己所憧憬的環境下工作以及工作流程是否明確，其實是非常重要的。

要素6：人際關係

職場的人際關係是不是順暢、與其他人的協調是否良好，都會對於個人的士氣造成影響，良好的人際關係將有助於提振士氣。

要素7：完成任務

如果職場能夠非常重視員工是否確實完成所交付的任務，如此一來，員工也會因爲達成了工作目標而產生成就感，提高工作意願。相對的，不以完成任務爲最優先考量的話，員工容易因爲無法透過達成目標來獲得成就感，因而喪失工作意義。

要素8：期待及評價

是否能夠獲得來自上司或周遭同事的期待、信賴及正面評價，也是影響士氣的重要因素。畢竟，如果員工經常感覺到自己被周圍的人所期待，並且獲得大家的評價，將可有效提升士氣。倘若員工開始感到自己「不被期待」，將會突然失去幹勁。

要素9：職務管理

隨著員工對自己職務內容的理解程度提高，將會逐漸想要獲得對工作的主導權。相反的，如果員工被認爲「不具相關知識或經驗」、「無法取得主導權」時，將會失去工作期望。

要素10：報酬

亦即薪資及獎金。

要素11：加薪

在前述的各項要素當中，由於「報酬」與「加薪」牽涉到各個公司的組織規定與薪資結構，並不是單就個人的努力，就能夠有所改變，在此並不另外多做說明。

自我評量

1. 試申述古典組織（或機械組織）理論之意義何在？
2. 官僚組織被人批評之處有哪二點？
3. 試申述權變（或情境）組織理論之意義爲何？並圖示影響之五大因素爲何？
4. 試比較古典與現代組織之差異何在？
5. 何謂「組織」？
6. 企業設立組織的考慮事項或步驟爲何？
7. 何謂策略與組織 fit 的概念？
8. 試圖示組織設計考量六大原則爲何？
9. 試圖示 Mintzberg 所提出組織結構設計，可以歸納爲哪 5 種基本組織結構？
10. 試圖示企業組織設計在實驗上的 5 種現代類型爲何？
11. 試圖示以部門化型態的組織設計，有哪二大區分類型？
12. 試說明現代企業採取事業部組織之優點何在？
13. 試說明採取功能部門設計之組織，其功能部門可能包括哪些？
14. 試申述「專案組織」之意義何在？其優點又有哪些？能否舉例？
15. 何謂「矩陣組織」之意義？試圖示之。
16. 全球化組織企業的設計，有哪 2 種常見的型態？
17. 何謂 H 型組織？
18. 何謂 M 型組織？
19. 何謂 G 型組織？
20. 幕僚人員類型有哪 2 種？
21. 幕僚人員應如何與直線人員建立良好關係？
22. 何謂直線人員？何謂幕僚人員？
23. 經營者及高階主管的頭等大事何在？

第 9 章

規劃力

第一節　規劃的理論

第二節　企劃功能興起與企劃案的種類

第三節　企劃案內容撰寫的八項共同重要原則

第四節　撰寫企劃案的步驟與過程注意要點

第五節　如何成為「企劃高手」

第六節　企劃人員的九大守則與七大禁忌

第一節　規劃的理論

一、規劃的基本特性

規劃乃係「未雨綢繆」、「謀定而後動」，從管理觀點來看待，其具有以下特性：

㈠ 基要性（Primacy）

規劃乃係管理循環之首要步驟，規劃做不好，接續的組織領導、協調、考核等就會有差池。是以，規劃是管理之基本。

㈡ 理性（Rationality）

規劃是全憑事實客觀根據，經過科學化與邏輯性分析、評估所形成，可說是相當理性而不夾雜人情或情緒。

㈢ 時間性

規劃具有時間性（timing）之構面，此乃係指規劃應具有時效性與優先次序之考量。

㈣ 繼續性（Continuity）

規劃要前後連貫，不可中斷或分歧；有一套短、中、長期規劃，才能發揮其累積的效用。

㈤ 前瞻性（Outlook）

規劃不能掌握前瞻特性，在面對大好機會時，可能無法先占市場，恐會失去商機。

二、規劃的益處

善於規劃的企業，將有以下潛在益處：

㈠ 使管理階層能有效適應環境之改變

規劃能提供環境變化的立即訊息供高階人員參考，以便思考對策方案，使高階管理有效掌握環境之動態演變。

㈡ 可增進成功之機會

規劃能針對環境演變而提出因應之選擇方案及執行步驟，亦即面對動態，也能不出其掌握範圍內。因此，可增進企業各方面成功之機會。

㈢ 可促使各成員關注組織的整體目標

平常各部門只忙於各自目標，對於公司整體目標未知處也無暇顧及，因此可能會損害整體績效。因此，乃有賴於企劃單位做好整體目標之規劃，促使各成員關注組織之整體目標。

㈣ 有助於其他管理功能之發揮

有了第一步的規劃，爾後在執行、督導、激勵與考核等管理過程，才能有所遵循依憑，並且有助其他管理功能之發揮。

三、規劃程序

有關規劃之程序（planning procedure），概述如下：

㈠ 企業經營使命

此經營使命（business mission），乃在說明一企業所能提供社會與客戶之效用或服務。有此種經營使命之後，企業才能確定本身的生存理由與發展方向。

㈡ 設定目標（Set up Goal）

依上述經營使命，必須設定企業所欲達成之各種目標，作爲努力指標。

㈢ 進行有關環境因素之預測

企業要有效達成設定之各目標，必受到環境因素影響頗大。因此，必須努力減低對環境之依賴性，並進行評估與預測。此包括經濟景氣、消費者變化、市場競爭、政治社會之改變等。

㈣ 評估本身資源條件

要認眞評估自己所擁有之資源條件是否足以支持所設之目標、手段與方法；否則眼高手低，目標必然無法順利達成，而且徒然浪費資源。

㈤ 發展可行方案

目標確立、條件充足之後，下一步驟必須研訂幾套不同的可行方案，供作決定最適方案。當然，執行的結果或許會有差異，必要時，應以備案支援。

㈥ 實施該計畫方案

經愼思擇定之計畫方案，便要全力投入，不可半途而廢、虎頭蛇尾，或者同時分散力量做太多計畫方案。

㈦ 評估及修正

針對執行之結果，必須評估其成效如何。有必要更改處應予修正，以符實際需要，並創造更可觀之績效。

四、規劃的構面

一項規劃案可從不同構面來觀察：

㈠ 層次

規劃的層次（level）可從 3 個角度來看：

1. 策略規劃：此屬高階層主管所適用。

2. 功能規劃：此屬中階主管所適用。
3. 作業規劃：此屬低階主管所適用。

㈡ 範圍

規劃的範圍（scope）可從 3 個角度來看：
1. 公司整體性的規劃。
2. 部門功能性的規劃。
3. 跨部門專案性或小組性的規劃。

㈢ 時間（Timing）

規劃的範圍可從 3 個角度來看：
1. 短期規劃：半年內的計畫。
2. 中期規劃：半年以上到二年間的計畫。
3. 長期規劃：二年以上的計畫。

㈣ 重複性

有些規劃案完結就沒有續案，有些則不斷的會有重複性（repetitiveness）出現。例如：國家的經建計畫、企業的新產品開發小組等，均屬於此種重複特性。

五、史亭納的整體規劃模式

依據史亭納（Steiner）之整體規劃模式，可區分爲三大部分：1. 第一部分爲規劃基礎；2. 第二部分爲規劃主體；3. 第三部分爲規劃實施與檢討。如圖 9-1 所示。

六、計畫與規劃之差異

㈠ 計畫

1. 計畫（plan）是靜態的。
2. 計畫是文案書面的。

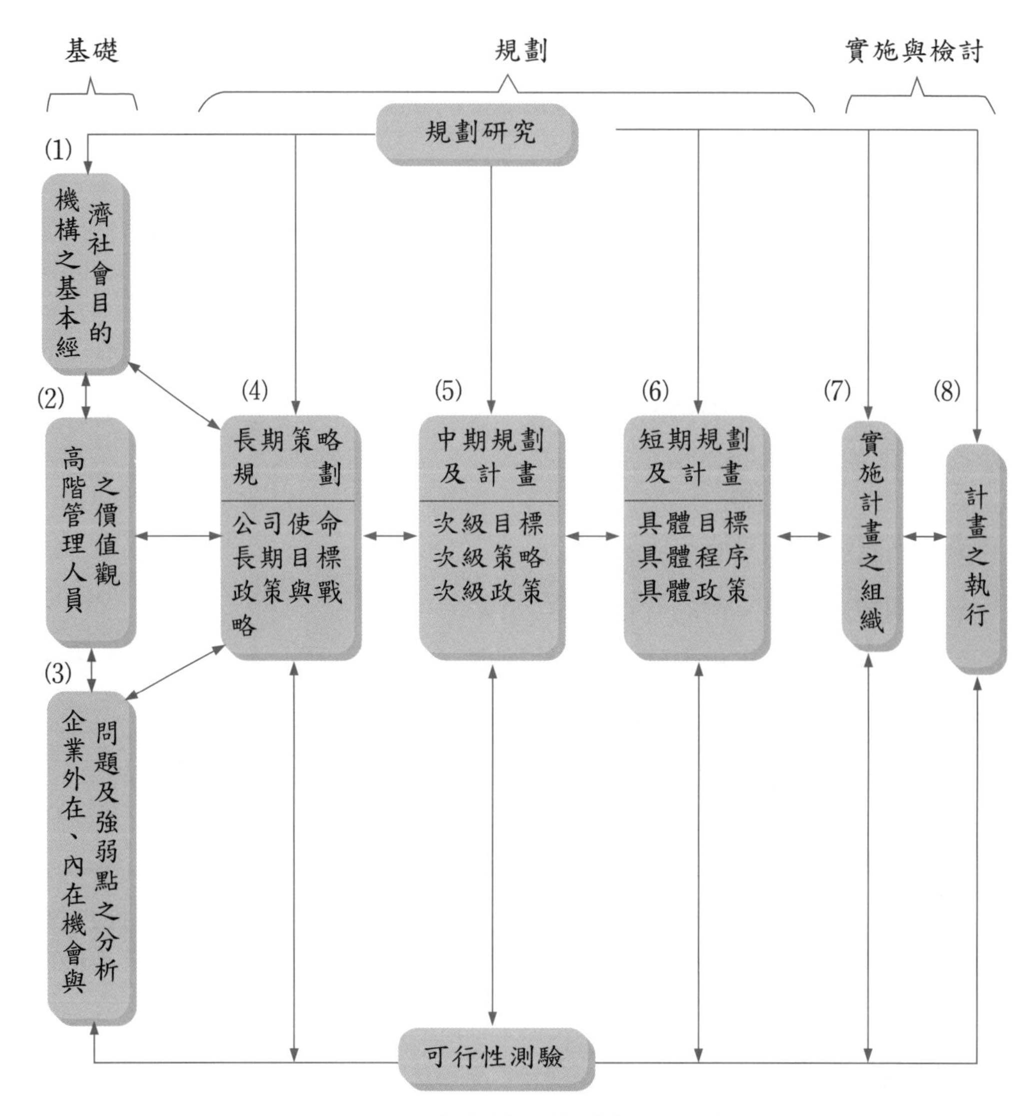

圖 9-1　史亭納的整體規劃模式

3.計畫是一種結果的。

4.計畫是一種被動性質的。

5.計畫不能去分配資源。

6.計畫是細節步驟，按照規定去做。

7.計畫對時間性的要求是僵硬的。

㈡ 規劃

1. 規劃（planning）是動態的。
2. 規劃是思路發揮、邏輯分析與數據評比之過程。
3. 規劃不是結果而是結果的過程。
4. 規劃是一種主動性質的。
5. 規劃可以去做資源之配置。
6. 規劃中的協調、溝通與共識建立是必須的。
7. 規劃從時間上的角度看，須求彈性與全程性。

從以上差異分析來看，規劃在前，而計畫形成在後。因此，規劃決定了計畫的生命，故規劃之重要性遠較計畫重要太多。

七、目標規劃

㈠ 目標規劃之層次

1. 願景目標

   願景目標爲所欲達成的使命或理想境界，往往爲主管人員價值觀念的反映。以時間幅度而言，願景目標爲長期目標。

2. 策略目標

   策略目標爲企業的主目標，係組織全體努力的具體目標，由高階層管理者所訂定，但應配合各部門的參與和協助，如企業的成長率、利潤率等。以時間幅度而言，策略目標兼顧長期、中期和短期目標。

3. 部門目標

   部門目標爲企業各部門的運作目標，由中階層管理者所訂定。以時間幅度而言，部門目標爲中期和短期目標。

4. 作業目標

   作業目標爲企業各單位或個人的目標，由低階層管理者所訂定，爲各單位或個人的細部執行方案目標。以時間幅度而言，作業目標以短期爲主。

㈡ 目標規劃訂定之程序

1. 了解公司之目標，由上層主管提示。
2. 由下而上各層次目標之提出。
3. 上下階層共同協調商議目標之可行性。
4. 修正目標使執行目標者同意。
5. 各階層目標之訂定完成。

㈢ 訂定目標應考慮事項

1. 目標不能訂得過高、過廣，以免分散資源，打擊士氣。
2. 目標也不能太低，應具激發挑戰員工之潛能。
3. 部屬要達成目標，主管必須放權下去才行。
4. 目標執行後，應定期追蹤考核其成效，否則將徒具形式，到後來不了了之。

八、有效計畫之原則

㈠ 建立正確的預測

預測是組織設定計畫前提之根源，也就是建立計畫的基礎。

㈡ 獲取計畫被認同

有效計畫的第二個原則是讓部屬接受計畫，計畫是要靠各單位來執行的，因此取得屬下對計畫的承諾、接受及熱衷，乃是實行計畫必備的先決條件。

㈢ 計畫必須是健全的

要達成目的，則必須仰賴健全、有效的計畫。

㈣ 發展有效計畫的組織

直線部門是執行計畫的基礎組織，必須有效組合與動員起來。

㈤ 設立檢查系統，保持計畫的彈性化

任何計畫必須定期檢查與修正，也應該保持彈性，適應情況加以改善。

㈥ 使計畫配合情境

計畫必須配合實際環境的演變，不可過分樂觀，也不必悲觀，以接近正確的預測來推展計畫。

第二節　企劃功能興起與企劃案的種類

一、企劃功能採行因素

數年來，企劃的精神在實務上廣泛被使用，主要植基於以下因素：

㈠ 企業不再是完全受市場宰割的無力羔羊

企業若能善用成員之腦力，包括積極冒險精神及冷靜分析能力，不僅能夠適應或跟隨時勢，尚能創造有利時勢。

㈡ 技術革新的採用率大大提高

第二個因素是技術革新（technological innovation）在各行各業採用成功的比率大大提高，所以爲了競爭，不得不及早計畫未來。

㈢ 企管工作愈來愈複雜

企業管理的工作愈來愈複雜，所以不能不多作規劃。尤其企業規模擴大，以及產品線及市場區隔更加多角化，必須依賴團隊的計畫、執行及控制功夫，才能順利運作。

㈣ 同業競爭壓力，滋長不息

同業競爭壓力，促使企業必須妥善計畫未來，不可坐以待斃。

㈤ 企業經營的生態環境愈來愈複雜、企業社會責任日受重視

㈥ 決策時間幅度愈來愈長

長期性規劃的系列性，甚屬重要。因此，企劃工作成為企業經營管理的首要機能。

二、目標管理

㈠ 意義

所謂目標管理（management by objective, MBO），具有以下涵義：

1. 它設定要求目標，各級單位均應以此目標為達成使命。
2. 它強調有手段、有計畫、有方法的去達成，而非漫無方式。
3. 在設定目標過程中，充分讓部屬參與意見溝通。
4. 它具有考核獎懲的後續作為，而非做多少算多少。

㈡ 優點

1. 讓屬下有目標可循。
2. 讓部屬參與訂定目標，可幫助目標之有效執行。
3. 目標成為考核之依據，也是賞罰分明之判斷，有助公正、公開、公平之管理精神建立。
4. 有助發掘優秀人才。
5. 目標管理有助於授權與分權之澈底落實。
6. 讓部屬自己來管理自己，建立單位主管擔當責任，並賦予權力的良性組織氣候。
7. 透過以上各優點，可有助於高階主管與其部屬間之合作共識。

㈢ 缺點

1. 光只給目標，若缺乏管理激勵的增強措施（reinforcement），則目標管理仍恐會是空中樓閣，大部分單位都沒辦法或無心達成目標。
2. 目標制定不當，所訂目標過高，根本令人無法達成，未做之前，即先挫其銳氣，此爲常見之缺失。再者，可能剛開始目標制定合宜，但各單位很快達成後，高階主管又調高其目標，導致部屬之抱怨與失去信任感，而不再努力衝刺。
3. 部屬對目標管理之原有精神缺乏認識，而事前也未充分教育訓練及宣導，導致部屬未予積極支持與配合，而使成效大打折扣。

㈣ 目標管理之推行

爲使目標管理能有效推展，應包括以下步驟：

1. 清晰說明公司採行 MBO 之目的何在。
2. 明列實施 MBO 之部門與單位。
3. 釐清在 MBO 中各部門之權責關係。
4. 明列各部門及單位應完成之目標責任。
5. 明列實施 MBO 之時程進度。
6. 明列獎懲措施，並定期考核。

㈤「預算管理」是目標管理的核心

對國內大型企業或是上市上櫃公司而言，在執行目標管理的落實上，經常採用的就是年度預算、季預算或月預算的目標設定及追蹤考核，而這些財務預算包括營業收入、營業成本、營業費用及營業淨利等在內。

三、企劃案的種類

㈠ 企劃專題種類：計九大類

1. *產業分析企劃類*

各種產業的結構分析、競爭分析、產業價值鏈分析、市場分析、成本結構分析、供應鏈分析及產業技術變革分析等方案。

2.經營企劃類

(1)集團事業發展策略規劃案
(2)海外投資評估規劃案
(3)公司營運計畫書
(4)新事業發展評估規劃案
(5)策略聯盟合作企劃案
(6)公司年報
(7)市場分析與競爭分析案
(8)集團簡報

3.組織企劃類

(1)組織編制調整企劃案
(2)績效管理企劃案
(3)員工培訓案
(4)作業流程再造企劃案
(5)管理制度企劃案

4.行銷企劃類

(1)媒體宣傳企劃案
(2)促銷（SP）活動企劃案
(3)新產品上市企劃案
(4)通路企劃案
(5)價格因應企劃案
(6)公關活動企劃案
(7)品牌形象塑造企劃案

5.業務企劃類

(1)業務檢討暨對策企劃案
(2)業務新年度預算案
(3)業績獎金辦法調整企劃案
(4)業務人員培訓企劃案
(5)業務組織與人力調整企劃案

6. 財務企劃類

⑴ 本年度財務損益檢討報告案

⑵ 下年度財務預測

⑶ 銀行聯貸企劃案

⑷ IPO（上市、上櫃）企劃案

⑸ 私募企劃案

⑹ 發行公司債（CB）企劃案

⑺ 發行 ADR 企劃案

⑻ 信評企劃案

7. 研發（R&D）與生產類

⑴ 新產品研發企劃案

⑵ 製程改善企劃案

⑶ 品質提升企劃案

⑷ 技術授權（引進）合作企劃案

⑸ 年度生產計畫報告案

8. 簡報類

⑴ 對上級工作簡報

⑵ 對平行部門工作簡報

⑶ 對下屬工作簡報

⑷ 對外工作簡報

9. 其他專案企劃類

例如：法規專案、產品合作專案、改善專案等。

㈡ 企劃案資料來源

1. 原始資料

⑴ 民調（市調）資料

委託外部市調公司或自行調查。

⑵ 面訪資料

面訪學者、產業專家、市場同業、政府人員、經銷商、競爭者、零售店、顧客等。

2. **次級資料：**

(1) 網站（國內、國外）

(2) 報紙（經濟、工商、中時、聯合、自由等）

(3) 商業雜誌（天下、遠見、商周、今周刊、數位時代、e 天下、突破、管理、能力、會計研究、廣告等）

(4) 專書

(5) 期刊

(6) 政府出版品

(7) 研究機構報告

(8) 本公司內部資料

(9) 其他公司公關年報

3. **民調（市調）方式**

(1) 電話民調

(2) 街訪民調

(3) 家庭問卷民調

(4) 焦點團體座談會（focus group interview, FGI）

(5) 現場觀察

(6) 網路民調

(7) 國外考察

第三節　企劃案內容撰寫的八項共同重要原則

如前所述，由於企劃案有三大群 11 大類 82 小項的企劃案內容，可以說是琳琅滿目、目不暇給。由於企劃案的種類太多，依作者本人經驗，原則上並沒有特定固定的格式、名稱段落及項目。這要看不同的產業、不同的目標、不同的條件狀況，甚至不同的公司而定。因此，企劃人員不必太拘泥於某一種企劃內容撰寫模式。

【應掌握5W、2H及1E八項原則】

不管是哪一種層次或哪一個部門的企劃案，均應掌握下列所述的 5W、2H 及 1E 八項原則。換言之，當撰寫任何一個企劃案時，必須審慎思考及注意，企劃案內容與架構，是否確實已包含了這 5W、2H 及 1E 的精神及內涵。

㈠ What ——何事、何目的、何目標

第一個要注意撰寫這次企劃案的最主要核心目的、目標及主題爲何，而且此目的、目標及主題界定（identify）得很清楚、很明確，不能太模糊、也不要範圍太大。因此，當主題、目的、目標確立之後，就可以環繞在這個主軸上，展開企劃案的架構設計、資料蒐集、分析評估及撰寫工作。

㈡ How ——如何達成（How to reach）

第二個撰寫原則是非常重要的，那就是如何達成這次企劃的主題、目的與目標。在 How（如何達成）的階段中，要特別注意以下幾點：

1. 有哪些假設前提？
2. 這些假設前提，有哪些客觀的科學數據支持它們呢？
3. 這些客觀的科學數據來源及產生，又是如何呢？
4. 在 How 階段中，如何說服別人相信這些想法與做法，是可以有效達成的？
5. 在 How 階段中，是否展現一些創新與突破在裡面，而不是只有傳統的做法而已呢？

下面我們舉幾個案例來做說明：

1. 假設某洗髮精品牌目前市場占有率爲第二名，現在行銷部提出企劃案，表明一年內市占率將躍升爲第一名。那麼行銷部究竟要如何從第二

品牌在短短 1 年內，躍升為第一品牌目標呢？他們 1 年內做得到嗎？又如何做呢？原第一品牌不會反擊嗎？行銷部要花多少成本代價，才能取得第一品牌的位置呢？這樣做值得嗎？而在實際做法上，價格策略、商品策略、通路策略、促銷策略、廣告策略、公共事務策略等，又有何創新手法可以超越第一品牌呢？

2. 假設某連鎖便利商店，目前已有近 3,000 家，為市場第一名。業務部提出 3 年內將突破 4,000 家的最高飽和市場規模目標。那麼業務部在 3 年內，將如何使店數順利再擴充 1,000 家店呢？主要是分布在哪些縣市地區呢？3 年的分配目標額大致如何呢？公司在人力、資訊、宣傳及營運方面如何配合這個 3 年目標呢？

3. 假設國內某 NB（筆記型）電腦大廠，計畫 3 年內成為全球第一大 NB 的代工大廠目標，每年出貨量高達 1,000 萬臺的驚人成長目標。那麼經營企劃部提出的企劃案，將如何說服別人相信，他們有哪些具體的做法及計畫，可以實現 3 年後成為全球第一大 NB 代工大廠呢？他們的顧客策略如何？全球各市場的策略如何？OEM 價格策略如何？海外布局生產據點配合又如何？

㈢ How much ——多少預算

大部分的企劃案，一定都要有數字出現，不能只有文字而已。因為任何的企劃案，最後還是要付諸執行的，只要是執行，就一定會有預算出現。因此，How much 是一個企劃案的表現重點之一。因為，很多的決策，必須依賴最後的數字，才能做下決策，否則沒有客觀的數據分析做基礎，常無法做決策或誤導成錯誤的決策。在 How much 方面，包括營收預算、成本預算、資本支出預算（CAPEX）、管銷費用預算、人力需求預算、廠房規模預算、損益預算及資金流量預估等。茲列示幾個案例如下：

1. 某晶圓代工大廠，在臺南市科學園區要投資最先進的 12 吋晶圓廠。那麼在投資建廠企劃案中，必然要列出建廠的總資本支出及資金需求多大？5 年內的損益狀況如何？這數千億龐大的資金來源方式又是如何？
2. 某食品飲料大廠，在今年將要推出 3 種新產品上市，在行銷企劃案中，應該列示今年度的行銷總費用是多少？分配在各種產品是多少？投入龐大的行銷費用，將可以達成如何的績效目標？

㈣ When ——何時（時程計畫與安排）

企劃案的第四個重點原則是，一定要陳述這些計畫的執行時程安排大概如何？包括什麼時候開始正式啓動？哪些時候應該依序完成哪些工作項目？最後總完成時間大概是何時？

假設某銀行信用卡部門將推出新上市的信用卡行銷活動，因此必須列出信用卡新上市所有工作時程表，包括卡片設計、審卡、記者會、廣告 CF 上檔、促銷活動、新聞報導、贈品採購、業務組織與推展、客服中心等數十個工作事項，均應列入工作時程表內，然後依時程全面展開工作。因此，企劃案中的時間點應該非常明確。

㈤ Who ——何人（組織、人力、配置）

一個企劃案沒有人及組織，當然不能夠執行。因此，企劃案中，對於將來執行本案的組織、人力及相關配置需求也要說明清楚。這包括公司內部既有的組織與人力，以及外部待聘的組織及人力需求。特別是一個新廠擴建案，必然會帶動新組織與新人力需求的增加。

在 Who 的問題中，應該注意到必須專責專人來負責特別的企劃案，這樣權責一致，才能有效推動任何的企劃案。

例如：某電腦公司成立大陸投資事業委員會，授權該公司執行副總負總責，並網羅各部門相關人員，計 10 人，組成西進大陸發展的專案小組。展開從調查評估、場地選定、生產規模、建廠、用人、試車、正式投產及銷售等全部營運事宜。這就是「專責專人」負全責的模式。

㈥ Where ——何地（國內、國外、單一地、多元地點）

企劃案的第六個重點原則，必須對企劃案內容的地點加以說明。亦即這個企劃案所涉及到的地點是在國內或國外，是單一地點或多元地點。例如：某電子廠到大陸投資生產，其據點可能包括上海、昆山、深圳等多個地點。再如，很多公司提到要全球布局及全球運籌，那麼究竟要在哪些國家及哪些城市，設立生產據點、研發據點、物流倉庫、採購據點或行銷營運中心呢？

㈦ Why ——為何（產業分析、市場分析、顧客分析、競爭者分析、自我分析、外部環境分析、科技分析）

企劃案撰寫中，經常要自己問自己很多的 Why（爲什麼）。唯有能夠很正確有力的答覆 Why，企劃案才不會怕別人的挑戰與批評。

例如：撰寫企劃案後，常會被人挑戰說：

1. 爲什麼對產業成長數據如此的樂觀預估？
2. 科技變化的速度是否列入考慮了？
3. 競爭者難道不會取得核心技術能力？
4. 美國經濟環境會如期復甦嗎？
5. 自身的核心競爭力已是對手難以追上的嗎？
6. 市場需求會有跳躍式的成長嗎？

爲了答覆這一連串的 Why，因此企劃人員在企劃案中，必須很深入的做好產業分析、市場分析、競爭者分析、顧客分析、自我分析、科技分析、法令分析及外部政經環境分析。

企劃人員如果眞能掌握這些複雜的分析情報，那麼在撰寫企劃案中，將對 How 如何達成目標的問題，更加的有自信與看法。

㈧ Evaluation ——效益評估（有形與無形效益評估）

企劃案的最後一個重點原則，必須對本案的效益評估做出說明，以作爲結論引導。對企業的效益可以區分爲「有形效益」及「無形效益」，說明如下：

1. 有形效益

   指的是可以明確衡量的效益。例如：帶動營收額增加、帶動獲利增加、帶動市占率上升、帶動生產成本大幅下降、帶動股價上升、帶動顧客滿意度上升、帶動品牌知名度上升、帶動組織人力精簡、帶動資金成本降低、帶動生產良率提高、帶動專利權申請數增加、帶動關鍵技術突破順利上線等。

2. 無形效益

   指的是難以用立即呈現在眼前的數據衡量的效益。例如：策略聯盟所帶來的戰略上的效益；企業形象變好，對企業銷售的無形助力；技術研發人員送日本受訓，其所增加的研發技術才能與知識的潛在增加；公益活動所帶來的社會良好口碑與認同；出國考察參訪及見習所感受到的創新、點子與模仿。

另外，用更淺顯的文字、圖形及邏輯順序表達這 8 項重點原則，如圖 9-2 所示。

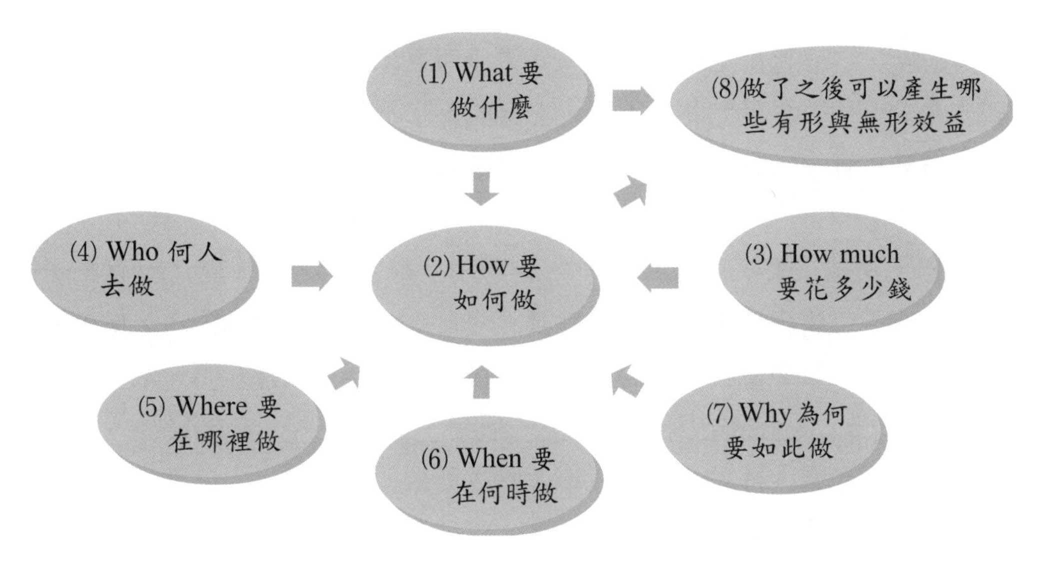

圖 9-2　企劃案撰寫 8 項重點原則

第四節　撰寫企劃案的步驟與過程注意要點

從企業實務經驗來看，撰寫企劃案的步驟及過程注意要點，大致有九大要點，分述如後：

一、企劃案的來源（Source of Plan）

企業內部每天都在營運，有些是固定的工作（routine work），有些會面臨變化與挑戰，有些則是要思考較長遠未來的工作。但不管如何，都要做企劃，而且企劃案來源的管道，也不是單一的，而是多元的。這種多元的管道大致有 3 種：

㈠ 是「老闆」（董事長或總經理）交代的

老闆的人際關係比底下的人多且廣，每天接觸不少高層次的人，他的想法點子與思路，自然比員工更快、更廣、更急與更多。尤其是在董事長制、一人發號施令的公司，更是如此。不過，老闆的點子及想法，也不能太多，否則底下的人會疲於奔命，分散力量，變成在應付老闆的個人化需求或是難以達成的要求。

不過，總結來看，老闆有點子、有想法，終究是好事，總比沒有點子、沒有想法的平平庸庸，來得強些。其實，今日一些企業有成的公司，像廣達電腦、仁寶電腦、華碩電腦、鴻海精密、台積電、宏碁、東森媒體、威盛、聯發科、台塑、統一食品、中國信託、統一超商、遠東集團、奇美集團、國泰金控、星巴克、台灣大哥大、裕隆汽車、聯電等公司最高負責人，都是滿腦子充滿點子、想法與遠見的企業家。

㈡ 是「部門主管」交代的

各部門主管在各自工作任務崗位上，必然每天都會有做不完的事情，一件接一件，一天過一天，處理掉舊事情，又來新任務與新的競爭挑戰。因爲要使企業或部門永遠保持在第一名的地位，那是要比別人、比別公司花費更多時間與精力，做更多、更強、更快與更好的事情才行。因此，企業的功能，可以說是冬去春又來，永不止息。所以，很多的戰術層次企劃案，都是由部門主管（或上級主管）交辦的。

㈢ 是「專責企劃部門」提出的

一般中大型公司通常都會設置綜合企劃部門、經營企劃部門或其他類似名稱的部門，專責從事各種層次與層面的分析專案、企劃專案或評比專案等，因爲他們的工作就是負責各種企劃案的研究提報工作職掌。

二、界定問題、明確問題（Define Problem、Clarify Problem）

有了案子來源以後，企劃人員必須先界定或明確企劃案的主題及問題是什麼，才能對症下藥。企劃人員此刻必須不斷問自己：

1. 問題是什麼？
2. 眞的是問題嗎？背景如何？
3. 會影響多大層面與程度？
4. 是大問題還是小問題？
5. 多久之後才會產生影響？是即刻影響？不久後影響？還是要很久後才會影響？

唯有先界定已明確存在的問題，才能有效尋求解決方案或是接下已撰寫好的企劃案。

不過，從另一個角度看，有時候界定問題與明確問題，也不是一件簡單的事。因爲有些問題，確實難以界定、估計或判斷。這個時候，企劃單位的企劃人員必須找公司內部其他部門的專業人員加入共同撰寫與分析討論，或是求助於外部專業人才也可以。

不過，有若干狀況下，還無法百分之百界定明確問題，仍要持續進展下去，到某個階段時，問題也許將會更清晰。

問題例舉：

上級交代研究中國大陸進口的速食麵、啤酒或是家電產品，它們會影響本國廠商的營運與市場嗎？

問題界定：

中國大陸低價產品對臺灣本土產品是否會造成影響？這的確是一個問題。但是，影響到哪些層面？影響力多大？時間多久後開始發酵影響？我們又如何因應呢？我們該打哪些行銷戰呢？或是與狼共舞合作呢？

三、架構綱要項目

第三步驟企劃人員應該針對上述問題，將主題及目的界定與明瞭清楚之後，接著撰寫企劃案的首要工作，就是要研擬出「架構綱要」，這是第一步要做好與做對的事情。

爲什麼撰寫企劃案要先架構出好的綱要與項目呢？這就好比是蓋房子，要先深挖地基、搭好鋼梁柱子、出現房子雛形，之後再灌泥漿與裝潢內部。先研擬完成架構綱要後，有幾個好處（見圖 9-3）：

㈠將會知道要蒐集哪些資料來對應所要撰寫的內容，因爲要把這些資料塡進去各項架構綱要裡面。

㈡有了架構綱要之後才不會茫茫然，不知如何著手起，尤其是碰到較大案子時。

㈢有了架構綱要之後，才知道這個企劃報告的分工分組撰寫的協調。一個企劃人員絕對不可能獨立完成一個超大案子，尤其是當案子涉及到財務預測或是專案的工程技術或是第一線業務戰況時，作爲幕僚角色的企劃就必須透過專業與專業分工，最後才能組合完成報告。

㈣有了架構綱要之後，才會有助於未來在撰寫企劃報告時，發現在內容項目上的遺漏或不足。因爲架構綱要就好像看別人身體骨骼支架及重要器官部位一樣，很容易看出哪裡還有缺失或不足。

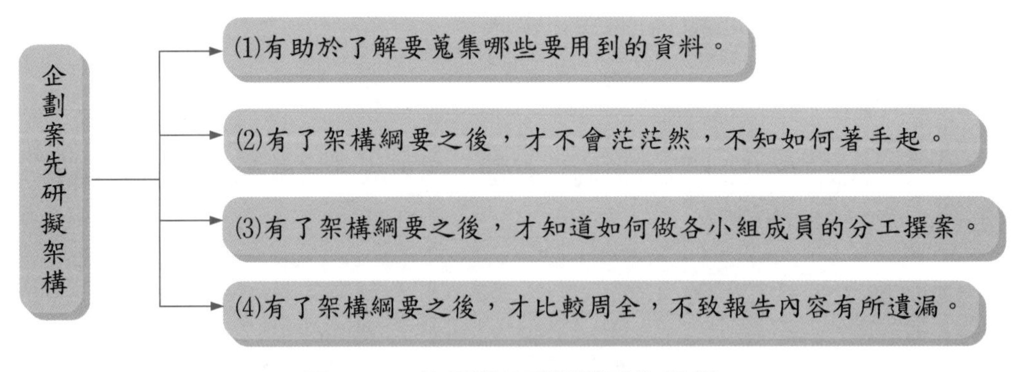

圖 9-3　先研擬架構綱要的好處

但是，坦白說，要架構一個大企劃案的綱要項目，也不是一個企劃人員輕易可做到的，而是需要以下幾項特色（見圖 9-4）：

㈠企劃人員必須有長時間的企劃經驗。

㈡企劃人員必須具備學理知識與一般化知識。

㈢企劃人員必須有戰略性的視野與思路，凡是可以從高、從寬、從深看，這是一種企劃內功的歷練，不是一蹴可幾的。

㈣企劃人員必須有能夠即刻掌握重點、看清問題與解決問題的特殊稟賦，而這也須歷練及具備特有的專長興趣才行。

㈤企劃人員可以多參考一些過去的企劃案或是別家公司企劃案，從中學習。別人過去的智慧結晶，應多加見習與模仿運用。

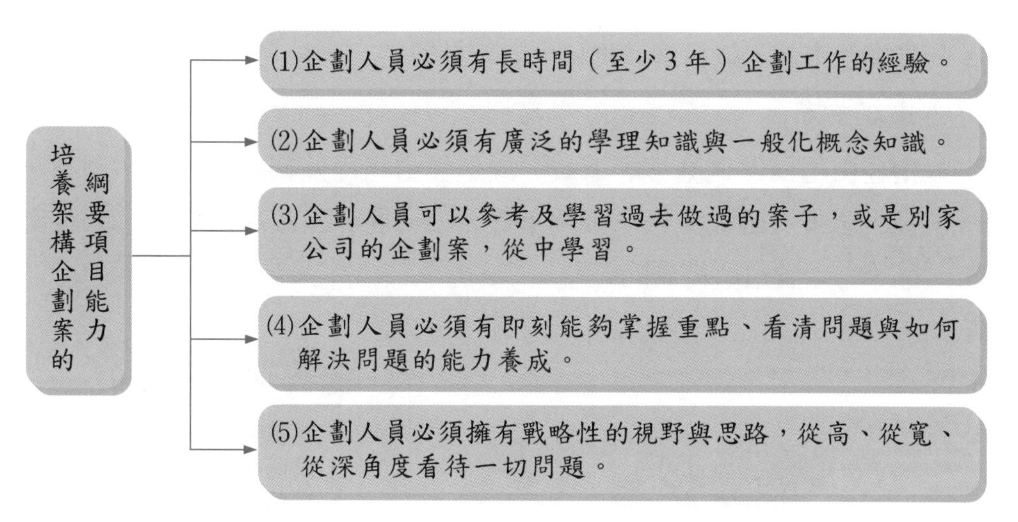

圖 9-4　如何架構一個大企劃案的綱要項目能力

四、蒐集資料

資料的蒐集（collecting data），可從 2 個角度來分類：

㈠ 第一個依公司內部資料與公司外部資料來區分

1. 公司內部資料

包括公司各部、室、處、廠等一級單位，都是取得內部資料的來源。例如：您要業績資料，就必須跟業務部拿；要生產資料，就必須向生產部取得；要財會資料，就必須跟財務部拿。

2. 公司外部資料

這包括國內及國外的資料來源。例如：產業、技術、市場、競爭者、產品、工程及法令等外部資料內容。

㈡ 第二個依照原始資料與次級資料來做區分

1. 原始資料

透過民調、市調、訪談、觀察、試驗等所得到的第一手資料，不是參考別人出版的資料，這就是原始資料。例如：當某家公司想推出一項新產品或新服務時，並不太能掌握市場的接受度會如何，因此必須委外進行市調，以得到較爲科學的統計數字。

2. 次級資料

指經由國內外網站搜尋下載，或是經由國內外報紙、雜誌、期刊、專刊、專書、研究報告、公開年報、公司簡介、政府出版品、公會出版品等二手管道所得到的資料。

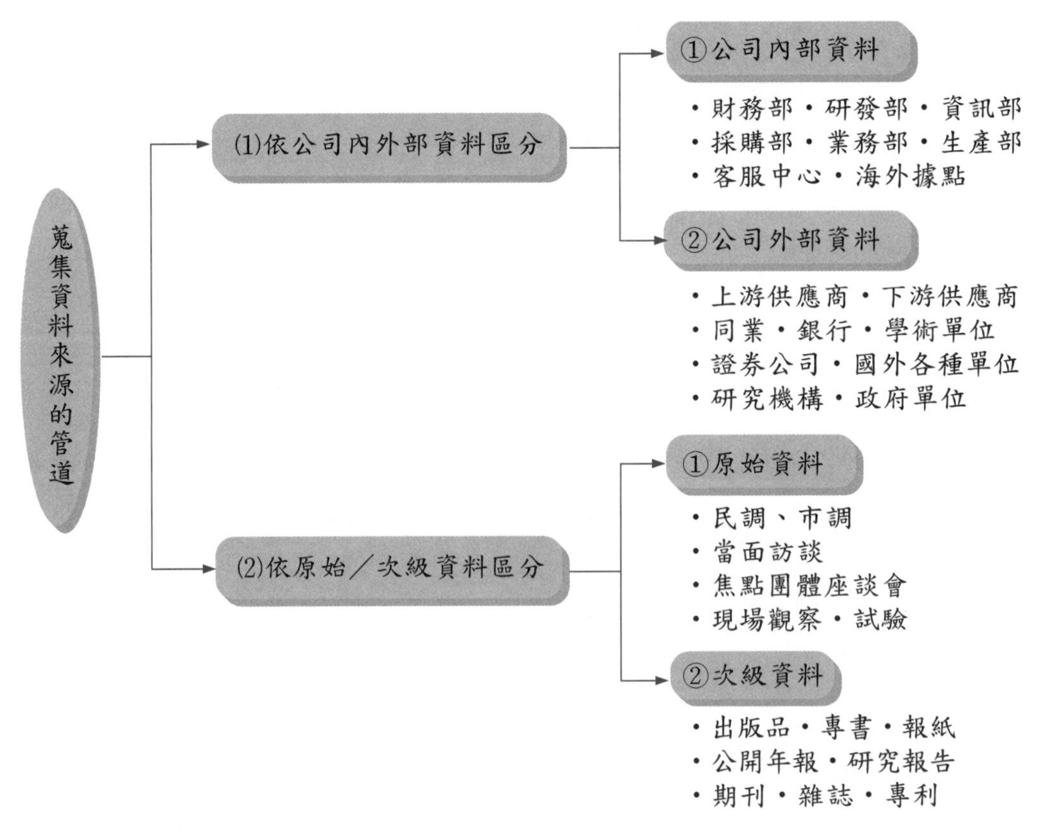

圖 9-5　企劃人員蒐集資料來源的管道

五、資料的整理、過濾與運用

資料蒐集之後，必須進行資料的整理、過濾與運用，將有用的、要用到的資料留下來，並運用到企劃案的相關內容去。此項工作，看似簡單，其實不易。因為這涉及到每個人的「判斷」能力有所不同。因此，企劃人員必須有「判斷」能力才行，能夠在紛亂而多的文字資料及數據資料，找出他所要的資料。換言之，要能夠抓出資料的重點，並且用到企劃案上。現在不少進步的企業，大都把公司各部門的重要事項資料都上傳到公司的網站上（B2E），供全體員工輸入密碼，進入查詢。有些機密的資料，只有特定的人，才能進去看到。

六、提出可行解決方案及創意好點子

在第六步驟裡，企劃人員在整理、過濾與運用資料之後，還是有所不足。因為，我們的企劃案是要提出能夠或是可以解決問題的可行解決方案以及更難得的是創意好點子，這是企劃案的靈魂核心所在。當然，最困難可能也是這個部分。

例如：中國大陸8吋晶圓代工即將完工生產，此對臺灣的8吋晶圓代工者將會產生更大競爭力不足的問題。那麼，公司有何可行解決方案呢？

可行方案通常可以是唯一的一種，但是也可能是多個可行方案，須待最高決策者拍板選擇。實務上，企劃人員應該多提一些不同角度、不同花費與不同結果的可行方案給最高經營者，他才能從各種觀點去做最後的決定。所謂「見樹不見林」就是只有一種觀點、一種方案、一種做法、一種結果而已。但企業最高經營者，應該是猶如乘坐直升機般，「既能見樹，又能見林」，將會有助於做更正確與更周全的決策指示。

七、展開跨部門、跨小組討論，應做修正

當企劃案撰寫完成後，或是完成組合各部門的撰寫資料後，第七步驟應該跟著召開跨部門或跨小組的討論會。針對企劃案內容、數據的正確性或方案可行性程度或是尚缺哪些報告內容，集體開會一、二次，並進行必要調整修改。然後形成同意的共識，並爭取其他部門共同支持本案。有些企劃人員悶著頭自己寫，但沒有經過跨部門協調及討論，經常受到批評，這是企劃人員必須注意到的。

八、向最高決策者提報、討論、修正及定案

經過跨部門討論後，即可安排向最高決策者進行專案提報、口頭面報或召集高階一級主管共同討論、辯論、修正，最後正式定案。依筆者經驗，最高決策者的決策風格有 3 種（見圖 9-6）：

㈠是「權威式」的決策風格，由我一人來做決策，底下都是奉令辦事的。但這種決策風格，雖然速度較快，但也冒了決策粗糙或決策可能失誤的風險。

㈡是「民主式」的決策風格，由最高經營者找相關一級主管共同交換意見，各陳己見，可以容納不同的聲音，絕不是一言堂。大家不能完全是乖乖牌——即覺得有問題，也不敢站出來反對最高經營者。

㈢是「民主之中，帶點權威決策感」。這種決策風格，經常可見於國內本土企業。

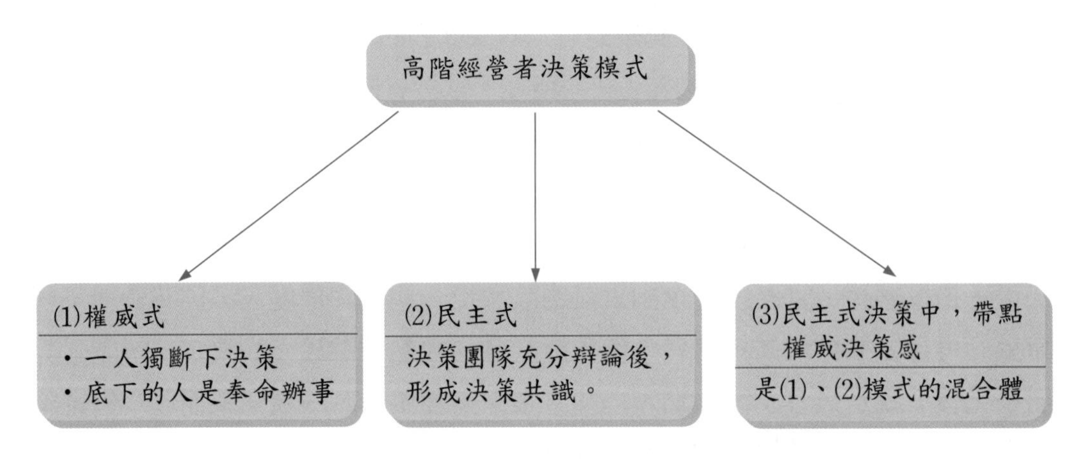

圖 9-6　經營者對企劃案提報討論的決策模式

九、展開「執行」

企劃案經董事會、董事長或總經理拍板定案之後，即會依照計畫時程表，如期展開行動與執行。

「執行」其實是很重要的一環，有些案子企劃得很好，但執行起來，會有落差，並沒有完全按照當初的規劃內容去做，使得企劃案的效果打折扣，最後成爲「失敗」的企劃案。

另外，執行是跨部門行動的，絕不能單靠企劃部去做，而是要結合每個部門不同專長的人才與分工的職掌，全面落實執行下去。

十、執行後，隨即檢討、分析，並再修正策略與方案

執行一段時間後（一週、二週、一月、一季），應該馬上展開檢討分析報告，到底是否爲有效的企劃案？如不是，問題出現在哪裡？要如何改，才會較有效果？因此，再修正是必然會發生的過程之一。企劃案就是能夠面對市場、產業與競爭者的激烈變化，而立刻自我調整，然後再出發，直到有效果出現爲止。

有不少企劃案，都是執行之後，才發現哪裡有問題，然後隨即展開分析、討論、對策與產生新方案。

十一、結語

本節所述的撰寫企劃案十大步驟及其注意要點，看起來頗有次序，但是在實務上，經常爲了應付急迫的時間要求或老闆的限時指令，常會把這十大步驟急速壓縮，而把兩步併一步走，或者是幾個步驟會分頭同時進行，這也是迫不得已的狀況。

但不管再如何急迫，這些步驟及精神原則仍是存在的。對企業而言，時間就是代價與金錢，企劃案的時間，亦須配合公司的現實情況與競爭壓力，加以加速濃縮，這也是必要的。

第五節　如何成爲「企劃高手」

一、「企劃高手」應具備的學理知識與技能

如何成爲優秀的企劃人員與企劃高手呢？這並不是一件容易的事。寫企劃案，人人多少會寫一點，也曾經寫過。但是，要寫出眞正好的企劃案或計畫報

告，顯然就需要高段數的好手了。

時常有人問起，如何成爲優秀的企劃高手？優秀的企劃高手又應具備哪些學理知識或是企劃技能呢？下面將做進一步的說明。

一般來說，優秀的「綜合企劃」高手，能夠應付各種不同目的與不同構面的「綜合企劃案」，應該具備如下所示的四大類學理知識與技能：

㈠ 相關「產業」的知識

每個企劃人員在各自不同的產業上工作，必定對自己的產業或行業有基本的認識。比較困難的是，有時候企劃案會涉及到不同行業的分析、評估與規劃，這時，企劃人員必須多多請教那個行業的專業人員，才能有效解決自己產業知識（industry knowledge）上的不足。

所謂「隔行如隔山」，不同的產業，均有他們一套不同的產業結構、產業知識與產業發展狀況。

企劃人員面臨不同產業需求的時候，除了自己必須趕快蒐集那個產業的基本資料，加強研讀外，如何藉助外部專業機構、外部專業報告與外部專業人員的諮詢、訪談、委外研究等，均屬可行之道。

㈡ 相關「專業企管功能」的知識

相關專業企管功能的知識（business function knowledge），就是指「企業功能」中的各種不同的分工功能，包括財務領域的專業、生產領域的專業、採購領域的專業、研發領域的專業、策略領域的專業、人力資源領域的專業、業務領域的專業、行銷領域的專業、法務領域的專業、行政庶務領域的專業以及資訊電腦領域的專業等。一般公司組織的安排，大致上也是依據專長（專業）功能去劃分組織結構與組織單位名稱。

一般來說，企劃人員在這方面的學理知識與技能，大致上應該不會有什麼太大的問題。

㈢「跨領域」的商學專業學理知識

跨領域的專業學理知識（cross-function knowledge），就是一般企劃人員較爲疏忽或認識不足的部分，此部分之學理知識，尤待企劃人員的加強。

所謂「跨領域」的商學專業學理知識，主要包括六大方面：

1. 策略領域學理知識。
2. 行銷領域學理知識。
3. 經濟學領域學理知識。
4. 財務分析與會計報表領域學理知識。
5. 國內、外財經、法令、社會、科技之環境知識。
6. 企業經營與管理概論之學理知識。

如前文所述，企劃案的分類很多，層次及範圍也不盡相同。但是對於眞正能夠應付各種企劃案的「綜合企劃」或「經營企劃」人員而言，必須擁有比一般部門內配屬的企劃人員更豐富的「跨領域」學理知識才行。否則沒有辦法做好眞正大型或是高難度的企劃大案。爲什麼企劃人員除了各行業的專業知識，以及自己專業分工部門功能的專業知識外，還必須具備跨領域的學理知識呢？總結一句話，這六大跨領域學理知識都會影響企劃案的撰寫與思考架構，否則企劃案的層次內涵將會有所不足。

這六大跨領域學理知識，對企劃者的幫助大致如表 9-1：

表 9-1　六大跨領域學理知識之助益

學理知識	助益
(1)策略領域 →	對制定集團、公司或專業群總部之策略方向、目標、競爭策略與計畫步驟內容，會有助益。
(2)行銷領域 →	對如何創造公司營收成長的原因、方向、步驟、計畫內容，會有助益。
(3)經濟學領域 →	對產業結構、產業競爭、規模經濟等之分析與規劃，會有助益。
(4)財會分析領域 →	對財務分析、會計報表分析、數據來源的前提假設與營運效益等分析，會有助益。
(5)企業經營與管理概念領域 →	對企業經營循環與管理循環之內容與計畫之分析、規劃，會有助益。
(6)國內外各種環境構面知識領域 →	對掌握及分析國內外、政治、經濟、法令、社會、文化、人口、結構、科技、競爭動態等環境變化，擴大企劃案的思考架構及背景分析，會有助益。

㈣「一般化」企劃技能

一般化企劃技能（general planning skill & capabilities），是指在撰寫企劃案時，如何撰寫以及如何呈現出來企劃案的總體表現。這種「一般化企劃技能」，包括有六大類，這六大類「一般化企劃技能」，用比較簡單文句表達，就是企劃人員必須自己問自己是否具有這六大原則技能，即：

1. 組織能力

包括架構能力、組織結合能力、邏輯分析能力。對於任何一種企劃案，是不是能夠很快的「組織架構」出來整個企劃案撰寫綱要的邏輯、內容與順序？還是覺得毫無頭緒或紛亂雜陳？

2. 文字能力

包括文字撰寫能力、下標題能力。是否具有無中生有或聳動文字撰寫能力與下標題能力？能讓企劃案看起來很順暢，重點明確，不必人家說明就能看得懂。

3. 蒐集能力

蒐集資料能力。是否具有各種來源管道的資料蒐集能力？包括公司內部及公司外部的資料來源。

4. 判斷能力

包括重點判斷能力、決策建議能力、替身角色扮演想像力。是否對於蒐集到的資料，經過小組成員共同分析、討論後，能夠對企劃案撰寫內容的重點加以有效掌握？並且對於報告內容的重要決策與方案，有能力提出建議或對策？

5. 工具能力

電腦美編作業軟體應用能力。是否有能力使用電腦美編作業軟體，包括 PowerPoint 簡報作業軟體等。

6. 口語表達能力

簡報表達能力。是否能很穩健、清晰與不會緊張的做企劃案的口頭報告或簡報表達。

就作者本人多年來的工作經驗及觀察顯示，在這四大類企劃人員應具備學理知識與技能中，一般對於第一類相關產業的知識與第二類的專業功能知識，比較熟悉而上手，問題並不大。對於第三類跨領域學理技能及第四類的一般化企劃技能，就較無法百分之百勝任，顯得有所不足與實力欠缺。

二、充實「跨領域」學理知識與技能

那麼，一般非專業的企劃人員，應該如何充實這六大跨領域共通的學理知識呢？大致有以下幾種方式：

㈠到各大學「EMBA」班再進修 2 年，除了可以獲取學位外，亦可以加強充實上述的六大學理知識（表 9-1）。

㈡購買六大領域的「教科書」或是「商業書籍」，利用晚上自我研讀進修。

㈢參加各種專業研修課程，例如：各企管顧問公司、會計事務所、各大學附屬訓練班及各訓練機構等。

㈣每天閱讀財經報紙與雜誌，包括《工商時報》、《經濟日報》、《天下》雜誌、《遠見》雜誌、《商業周刊》、《管理雜誌》、《突破雜誌》、《哈佛管理評論》、《e 天下》、《Money》雜誌、《財訊月刊》、《今周刊》，及其他國內外專業商業專書、期刊及相關網站等。

三、六大跨領域學理知識的「重點」項目

茲列示六大跨領域學理知識的重點項目內容，如表 9-2 所示。

第六節　企劃人員的九大守則與七大禁忌

本章要談到的是企劃人員應該遵守的九大工作守則，以及七大禁忌。嚴格來說，企劃部門的人員並不是很容易勝任的工作單位，他們不像業務部門人

表 9-2　六大跨領域學理知識的「重點」

學理知識領域	重點內容	學理知識領域	重點內容
(1)策略領域	①波特一般性競爭策略 ②SWOT 分析 ③波特產業五力架構分析 ④核心能力理論 ⑤資源基礎理論 ⑥競爭優勢理論 ⑦創新理論 ⑧成長策略 ⑨購併策略 ⑩全球布局策略 ⑪群眾策略	(2)行銷領域	①行銷導向(顧客導向) ②產品定位 ③市場區隔 ④目標行銷 ⑤行銷 5P 組合策略 ⑥行銷研究 ⑦消費者行爲 ⑧CRM(顧客關係管理) ⑨其他
(3)經濟學領域	①產業結構分析 ②產業競爭 ③規模經濟 ④範疇經濟 ⑤交易成本理論 ⑥內部化理論 ⑦價格策略 ⑧賽局理論 ⑨雁行經濟 ⑩群聚經濟效應	(4)財務分析領域	①獲利力分析 ②營運力分析 ③財務結構分析 ④現金流量分析 ⑤上市櫃分析 ⑥資金募集分析
(5)企業經營與管理概念領域	①企業功能循環理論 ②管理功能循環理論	(6)國內外各種環境構面領域	國內外產業、競爭者、經貿、社會、人口結構、科技、法令、運輸、資金、政治與市場發展之影響分析

員、採購人員、生產部人員或人事部門人員，這些人每天都有很明確的工作事項與職掌，因爲他們管業績、管採購零組件、管生產數量進度與管人事動態，這些人、事、物都很明確，也有工作考核指標。

但企劃部門的人員就不同了，他們每天要動腦筋、吸收新知識、關心新動態、提案子，並且注意跨部門間的溝通協調與集思廣益，還有績效的考核。在某些狀況下，也不是非常明確，因爲存在無形的效益，以及長遠的效益，而非有形與短期的效益。

企劃人員的案子，一定會涉及全公司體系或部分部門，這個「做人做事」都要兼顧的單位，確實需要有兩把刷子才行。所謂「沒有三兩三，不敢上梁山」，也就是此意。

一、企劃人員的九大守則

要做好企劃工作，必須遵奉企劃人員的九大守則，才能成爲一個對公司有存在價値的工作單位與企劃高手。

㈠ 加強充實學理知識「本質學能」

企劃人員第一件事情，要不斷的、持續的加強充實自身的學理知識的進步、擴大並與時俱進才行。企劃案的撰寫、蒐集、分析、評估及判斷等，都或多或少會用到根本的學理知識。如果這方面的根基不夠紮實，那麼在分析力道、策略建言與正確判斷性上，都會顯得很膚淺。如果要拿給投資機構、銀行或私募對象評閱，都會有拿不出去之感。

以前作者工作過的一家公司董事長就曾說過一句話：「如果連拿出去的書面東西都不能寫得很好與包裝得很好，那就別提你們會如何做好這個案子。」其意思是指：「門面若不能包裝好，就難令人相信你們會營運賺錢。」此話是有幾分道理的。其實一個企劃案寫得好不好，專業單位及人員一眼就看得出來，這是騙不了人的。尤其現在投資銀行、證券商、銀行審查部、信託機構、壽險投資部、投信公司等專業人員的素質及團隊都非常強，不僅學歷高（碩士以上），且各有領域專長，分析判斷能力也很強。因此，公司企劃人員必須跟上時代腳步才行，這是一種「企劃競爭力比賽」的時代。

企劃人員要加強的學理知識，在前面章節都已提過，在此不重複敘述。

㈡ 不斷吸收工作上多層面實務知識

除了上述學理知識外，另一個非常重要的是，本身所在公司與產業的相關實務知識與體驗。通常公司內部常會有很多種不同的會議，例如：

1. 每週各部門聯合主管會報。
2. 各種特定專案會議。
3. 本身部門的自行會議。
4. 每月全公司經營績效檢討聯合會議。
5. 跨公司、跨部門協調會議。
6. 跨集團各公司資源整合會議。

從這麼多的大大小小會議，企劃人員應該多多出席聆聽、作筆記，並吸收成為自身的工作知識與技能，這是非常重要的。以前作者的公司老闆就常說過：「開會，其實就是最好的教育訓練」，因為每個部門都會提出他們的工作狀況、工作問題與解決對策，這些都是很好的充實自己的維他命補給營養。因為，有如此多的各種專長與經驗的主管口頭報告以及書面報告呈現在眼前，這是多麼好的知識與經驗的「廉價呈現」，企劃人員應好好掌握此良機。但是，依作者工作十多年的開會感覺，除了少數的企劃人員會上進用心吸收外，大部分年輕的企劃人員或年紀較大的企劃人員，並沒有用心聆聽，並吸收成為自己的智慧，這是很可惜的。

再說，企劃人員若不夠了解公司、集團或別部門的發展動態與需求，那又如何做企劃呢？眞讓人難以相信。

㈢ 加強外部人脈關係（人脈存摺）

很多企劃人員常常默默待在公司裡，對外部公司的往來不多，人脈關係也很弱，這是有待加強改善的。因為撰寫企劃案時，經常會遇到蒐集資料的困難，尤其是要面對不是自身產業或行業的時候，或是需要異業結盟合作的時候，更需要外部人力的支援，才能明瞭不同的行業。否則企劃案會寫不下去，或是缺乏眞實感與正確感。

因此，企劃人員應多多參加外部研討會、訓練班、EMBA 班、演講會、學分班、各協會會員或是上游供應商及下游通路商等，建立廣泛的人脈關係，以備「用在一時」的需求。

㈣ 隨時了解外部環境的變化

外部環境的變化，不管有利或不利，都一定會影響公司的業績及整體營運發展，包括政府法令變化、國外法令變化。國內外的經濟環境、經貿往來、供應商環境、通路商環境、技術環境、跨國企業發展競爭者環境，以及金融證券銀行環境的變化，都會對企業產生一定影響。例如：

1. 國內金控法。
2. 國內不動產證券化法。
3. 失業保險法。
4. 公司併購法。
5. 高科技產業獎助法。
6. 公司法修改。
7. 證券期貨法修改。
8. 兩性工作平等法。
9. 開放陸資到臺灣。
10. 開放大陸人士觀光來臺。
11. 進入 WTO 後相關修法。
12. 公平交易法。
13. 發行公司債法。
14. 上市上櫃法。
15. 智慧財產權保護法。
16. 赴大陸投資審議辦法。
17. 兩岸直接通匯法。
18. 科學園區管理辦法。
19. 經建會專案低利融資辦法。
20. 其他多種政府法令。

㈤ 研擬企劃案時，應多做小組討論，集思廣益，使更完整

企劃人員初步研擬企劃案時，在小組內或部門內，應與其他成員多做討論，相互腦力激盪，集思廣益，然後使案子多處的層面更爲周全，可行性也會更高。畢竟每個企劃人員的背景、想法、生活方式、經驗，都有些不同，但這些不同融合在一起，案子將會更好。

㈥ 做好跨部門溝通協調

很多的企劃案都會涉及到其他部門的作業配合，或是對其他部門的績效加以分析評估。因此，企劃部門如果沒有得到其他部門的認同或者事前予以知會或邀請他們共同參與討論，則其他部門主管可能不會認同，甚至不予配合或是掣肘反對。

因此，企劃人員做企劃案撰寫的過程中，必須與案子涉及的相關部門充分溝通協調與密切開會討論，尋求他們對此案的認同、支持與配合，這樣，案子將來才能執行。

但是，做好溝通協調固然是必要的基本原則，但也不能百分之百聽從對方部門的所有意見、看法與做法，否則何必要有企劃部呢？企劃單位最後應有自己特定的見解與思考，並且融合雙方的意見。當不能融合時，則必須表達兩種不同的方案，供最高經營者做最後裁示。

企劃人員會經常與財務部、研發部、業務部、生產部、法務部、技術部、資訊部、採購部、稽核室、海外各據點、廣告公司或通路商等，產生協調溝通的需求（見圖 9-7）。

㈦ 精進電腦文書及簡報的美編應用能力

企劃案最終必然會以靜態的書面呈現。不管是 PowerPoint 簡報或是 word 文字版，企劃人員對於如何下大標題、副標題，以及字型、間距、彩色版製作等細節問題，都應提高電腦文書水準。讓閱讀者看起來非常清爽、耀眼、明確，讓人想看下去。

電腦文書處理的表現，就好像穿上一套漂亮的衣服，讓人更加欣賞。企劃案若能做到內外皆美，將是最好的企劃案。

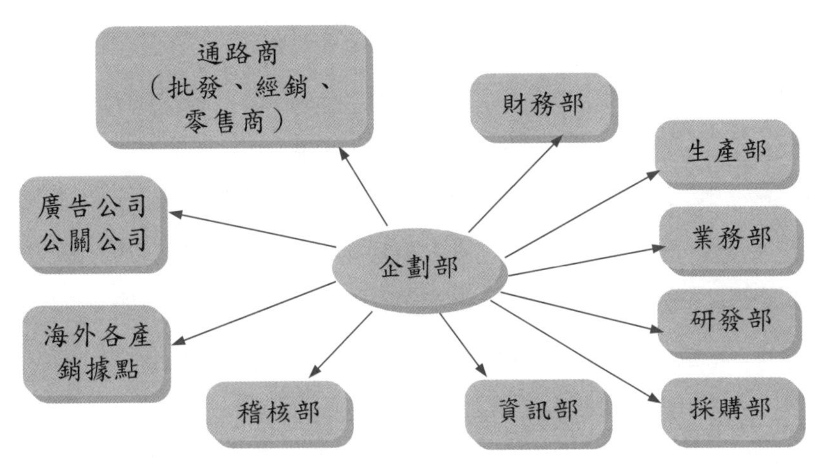

圖 9-7　企劃人員常與各部門有所溝通協調及相互支援

㈧ 自我不斷進步、超前公司的發展步伐，力求創新

最難得、最高層級與對公司貢獻最大的企劃人員，就是能夠隨著公司的發展，自我學習、不斷進步，一年比一年成長而豐富的人。作者記得以前任職的一家大型公司負責人，對企劃部全體成員期勉時，就期待他們能夠跟上公司與集團的發展步伐，最好還要超前公司的發展步伐。走在公司的最前端，能夠帶領公司或自身部門往哪個方向走，才是最佳成功之路。

而能夠超前公司的發展步伐，顯然必須要能夠力求創新，並以國外行業及國外大公司的發展歷程與經驗，作爲佐證，證明這個方向、策略與目標是最正確的企劃結果。

㈨ 要成為對公司有「生產力價值」的幕僚人員

基本上，除了少數型態的企劃人員是屬於業務作戰人員外，大部分的企劃人員，還是屬於幕僚人員型態居多。

即使是非業務人員，但企劃幕僚人員仍然必須發揮其腦力思考、分析、評估、規劃與建議的生產力價值出來，才能在公司裡面存活下去，並且得到其他部門對企劃部門及企劃人員的認同。如果當其他部門都經常主動爲企劃人員協助時，就代表企劃部門的存在價值，否則企劃部門陣亡率就會相對提高。

依作者多年的工作經驗顯示，企劃部門及企劃人員的存在是絕對必要的，但他們對公司與集團作用與貢獻的大小，則要視 2 項因素而定：

1. 這個企劃部門的主管是否能力很強，企劃主管能力不強，那麼企劃部門在公司部門內的重要性排行榜，將會是在最後面。
2. 高階經營者是否重視企劃部門，是否會使用企劃部門，是否支持企劃部門，是否經常交付重要任務給他們負責及讓他們有表現的機會。

有一些公司的企劃部門，都是總經理或是董事長親自帶領，或是直屬於董事長或總經理，此做法令企劃部門更能發揮效益。但是，重點仍是在於公司的企劃部門內是不是都是強將強兵的企劃成員。

二、企劃人員七大禁忌

在實務上，企劃人員應避免下列七大禁忌，才能順利推動企劃案，成為一個受歡迎的企劃單位及企劃人員。

(一) 切忌紙上談兵

企劃案及企劃人員最被批評的事為「紙上談兵」，不切實際，只會寫 paper work，對公司並無貢獻。當然，這只是片面的批評與抱怨，偶爾也是會有這種情形。但是，眞正好的企劃部及企劃人員都會避免紙上談兵。

問題是，企劃人員如何避免只是紙上談兵呢？以下有幾點可做參考：

1. 企劃人員應該多參加公司內部各種會議，才能掌握公司各部門的最新發展動態、問題點與機會點，以及公司最高經營者的決策動向與經營方針。如果連這種最基本的動作都做不好，那麼根本毫無資格成為高階企劃幕僚人員。作者常見有些年輕企劃人員開會時，毫不關心各部門的工作報告，認為那是其他部門的事，跟他們無關。或者說，這些年輕企劃人員無從眞正體會這有什麼重要性可言。但是，也有一群積極進取的企劃人員，努力做筆記及蒐集開會的報告資料，不斷吸取其他部門的智慧，這些企劃人員最後都能擔當大任，晉升職位。
2. 企劃人員應經常到第一現場去觀察，才能親身體會，包括生產現場、銷售現場、拍廣告現場、或是國外參展考察等。所謂「讀萬卷書，不如行萬里路」，應是此意。

3. 企劃人員應該具有蒐集及掌握國內及國外最新市場情報、技術情報、產業情報、新產品情報及商機情報的能耐。因爲這些新發展及新趨勢情報，應該是一般業務部門忙於現在業績，所無法得知的。而這些發展情報，對高階主管當然是有幫助的。
4. 企劃人員應該比其他部門人員更有見解與創意，這些非凡且具膽識的見解與創意，若獲得業務部門主管的讚賞，就不會被譏爲紙上談兵。
5. 企劃人員應蒐集或主動對外進行民調、市調，以科學化及客觀化的數據資料，作爲企劃案強而有力的佐證，使別部門人員無可反駁。

㈡ 切忌只做規劃，而不關心別部門執行的情況

失敗、不負責任的企劃人員，常說他們只負責規劃，不負責執行，執行是別部門的事情。

這是一種嚴重誤解企劃部門的角色及功能，也是極爲錯誤的想法。企劃→執行→考核→再企劃，是一種連結的循環關係。雖然在不同的公司裡，可能把企劃部門與執行部門區分得很清楚，但是並不代表企劃人員能夠不關心別部門執行的情形。相反的，企劃人員最好要持續關心別部門人員執行的狀況，並予必要支援協助，或是做調整修正。

所謂企劃案的成功，不是寫出一個很漂亮的企劃案就算成功，眞正的成功，是要執行完成後，並經評估分析，確定是成功績效時，此企劃案才算是結案，企劃人員才可以全身而退，再展開另外一個案子。

這是企劃人員必經擁有的最重要理念。否則，企劃人員常會被別部門譏爲「詛咒給別人死」（臺語發音），表示連自己都做不到的目標，要別人來做，不是只會寫文字給別人死嗎？

㈢ 切忌一案到底，隨時提出調整方案

企劃案不應是「一案定終身」，而是必須具有連續性及機動調整性的功能。很多促銷案、價格案、投資案、廣告案、商品案等，在推出後一段時間，銷售並無起色，顯然當初的企劃構想與執行結果，並無法獲得消費者的認同及需要的滿足，或是無法勝過競爭對手品牌。此時，應馬上喊停，快速進行原因調查及修補等轉向動作，待規劃完整後，即刻再推出市場。這就是能夠迅速回

應市場需求的「顧客導向」。

很多的商品企劃案與行銷企劃案，都是在「錯誤中摸索前進的」。我們只能說，能力強的企劃部門及企劃人員，應該可以縮減錯誤，或是避免錯誤，因爲過去的多個教訓，他們從中已繳過學費了。他們也累積過去數十個、數百個的充分規劃經驗，以及對市場的敏感性，從而能夠推出成功的企劃案，這需要時間、努力、投入與進步的智慧才行。

㈣ 切忌高高在上，避免其他部門的不配合與掣肘

高階企劃人員應忌諱自己高高在上，以爲直屬某董事長室、總經理室或總管理處，便姿態很高，好像是上級單位在指揮下級單位，這是很要不得的心態。如此心態將會遭致各部門一級主管的反彈與掣肘，不僅不願配合企劃案，而且在執行時，也故意執行不力，表示此案不通，弄得很難堪。更甚者，到處散播謠言，向老闆咬耳朵下毒，這就得不償失了。

作者的經驗顯示，愈是處在老闆身邊的高階企劃幕僚人員，更應言行謹慎，不可拿雞毛當令箭，尤其要做好各部門協調工作。即一個很好的工作團隊，各有各的一片表現空間，各有各的專長分工，然後力量凝聚在一起，這才是一個成功與成熟的高階企劃人員所應有的做人處世態度與原則。

總之，高階企劃人員應該贏得各部室人員的尊重、感謝、支援與讚許，這才對董事長、總經理有幫助。

㈤ 切忌避免完全呼應老闆及高級主管的一言堂，應有自己獨立的思考與見解

成功的企劃主管，應注意避免完全呼應老闆或是少數高級主管的一言堂，應有自己獨立的思考與見解。老闆與少數高級主管畢竟不是聖人，他們也有很高的可能性會犯決策錯誤。如果身爲高階企劃主管，事事呼應老闆或高階主管的一言堂，當這是一個錯誤的一言堂，會對公司造成重大損害時，高階企劃主管應該挺身而出，以技巧性的方式與管道向老闆及高階主管呈報這是一個錯誤或是有風險、有盲點的企劃決策方向，應該改變選擇，收回指示。

依作者十多年經驗，這一點要很有勇氣的企劃人員才能做得到。通常都是唯唯諾諾、逢迎拍馬的企劃主管好像多一點。因爲他們都要保住自己的位子、

一份還算不錯的薪水，以及不願得罪老闆或少數高階主管。想到此，忍不住要爲「五斗米折腰」的工作生涯悲哀。

㈥ 切忌匆匆提出不成熟的企劃案，誤導大家

企劃人員對於上級交代的大案子，不應該在極短不合理的時效內，匆匆提出不成熟的企劃案，而誤導公司決策方向。

如果上級的需要時間確實太趕，則應說明原委，要求調整、延長完成提報時間，切忌不敢向上級反應，這反而會誤了大家。

㈦ 不能道聽塗說，應要求證

不少企劃人員在蒐集資料情報時，也常隨便道聽塗說，沒有經過求證，就將這些素材納入企劃報告內，這是很危險的。因爲很多決策，就會因而做錯。

尤其對於重要的數據，更不能道聽塗說而提供給上級錯誤的資訊情報，包括價格走向、產能利用率、市場占有率、顧客變化、技術研發突破化、營收額、獲利額、新品上市期、投資新廠規模、產品成本結構、策略聯盟、技術授權與全球競爭者動態等重大影響數據決策項目。

結論

總結來說，身爲一位可以發揮工作的企劃人員不是一件容易的事。如果不是一位高階企劃幕僚，要對公司產生更大貢獻並得到大家認同，那又難上加難了。

但企劃人員如果能夠避免上述七大禁忌，那麼作者相信，至少企劃人員可以在公司存活得很好，這是基本狀況。

如果企劃人員積極又能做好前述的九大守則，則企劃人員必然成爲一位受人讚許的企劃高手，最後還能夠擔當大任，晉升更高職位，以及負責更多部門的高階主管。此時，企劃部門或企劃人員的歷練，只是一個過程而已，但卻不是終點，而這個過程卻是很重要且紮實的。

自我評量

1. 試說明規劃的 5 種基本特性爲何？
2. 試列示規劃的 5 種益處何在？
3. 試說明公司經營目標規劃訂定之程序爲何？
4. 試列示企劃功能如今被廣泛採行的因素爲何？
5. 何謂 MBO？優點何在？
6. 試申述預算管理是目標管理的核心之意？
7. 公司的企劃案可歸納爲哪九大類？
8. 市調的方式，可有哪些方式？
9. 何謂原始資料？何謂次級資料？
10. 試圖示企劃案撰寫的 8 項原則爲何？
11. 試說明企劃案撰寫時，會分析到哪些 Why 的內容？
12. 試圖示撰寫企劃案的十大步驟爲何？
13. 試圖示撰寫企劃案時，其蒐集資料來源管道有哪些？
14. 欲成爲一個企劃高手，應具備哪四大類學理知識及技能？
15. 試說明應如何充實跨領域的學理知識及技能？
16. 試列示企劃人員的九大守則爲何？
17. 試列示企劃人員的七大禁忌爲何？

第 10 章

領導力

第一節　領導理論概述

第二節　如何成為卓越的領導者

第三節　授權、分權與集權

第一節　領導理論概述

一、領導的意義

㈠ 管理學家對「領導」之定義

1. 戴利（Terry）認為：「領導乃係為影響人們自願努力，以達成群體目標所採之行動。」
2. 譚寧邦（Tannenbaum）則認為：「領導乃係一種人際關係的活動程序，一經理人藉由這種程序以影響他人的行為，使其趨向於達成既定的目標。」

㈡ 一種較普遍性之定義

乃係：「在一特定情境下，為影響一人或一群體之行為，使其趨向於達成某種群體目標之人際互動程序。」

換句話說，領導程序即是：領導者、被領導者、情境等三方面變項之函數。用算術式表達，即為：

$$L = f(\ell, f, s)$$

ℓ: leader; f: follow; s: situation

二、領導力量的基礎

依管理學者對主管人員領導力量之來源或基礎，可含括以下幾種：

㈠ 傳統法定力量（Legitimate Power）

一位主管經過正式任命，即擁有該職位上之傳統職權，即有權力命令部屬在責任範圍內有所作為。

㈡ 獎酬力量（Reward Power）

一位主管如對部屬享有獎酬決定權，則對部屬之影響力也將增加，因爲部屬的薪資、獎金、福利及升遷均操控於主管。

㈢ 脅迫力量（Coercive Power）

透過對部屬之可能調職、降職、減薪或解僱之權力，可對部屬產生嚇阻的作用。

㈣ 專技力量（Expert Power）

一位主管如擁有部屬所缺乏之專門知識與技術，則部屬應較能服從領導。

㈤ 感情力量（Affection Power）

在群體中由於人緣良好，隨時關懷、幫助部屬，則可以得到部屬之衷心配合的友誼情感力量。

㈥ 敬仰力量（Respect Power）

主管如果德高望重或具備正義感，將使部屬對他敬重，接受其領導。

三、影響作用的表現方式

領導意義既在對部屬及群體產生影響作用，那麼它在表現方式上，可含括：

㈠ 身教（Emulation）

俗謂「言教不如身教」，領導人的一言一行，均爲部屬所矚目、模仿之對象。

㈡ 建議

透過對部屬之友善建議（suggestion），期使部屬能改變作爲。

㈢ 說服（Persuasion）

此較建議方式更為直接，帶有某些的壓力與誘惑。

㈣ 強制（Coercion）

此乃具體化之壓力，是屬於最後不得已之手段。

四、為何接受領導

管理學者狄斯勒（Dessler）曾歸納以下五因素，來說明一般人為何要接受領導：

㈠ 利誘

一個領導者如果對部屬的獎賞具有相當之影響力時，則會得到部屬之服從。

㈡ 威逼

有些利用威逼懲罰手段，使部屬服從命令。

㈢ 責任、榮譽、國家

此乃美國西點軍校畢業生的座右銘，是一種無形的心理服從與認知；即使在企業組織內，亦可努力形成此種心理服從。

㈣ 我需要你

當一個團體面臨危急狀況時，一個具有智慧而有辦法的人，即會變成領導者，因為每個人必須靠他才能度過難關。

㈤ 全看情況而定

此外，人們接受領導，也要看領導者之人格與其風格而定。

五、三類領導理論

管理學者對領導之看法，曾提出三大類的理論基礎，概述如下：

㈠ 領導人「屬性理論」（Trait Theory）或稱「偉人理論」（Great Man Theory）

1. 意義

此派學者認為成功的領導人，大體上都是由於這些領導人具有異於常人的一些特質屬性，包括外型、儀容、人格、智慧、精力、體能、親和、主動、自信等。

2. 缺失

⑴ 忽略了被領導者的地位和影響作用。

⑵ 屬性特質種類太多，而且相反的屬性都有成功的事例，因此，對於到底哪些屬性是成功屬性，很難確定。

⑶ 各種屬性之間，難以決定彼此之重要程度。

⑷ 這種領袖人才，是天生的，很難做描述及量化。

㈡ 領導行為模式理論（Behavioral Pattern Theory）

1. 意義

此理論認為領導效能如何，並非取決於領導者是怎樣一個人，而是取決於他如何去做，也就是他的行為。因此，行為模式與領導效能就產生了關聯。

2. 類型

⑴ 懷特與李皮特的領導理論：

① 權威式領導（authoritation）。

② 民主式領導（democratic）。

③ 放任式領導（laissez-faire）。

⑵ 李克特的「工作中心式」與「員工中心式」理論：

管理學者李克特（Likert）將領導區分為 2 種基本型態：

① 以工作為中心（job-centered）：

任務分配結構、嚴密監督、工作激勵、依詳盡規定辦事。

② 以員工爲中心（employee-centered）：

重視人員的反應及問題，利用群體達成目標，給予員工較大的裁量權。

依李克特實證研究顯示，生產力較高的單位，大都採行以員工爲中心；反之，則採以工作爲中心。

(3) 布萊克及摩頓（Blake & Mouton）的「管理方格」理論：

此係以「關心員工」及「關心生產」構成領導基礎的二個構面，各有九型領導方式，故稱爲管理方格（圖 10-1）。

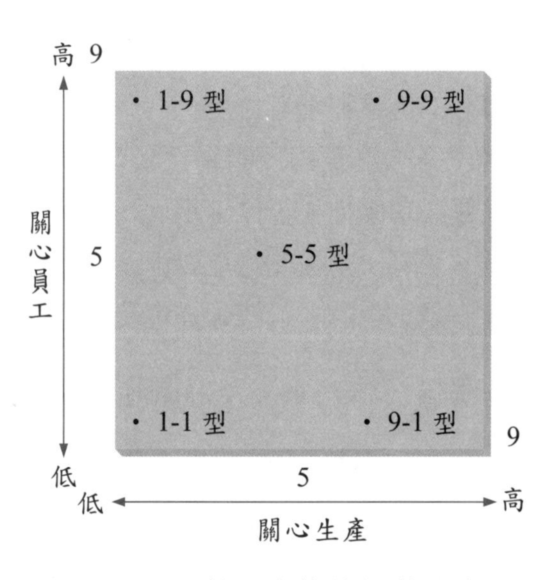

圖 10-1　管理方格的領導理論

【說明】

1-1 型：對生產及員工關心度均低，只要不出錯，多一事不如少一事。

9-1 型：關心生產，較不關心員工，要求任務與效率。

1-9 型：關心員工，較不關心生產，重視友誼及群體，但稍忽略效率。

5-5 型：中庸之道方式，兼顧員工與生產。

9-9 型：對員工及生產均相當重視，既要求績效也要求溝通融洽。

㈢ 情境領導領論（Contingency Theory）

費德勒（Fiedler）提出他的情境領導模式，其情境因素有 3 項：

1. 領導者與部屬關係

此係部屬對領導者信服、依賴、信任與忠誠的程度，區分爲良好及惡劣。

2. 任務結構

此係指部屬的工作性質，其清晰明確、結構化、標準化的程度區分爲高與低。例如：研發單位的任務結構與生產線上的任務結構，就大不相同；後者非常標準化及機械化，但前者就非常重視自由性與創意性，而且時間上也較不受朝九晚五之約束。

3. 領導者地位是否堅強

此係指領導主管來自上級的支持與權力下放之程度，區分爲強與弱。愈由董事長集權的公司，領導者就愈有地位。

將上述 3 項情境構面各自分爲兩類，將形成 8 種不同情境，對其領導實力各有其不同的影響程度（見圖 10-2）。

在此種理論之下，沒有一種領導方式是可以適用於任何之情境都有高度效果，而必須求取相配對之目標。費德勒認爲當主管對情境有很高控制力時，以生產工作爲導向的領導者，其績效會高；反之，在情境只有中等程度控制時，以員工爲導向的領導者，其會有較高績效。費德勒的理論，一般又稱爲「權變理論」。

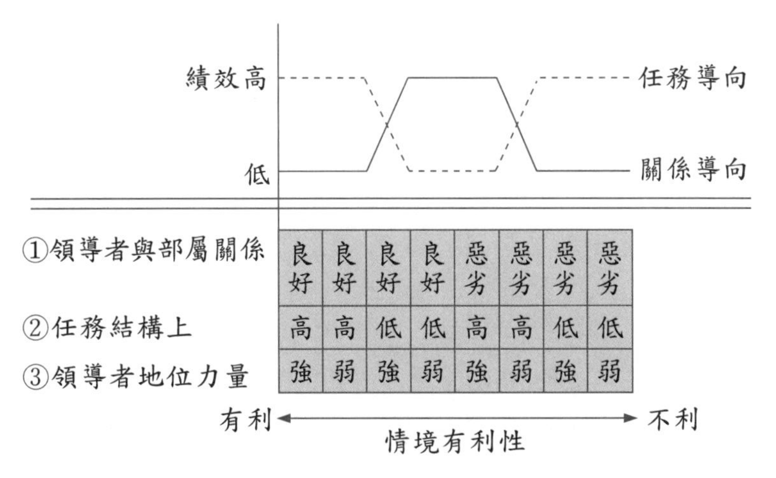

①領導者與部屬關係	良好	良好	良好	良好	惡劣	惡劣	惡劣	惡劣
②任務結構上	高	高	低	低	高	高	低	低
③領導者地位力量	強	弱	強	弱	強	弱	強	弱

圖 10-2　權變理論的領導理論

六、領袖制宜技巧（Leader Match Technique）

費德勒發展一套技巧，可幫助管理階層人員評估他們自己的「領導風格」和「所處情境」，藉以增加他們在領導上之有效性（effectiveness），此係「領袖制宜」（leader match）。

費德勒領袖制宜的基本觀念乃是：

1. 須先了解自己的領導風格（leadership style）。
2. 再透過對 3 項情境因素之控制、改善與增強（主管與成員間關係、工作結構程度、職位權力）。
3. 最終得以提高領導績效。

亦即，費德勒認為一個領導者之績效絕大部分乃取決於：你的領導風格與對工作情境之控制力，在這兩者間尋求制宜配合（match）。例如：有些高級主管是強勢領導風格，其情境因素亦必然有些相配合之條件存在。

名詞解釋

1. 領導（leadership）：
   領導係指有能力去「影響」個人及群體，努力工作以達成組織之目標。
2. 影響（influence）：
   影響係指一個人的任何行為，能改變對他人的行為、態度及感覺等。
3. 權力（power）：
   權力係指有能力去影響別人的行為。

七、有效的 2 種影響方式（Two Form of Influence）

(一) 透過說服

最有效的影響方式就是透過說服（influence by persuasion），而此說服者必須要有高度的可信度（credibility）。要如何才能有效發揮說服的影響（persuasion influence）呢？應遵循以下幾點：

1. 針對其需求而訴求。

2. 付出多而得到少。

3. 建立值得信賴感。

4. 站在對方立場，並且嘗試同意。

5. 引發其興趣。

6. 最後，恭謹表達自己的觀點。

實務上，通常派出高級主管、長老級人物或有影響力之社會意見領袖，較容易達成說服的目的。

㈡ 透過參與

透過參與而發揮影響力（influence through participation），係針對中、高階人員而行，讓他有成就感、成長感以及滿足自我實現等。因此，才會有參與管理的模式或是公司內部鼓勵提案的辦法規定。

八、生命週期領導理論

學者 Hersey 及 Blanchard 對領導的情境理論，稱為生命週期理論（life cycle theory）；其認為有效的型態主要是基於部屬之「成熟度」（maturity）如何，圖示 10-3 所示。

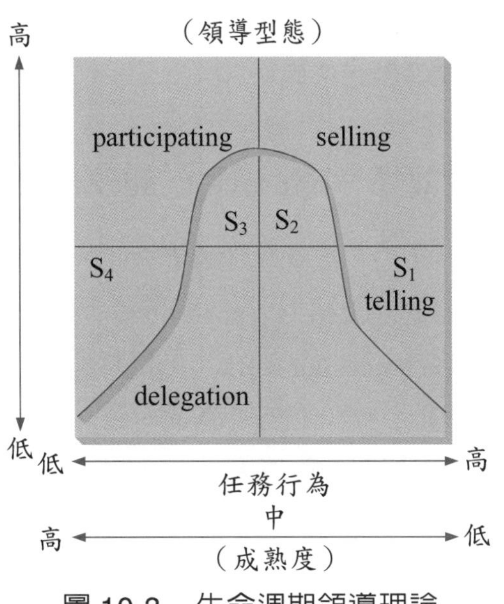

圖 10-3　生命週期領導理論

【說明】

1. 在 S_1 階段，員工的成熟度低，不願意且不能承擔責任，並且需要特別指示與指導，以及嚴密監督，故爲「telling」型態。
2. 在 S_2 階段，部屬願意但能力不足承擔責任，他們是中度成熟，因此領導者提供一個任務導向，並且強化他們的意願及樂於承擔責任，故爲「selling」型態。
3. 在 S_3 階段，部屬有高度成熟，部屬有能力但卻不願承擔責任，故利用參與（participating）型態，以結合低的任務行爲與高的關係行爲。
4. 在 S_4 階段，部屬有高度成熟，而且有能力且有意願承擔責任，故授權（delegation）型態適用於低的任務與低的關係行爲情境下。

九、適應性領導理論（Adaptive Leadership Theory）

美國著名管理學家阿吉利斯（Argyris），曾綜合各家領導理論，而以整合性觀點提出他的「適應性領導」（adaptive leadership）。

阿吉利斯認爲所謂「有效的領導」（effective leadership），是基於各種變化的情境而定；因此沒有一種領導型態被認爲是最有效的，此必須基於不同的現實環境需求。

因此，他提出以「現實爲導向」（reality centered）的「適應性領導理論」（adaptive leadership）。這從國家領導人及企業界領導人等身上，都可以看到這種以現實爲導向的領導模式與風格。

十、如何強化領導者效果（Improve Leader Effectiveness）

從「情境領導理論」來看，要強化領導者效果，可採取以下方法：

㈠修正並增強領導者的地位權力（position power）。

㈡重新設計工作內容（redesign work），以有利於領導人的權力及表現。

㈢重新組合群體之成員，以使與領導者一致（restructure group members），讓團隊成員都能支持新的領導人。

十一、李克特的參與管理系統

美國密西根大學教授李克特（Likert），提出他認爲最具效能之參與式管理組織，李克特將它稱爲「第四系統」（system IV）。李克特的 4 種類型之管理系統爲：

㈠ 第一系統（剝削——權威式）

此即管理階層對於部屬不信任、不敢重用，因此，決策均由自己下達，並透過指揮系統運作。而部屬係生存於恐懼、威脅、懲罰之陰影下，不敢多所要求。

㈡ 第二系統（仁慈——權威式）

此即管理階層對部屬有某種程度之信任，但主要決策與目標制度仍存於高層手中；上下階層交往完全是謹愼戒懼。

㈢ 第三系統（諮商式）

此即管理階層對部屬有較高程度之信任，並且將一般性決策及事務，授權部屬去執行。同時，獎勵也多於懲罰；上下階層交往較爲頻繁，互動關係良好。

㈣ 第四系統（參與式）

此即管理階層對部屬有完全之信任，授權及分權狀況已成規章制度。由於員工高度參與，受到極大之激勵，組織氣候呈現高度的自主與民主，而能將團隊合作之精神完全發揮。

十二、獨裁、放任、民主之領導特色

㈠ 獨裁領導特色

1. 決策之制定權，皆集中於領導者手中，部屬完全處於受命被動地位。
2. 在領導者下命令前，對於命令之內容、執行命令之步驟，無法於事先預測。

3. 無論命令是否具有可行性，部屬無辯解之餘地。
4. 部屬對命令若執行不澈底，將會受到懲罰。
5. 對於部屬之讚揚或批評，隨心所欲，缺乏固定標準。
6. 領導者與部屬間距離頗遙遠。

㈡ 放任領導特色

1. 採無為而治之態度。
2. 權力下授，由部屬自行決定，不予干涉。
3. 領導者對於部屬之功過，不加批評或讚揚。

㈢ 民主領導特色

1. 與部屬分享制定決策之權。
2. 決策做下之前，充分與部屬商討研究。
3. 對部屬之獎懲，係根據客觀之事實而來。
4. 領導者與部屬間維持和諧良好關係。

十三、參與式領導（Participation Leadership）

㈠ 意義

係指鼓勵員工主動參與公司內部決策之規劃、研討與執行。

㈡ 參與式領導的優點

讓部屬參與有關公司之決策時，會有以下之優點：

1. 參與決策之各單位部屬，對該決策會較有承諾感及接受感，而減少排斥。
2. 參與決策可讓員工自覺身價與地位有所提升，會求更優秀之表現。
3. 廣納雅言對高階經營者而言，會做出比較正確之最後決策。

㈢ 參與式領導的缺點

1. 參與決策雖提升部屬的期望，但是若他們的觀點未被採納時，士氣便大幅下降。

2. 有些部屬並非都喜歡決策或做不同層次的事務，因為他們只希望接受指導，在如此意願下，參與式領導的成效即不會很大。
3. 參與式領導雖對部屬而言，會讓他們更覺地位之重要，但這並非表示一定會有高度績效產生。有時，在不同環境下，集權式領導也有成功之案例。

㈣ 如何決定適當的參與程度（5 種管理決策型態）

管理學者汝門（Vroom）認為，參與式領導有 5 種參與程度，如圖 10-4。

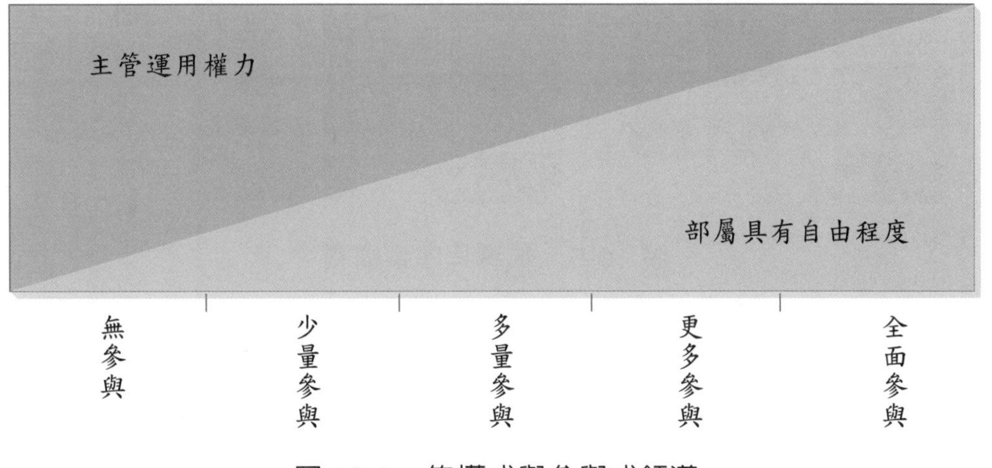

圖 10-4　集權式與參與式領導

㈤ 參與程度之 7 項情境

汝門認為要決定參與程度，須視下列 7 項情境狀況而定：

1. 決策品質之重要性程度為何？
2. 領導者所擁有可獨自做一個高品質決策之資訊、知識、情報，是否十足充分？
3. 該問題是否例行化或結構化？還是複雜模糊？

4. 部屬之接納或承諾的程度，對此決策未來執行之重要性爲何？
5. 領導者的獨裁決定，過去被部屬接納的可能性爲何？
6. 部屬們反對方案的可能性？
7. 部屬們受到激勵去解決該問題，而達成組織目標的程度爲何？

十四、領導程序

管理學者譚寧邦（Tannenbaum）及威斯卻勒（Weschler），曾分析領導的程序，如圖 10-5。

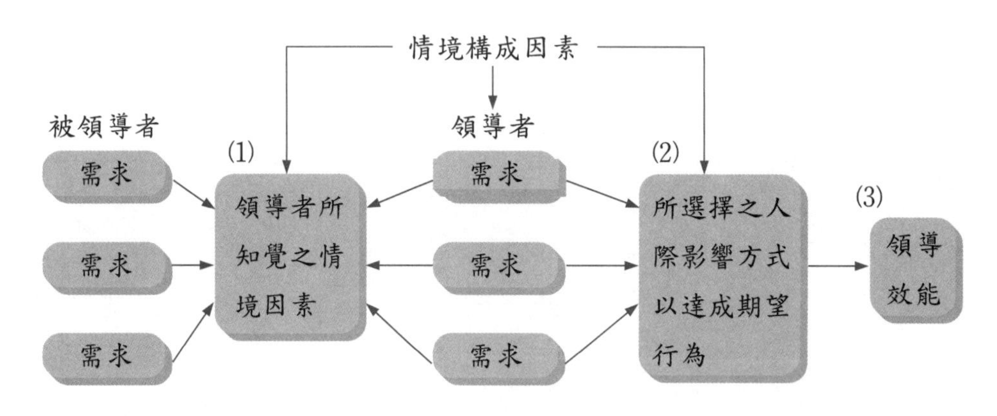

圖 10-5　領導程序架構圖

在領導者的因素裡，學者 Donnelly 及 Gibson 認爲一個領導者的能力和他在這三方面所具備之特質最具關係：

㈠ 自知能力（Self-awareness）

知道自己行爲將對下屬產生何種影響，以及具有何種形象。

㈡ 自信（Self-confidence）

具有自我的充分信心，以及對部屬能力的信心，而能順利授權下去。

㈢ 溝通能力（Ability to Communicate）

主管必須有十足能力將自己意見傳達給部屬，並接受部屬的看法。

十五、改變領導方式

管理學者認爲要改變主管之領導方式，可透過 2 種主要訓練來加以達成：

㈠ 領導能力訓練

領導能力訓練（leadership training）之內容包括：

1. 特定企業功能之專門知識（如財務、投資、策略、行銷）。
2. 較新的管理技術（如電腦、電子商務、顧客關係管理、核心價值、六個標準差、人力智慧資本、策略分析等）。
3. 人際關係訓練（如溝通、參與、激勵等）。
4. 問題分析與解決。

而訓練方法則可爲：讀書會、討論會、講習、演練、諮商及個案分析等。

㈡ 敏感能力訓練

所謂敏感能力訓練（sensitivity training），意指經由這種訓練，使一個人得以了解（或敏感）自己以及自己和他人相處的關係。更細來看，包括了解 1. 自己行爲；2. 自己行爲對他人所產生之影響；3. 他人的情緒及需求；4. 自己對他人行爲的反應；5. 群體動態程序；6. 組織的複雜性以及改變程序。

第二節　如何成爲卓越的領導者

一、有效領導者之特質（6 種力量）

美國管理學者 Ghiselli 教授研究美國 300 位企業經理，發現他們都具有 6 種近似的共同特質：

㈠ 督導能力（Supervisory Ability）

即指導他人工作，組織並整合他人行動以達成工作群體目標的能力。

㈡ 智慧力（Intelligence）

即處理思想、抽象觀念與理念的能力，以及學習和做好判斷的能力。

㈢ 當一個高成就者的欲望力（Desire to High-achievement）

一個人的成就欲望反應在他希望於企業中，能有更高的職位與完成挑戰性工作的程度。

㈣ 自信力（Self-confidence）

研究發現，有效的領導者往往比他人更加自信。

㈤ 果斷力（Decision-making Ability）

一個果斷的人，在他衡量評估各種狀況後，知道必須做一個決定後，就馬上做下去了。

㈥ 自我實現的高度欲望力（Self-actualization）

亦即想成為自己有潛力能成為的人，在他們一生中之最終極目標。

二、成功領導者六大原則

要做一個成功的領導者，應秉持下列六大原則：

㈠ 尊重人格原則

主管與部屬間雖有地位上之高低，但在人格上係完全平等；所謂「敬人者，人恆敬之」，即是此意。

㈡ 相互利益原則

相互利益（mutual benefit）乃是「對價」原則，亦即互惠互利，雙方各盡所能、各取所需，維持利益均衡化，雙方關係才會持久。上級的領導，必須注意下屬的利益才行。不能上面吃肉，下面啃骨頭。

㈢ 積極激勵原則

人性擁有不同程度及階段性之需求，領導者必須了解其眞正需求，而多加積極激勵，以激發下屬的充分潛力。

㈣ 意見溝通原則

透過溝通，上下級平行關係才能得到共識，從而團結，否則必然障礙重重。順利溝通，是領導的基礎。

㈤ 參與原則

採民主作風之參與原則，乃係未來大勢所趨，也是發揮員工自主管理及潛能的最好方法，這是集思廣益的最佳方法。

㈥ 相互領導

以前認為領導就是權力運用，是命令與服從關係，其實這是威逼而非領導，現代進步的領導乃是「影響力」的高度運用。而主管人員並非事事都懂、都有專長，有時部屬會有獨到之見解，因此，主管要有胸襟去接受部屬比自己強的新觀念。

三、如何成功領導團隊（How to Lead Group）

在講究專業分工的現代社會，企業所面對的環境及任務往往相當複雜，必須集合衆人智慧及團隊運作，群策群力達成目標。因此，如何有效的帶領團隊達成企業目標，已成為經理人重要任務。建議經理人可以從下列七大關鍵因素著手，掌握團隊運作的訣竅：

㈠ 建立良好的團隊「關係」

團隊的成功與否，主要繫於成員之間良好的互動與默契。身為經理人，除了可以觀察成員之間的互動情況，更須時時鼓勵成員之間相互支持。可以運用技巧，逐步鞏固團隊成員的關係，如鼓勵團隊成員分享好的創意點子、共同尋求進步與突破、共同追求成功與榮譽等。唯有團隊成員能互相了解與支持，尊重彼此的感受，方能維持正向提升的團隊關係。

㈡ 提高成員的團隊「參與」

由於任務與階段的不同，團隊成員的參與也會有所差異。因此，如何讓成員明白彼此的參與程度，以及尊重彼此的角色，是團隊領導者的重要工作。經理人有責任也有義務塑造一個良好而善意的溝通環境，讓每一位成員皆有表達意見的機會，並願意分享自己的經驗，進而提高成員的團隊參與。

㈢ 注意管理團隊「衝突」

任何一個團隊都很難避免衝突。但是，正面的團隊衝突，不僅不會傷害團隊的情感，更可以轉換爲前進的動力。因此，正面的衝突，應視爲一種意見整合的過程。在態度上，更應該對事不對人，去了解衝突的原因及背景，進一步鼓勵成員使用合理的方式去解決衝突。

㈣ 誘導正面的團隊「影響力」

所謂團隊影響力是指改變團隊行爲的能力。在團隊中，每一位成員都掌握或多或少的影響力。但是，如何將影響力導向正面，以協助團隊持續努力，實爲經理人的重要工作。你可以試著檢視個別成員的影響力、判斷是否有少數人牽制大局的狀況，同時營造每一位成員的機會，讓他們可以展現影響力。

㈤ 確立團隊「決策模式」

一個團隊究竟該採多數決策？少數決策？究竟有多少人應參與決策過程？經理人的責任在於凝聚成員的共識後，選擇一個合理的、共通的決策模式。一旦決策模式確定後，就必須與團隊溝通該決策模式，以獲得成員的支持與配合。

㈥ 維持健全的團隊「合作」

任何一個團隊的運作，都是爲了達成某種任務，或是完成某項工作。因此，爲了確保健全的團隊運作，可以透過下列幾項指標，檢視團隊運作現況：團隊的目標是否經過全體成員的同意？團隊解決問題的方式是否有效且具體？團隊成員是否具有時間管理能力？團隊成員是否會互相幫助以促使任務順利達成？這些都有助於經理人偵測現況，以維持健全的團隊運作。

㈦ 制定公平的團隊「制度」

所謂團隊規範是指成員所接受的團隊行爲標準。公平的團隊規範不僅能幫助達成任務，更可以維持團隊運作不致偏差。因此，經理人有義務與團隊成員發展適用的規範，並形成團隊的行爲文化。同時經理人不僅要設定規範，更要鼓勵嘉獎符合規範的正確行爲。如果團隊中發生偏離規範的行爲，則要檢討與改進。

良好的團隊並非不假外力即可渾然天成，通常有能力、有效率的團隊，都是經理人苦心經營、隊員全力配合的結果。因此，我們特別勉勵所有在職場努力的經理人，善用上述 7 項關鍵因素，帶領團隊創造佳績，茲圖示如圖 10-6。

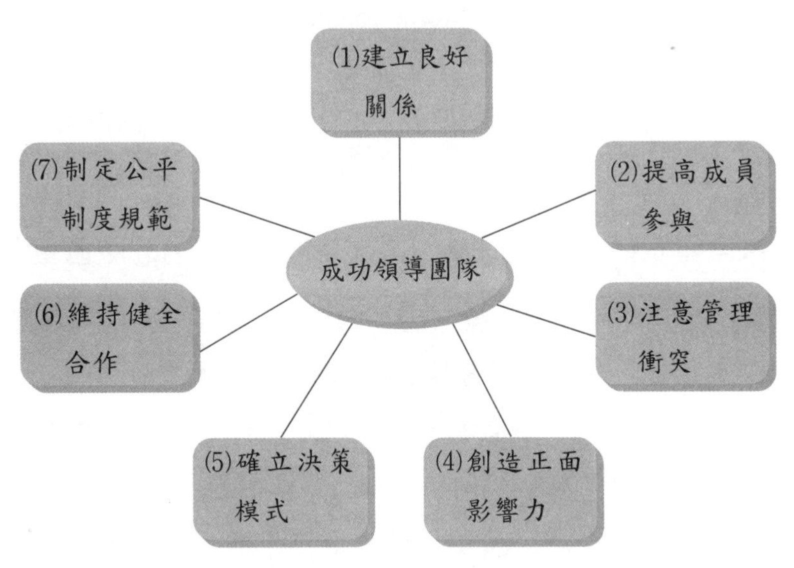

圖 10-6　如何成功領導團隊之 7 項原則

四、領導者的「傾聽學」

國內企管學者李弘暉教授在民國 91 年發表一篇領導者的傾聽學文章中，他認爲在 e 世紀中，一個領導者必須是個好的傾聽者。透過傾聽讓領導者學會接受異質性；透過傾聽做好組織的溝通與信任的建立。傾聽可用來增加部屬對組織的忠誠度，更可透過傾聽來加快資訊的流通與傳遞；最後，領導者更可利用傾聽，發現問題，並予以快速的回應。要成為好的傾聽者，學者李弘暉教授提出 5 項有效要點：

㈠ 採取「走動式」主動積極接觸部屬，主動詢問部屬各項問題

能主動到部屬的工作單位去傾聽部屬聲音，比部屬到你辦公室的效果更大。試著反向思考，傾聽部屬意見與眞正心聲或是領導者若能放下身段，透過親自到工作崗位上去了解員工工作狀況之際，並主動傾聽部屬聲音時，部屬感受一定不同，這是不是一件一舉數得的事！

㈡ 培養專注聽講的能力，學會如何集中自己的注意力

傾聽時，永遠抱持找尋機會（look for opportunities）的樂觀態度，不要對部屬較差的表達方式感到不耐煩。想辦法抓出事實與原因，帶領部屬釐清表達的重點，且一定耐心聽完部屬所要表達的事情，即使你早已經知道他在說什麼，也必須集中注意力。如此，部屬才會敞開心胸，坦誠溝通。

㈢ 領導者要做好情緒管理，注意傾聽過程自己的肢體動作與情緒

當部屬所說的事情涉及到批評或對你有較不客氣的人身攻擊時，要心平氣和，不要急於反駁。此外，部屬與你講話時，切記不要分心做其他事情。諸如，不要與部屬談話時，一邊看公文、接電話。特別是在行動電話使用普及時，學習在與部屬談話時能不接電話或將行動電話關機，不但是種禮貌，更可獲得部屬的信任與尊重。此外，適時點頭、眼光接觸均是必要的傾聽肢體動作。

㈣ 擴大自己資訊來源的管道

傾聽的前提是願意接納不同的聲音，暢通溝通的管道；亦即重視事實是什麼，也才是傾聽眞正的目的。

㈤ 回應部屬的需求，是傾聽的後續動作

沒有 follow-up 的傾聽，只會是曇花一現的溝通景象，因為部屬不會再相

信你，不會與你再溝通。當部屬與你的談話結果永遠石沉大海時，傾聽是無意義的，更無從建立信任的領導關係。如何給予部屬立即且適切的回應，是部屬決定是否再度與你溝通、提供資訊的重要關鍵。

傾聽不是件容易的事，但卻是領導者必須去學習的事。特別是資訊科技主導整個組織運作的過程中，如何透過傾聽去擷取必要的資訊，回應顧客的需求，達到暢通溝通管道的目的，是領導者必須努力去做的事。

五、領導者的守則與禁忌

一個睿智的領導者，必須能貼近職員的心，了解職員的眞正感受與想法，並能隨時與職員站在同一陣線。唯有如此，才能營造一個和諧團結的戰鬥團隊，槍口一致對外，交出漂亮的成績單。

領導的智慧，並無一定的公式可以加以定性，在此提出 7 個守則，圖示如下（圖 10-7）：

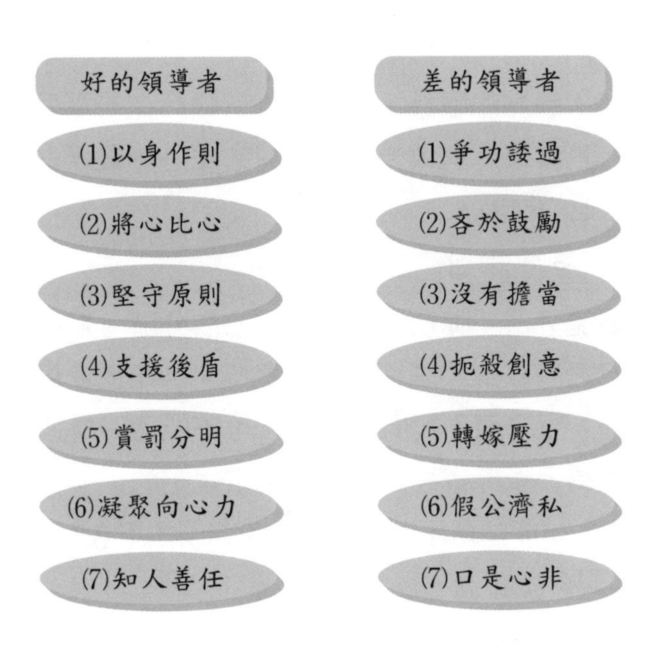

圖 10-7　領導者的守則與禁忌

㈠ 領導者的守則

1. 守則一——以身作則

有一個刮鬍子廣告：「要刮別人的鬍子之前先刮自己的鬍子」，充分說明以身作則的重要。主管如果是嚴以律人（職員）、寬以待己的話，私底下職員一定不會心悅誠服的。或許大家不敢吭聲，但卻帶不到底下職員的心。正是所謂的表面平靜、暗潮洶湧。主管帶頭以身作則，職員們就算不認同主管的領導方式，也不致產生太大的抗拒心理。例如：主管要求員工早上九點一定準時上班，自己卻經常十點才到，這就不是以身作則。再如，主管私生活若不檢點，也不被員工所認同。

2. 守則二——將心比心

帶人重在帶心，別無他法，就是要能將心比心。主管要能貼近職員的心，了解職員眞正的想法與需要。主管不能一板一眼地毫無彈性，要能容許職員犯錯，也要能接受職員的合理瑕疵，畢竟，人是無法十全十美不犯錯的，絕對不可以超高標準去檢驗職員。零缺點的主管，千萬別期待有零缺點的職員。否則，每個職員在戒愼恐懼環境中工作，沒有笑容，也就沒有績效。因此，將心比心，最好常看員工的優點，而不要只看他的缺點。

3. 守則三——堅守原則

主管人員要能分清「彈性」與「原則」的分際。無傷大局（雅）的、或可彈性處理的原則性事務就要能堅持，不能遷就現實，屈服於壓力而失去原則。堅守原則要有一致性，可不能此一時彼一時、因人因事而有不同對待。領導最忌諱的是，制定規定的人（主管），成爲破壞「原則」的人。能堅定原則不移的人，部屬才不會有鑽漏洞之心態。

4. 守則四——支援後盾

主管是一個公司或部門的王牌，不能動不動就親上火線，否則王牌出盡，必定會失去處理的轉折空間與彈性。主管人員有如軍隊的主帥，不輕易上第一線戰場，然而職員對外溝通出現障礙時，主管人員要能挺身而出，作爲職員的支援後盾，必要時，甚至要出面替職員收拾殘局。尤其，當部屬面對重大顧客或重大專案時，常必須由高級主管出面支援才行。而主管的價值，也就在於這種重大的支援後盾角色。

5. 守則五——賞罰分明

賞罰分明是發揮團隊力量的基本要求。如果做不到賞罰分明，便無法督促職員自我惕勵、謹慎行事，避免犯下不應犯的錯；另一方面，也沒辦法激勵職員主動積極、勇於任事，以好的績效爭取榮譽與獎勵。在執行手段上，主管或許可採重賞輕罰的方式，揚小善、隱小惡，更可激發職員向上的心。一旦主管賞罰不能分明時，部屬怨言就會四起，從而分派系鬥爭或是離心離德。

6. 守則六——凝聚向心力

所謂「一樣米養百樣人」，人是自我的個體動物，每個職員的想法認知會有相當大的差異。身為主管必須能以自己為中心來凝聚所有職員的向心力，才能冀望發揮團隊戰力。凝聚向心力的最好方法，是建立大家共同的願景，才能同心協力地朝目標邁進。另外，有效的建立起部門在公司及董事長心目中是重要的單位或是相當倚重的單位，也是很有效的方法。

7. 守則七——知人善任

主管要能了解每個職員的專長與個性，適性地分配任務給適當的人。如此才能期待有較好的工作品質，也不至於延誤工作時限。主管只做到知人善任是不夠的，更要能發覺職員的潛能，給予機會訓練，才能培養職員的工作智能。所謂兵在精不在多，培養更多能獨當一面的職員，便可輕鬆地迎接任何挑戰了。有人適合做幕僚，有人適合做業務，必須適才適所才行。

㈡ 領導者的禁忌

1. 禁忌一——爭功諉過

主管人員要有擔當，勇於承擔部門成敗責任。最忌諱的是，有功身上攬，有過只會推諉給底下職員。爭功諉過的主管，必為職員所不齒與唾棄，更別奢望職員能為自己賣命了。身為主管，除應做到不爭功諉過外，更應敞開胸懷，把功勞歸給底下人員，以激勵職員更加努力貢獻。

2.禁忌二——吝於鼓勵

人是需要鼓勵的，讚美是職員工作的興奮劑。主管人員如果能多多鼓勵職員，可發現職員工作的情緒會更加亢奮，工作效率也會更好。然有些主管卻是吝於讚美職員的，甚且是尖酸刻薄、冷嘲熱諷地讓職員感受很不是滋味。吝於鼓勵職員的主管，是很難期待職員能一次比一次做得更好。因此，領導者可以在簽呈上或報告上批示：此報告甚好，或此建議甚好，或進步甚大等字眼或口頭表達。

3.禁忌三——沒有擔當

主管人員如果對內高高在上，對外遇事沒有擔當，不敢出面與人談判溝通，這種在家一條龍、出外一條蟲的主管，一定會被底下職員瞧不起的。若有這種主管，底下職員便易選擇明哲保身的處事態度。凡事唯唯諾諾，不敢有擔當地做任何事情，勢必形成一股互相推諉的習性。當單位被老闆罵時，主管必須出來擋才行，不能怕挨罵。

4.禁忌四——扼殺創意

主管人員最忌諱聽不進去職員的意見，他要的是書記官式的職員，只要底下人員照自己的想法去執行就好了。這種自以爲是的主管，定會抹殺底下職員的創意，並限制職員無限潛力的發揮。創意要在開放的環境才能發揮，身爲主管凡是應先聽聽職員意見，不要一開始便高談闊論，讓底下職員不敢有不同意見。對職員的意見應避免正面批判，職員才會願意表達自己的想法。尤其是年紀大 LKK 的老主管，經常會抑制年輕世代上班族的想法與創意。

5.禁忌五——轉嫁壓力

中國人所說的：「上司管下司，鋤頭管畚箕」。一個主管人員如果只知一味地將上級的壓力，一股腦轉嫁給底下職員，底下人員是敢怒不敢言，也不可能竭誠盡力地執行工作，自然也不可能交出漂亮的成績單。

6. 禁忌六——假公濟私

許多主管喜歡差遣職員替自己跑腿，底下人員一有疏忽便嚴厲責罵。其實，底下職員並不曾排斥為主管服務，但主管本身的態度究竟是「拜託幫忙」或「理所當然」，會讓職員心理感受大不同。最忌諱的是主管差遣職員替自己辦私事又濫用公司資源，如此主管，怎能服職員的心呢？

7. 禁忌七——口是心非

領導最忌諱的是「說一套，做一套」。主管無法心口如一，底下職員定是上有政策、下有對策，以「聽一套、做一套」回應。其實，開誠布公是最好的領導政策，主管部屬間都能充分、毫不隱瞞的溝通，讓彼此的眞正想法可以正確的傳遞。主管口是心非、說一套做一套，便無法贏得部屬的信賴與支持，定會影響團隊戰力的發揮。

領導是需要高度技巧的，領導也是一門高深的學問。沒有一定的模式可循，更需要能掌握基本原則，並要能因地、因時、因人制宜，隨機變通才能產生良好的互動效應。

六、成功領導人應具備5項重要特質

現在成功的領導人／經理人須把整個組織的價值及願景帶進他們所領導的團隊，與團隊分享，並且指揮若定、全心投入，以達成公司的策略目標。為實踐分享式的管理，並在組織內成為一位價值非凡的領導人，需要具備以下幾項重要的特質：

㈠ 了解下屬的新責任領域、技能及背景，以使員工適才適所，與工作搭配得天衣無縫

若你想透過授權，以有效且有用的方式執行更廣泛的指揮權，你需要把握關於下屬的資訊。

㈡ 應隨時主動傾聽

這涵蓋了傾聽明說或未明說之事。而更重要的一點是，這意味著你以一種願意改變的態度，就等於是送出願意分享領導權的訊號。

㈢ 要求部屬工作應目標導向

你與下屬間的作業內容，與整個部門或組織的目標之間應存在一種關係。

在交付任務時，你應作爲這種關係的溝通橋梁。你的下屬應了解他們的作業程度，使他們主動做出可能是最有效率的決策。

㈣ 注重員工部屬的成長與機會

無論在何種情況下，領導人／經理人必須向下屬提出樂觀的遠景。以半杯水爲例，你得鼓勵員工注意半滿的部分、不要看半空的部分。

㈤ 訓練員工具批判性與建設性思考

在他們完成一項工作後，鼓勵下屬馬上檢視一些指標，包括如何進行、爲何進行，以及要做些什麼。給他們機會發問（例如：過去是如何完成這項工作），這能鼓勵他們想出新的作業流程、進度或操作模式，使他們的工作更有效率與效能。教導經理人如何領導的管理模式實在不勝枚舉，但通常比較強調風格，因而忽略技巧、能力、知識或態度。

由這五大要點所組成的公式，保證能使你擁有配合度更高、更能作爲你強大後盾的團隊。

七、領導能力的 5 個層級

企管學者 Jim Collins 在 2002 年提出領導能力可區分爲 5 個層級，第五級爲最高等的領導人：

㈠ 第五級：最高領導人

藉由謙虛的個性和專業的堅持，建立起持久的卓越績效。

㈡ 第四級：有效能的領導者

激發下屬熱情、追求清楚而動人的願景和更高的績效標準。

㈢ 第三級：勝任愉快的經理人

能組織人力和資源，有效率和有效能地追求預先設定的目標。

㈣ 第二級：有所貢獻的人

能貢獻個人能力，努力達成團隊目標，並且在團體中與他人合作。

㈤ 第一級：有高度才幹的個人

能運用個人才華、知識、技能和良好的工作習慣，產生有建設性的貢獻。

八、高階經理人甄選十大條件

曾任美國德州儀器公司執行長 Fred Bucy 撰寫過一篇文章〈How we measure managers〉，提出他對傑出高階經理人（top manager）應具備十大條件，茲摘述如下：

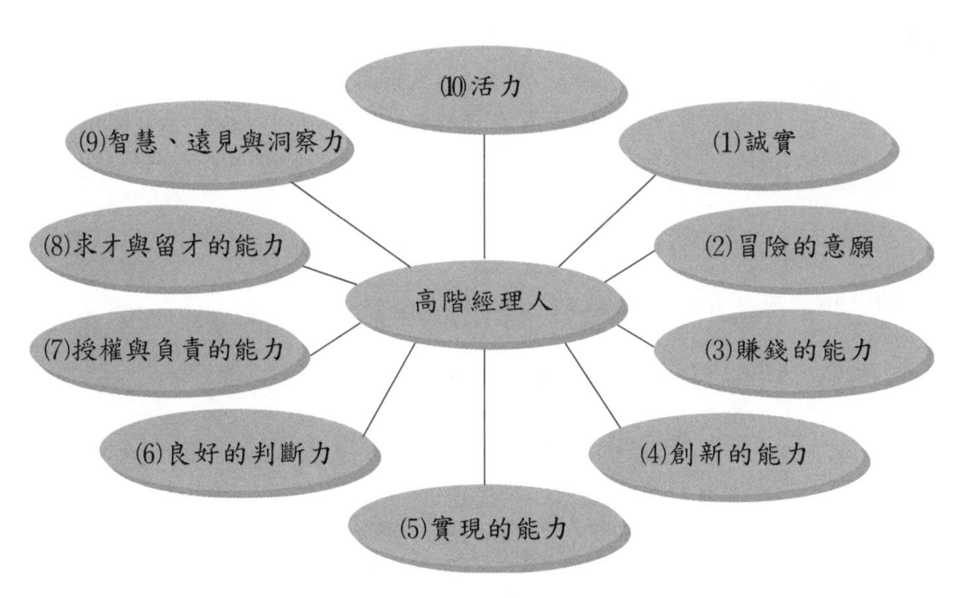

圖 10-8　德州儀器公司甄選高階經理人的十大條件

㈠ 誠實

經理人員可能很聰明、很有創意且很會替公司賺錢，但是如果他不誠實，則他不僅一文不值，而且對公司而言是個相當危險的人物。誠實（integrity）的另一個定義是對所有事物的承諾，能不計任何代價去達成。

㈡ 冒險的意願（Willingness to take risks）

的確，冒險並不好玩，什麼事都小心翼翼的人當然就不會闖出什麼大禍。但是如果在經營上，經理人做事老是講求安全第一，公司是不太可能快速成長的。企業要創造一種環境，讓經理人勇於去冒經過深思熟慮的風險，而不怕因爲失敗而受責備。

㈢ 賺錢的能力（Ability to make a profit）

企業存在的目的不單是爲股東賺錢，但是由於企業對社會有所貢獻，仍需要靠利潤來達成。因此，企業仍需要會賺錢的經理人。

㈣ 創新的能力（Ability to innovate）

卓越的經理人必須能夠創新，次之的經理人則要能獎勵與支持部屬的好點子。企業必須不斷有新創意流入，這些創意不單是科技方面，在管理改革方面，亦是被重視的。

㈤ 實現的能力（Ability to get thing done）

經理人即使有全世界最偉大的產品計畫、最看好的產品創新，但是如果無法讓它們付諸實現，那麼他還不能算是經理人。

㈥ 良好的判斷力（Good judgment）

判斷力是一種重要的思考能力，使經理人能根據數據來發現以及感覺、評估、計畫、方案和建議的價值。

㈦ 授權與負責的能力（Ability to delegate authority and share responsibility）

主管人員可以將做決策的權力全部授予部屬，但他必須與部屬對事情的後果共同負責。經理人對於部屬所作的事絕不能逃避責任，無論部屬所作的良好決策是多麼微小，主管都可以分享榮譽；無論部屬所作的不良決策是如何輕微，主管都要與部屬一起受責備，亦即各階層的經理人要層層授權、層層負責。

㈧ 求才與留才的能力（Ability to attract and hold outstanding people）

企業有少數獨攬全局的主管，可能會成功一時，但是有良好的管理團隊才能永遠成功。高階主管必時時刻刻都擁有許多的能力、有共事方法的人，使企業大展鴻圖。因此，良好的經理人不但應該樂意，也應該對於能幹部屬升遷到組織其他部門而感到光榮。高階主管在評估經理人時，應該著重在如何建立團隊、如何培育部屬，然後才是對組織的貢獻。傑出的經理人會培育出好的管理人才。

㈨ 智慧、遠見與洞察力（Intelligence, Foresight, and Vision）

好的經理人不單是今天很聰明，明天或 10 年後都應該還是很聰慧靈敏。大企業的經理必須快速學習，消化大量資訊，解決複雜的問題，並從經驗習得教訓。遠見是一種向前看的事情能力，能預見並解決即將到來的問題。經理人必須能預期問題，避免問題發生或大禍臨頭之前解決問題。經理人若沒有預見未來的能力，只能任憑命運的擺布，最後將會面臨無法預料的重重危機。至於洞察力則是一種長程的遠見。此種資質使得經理人得以想像未來年代的世界、業界以及自己公司會變成如何，因此，他可以開始計畫並解決未來的問題。

㈩ 活力

企業要永續經營，大家應該使它藉著成長與改變而成爲充滿活力（vitality）之組織。一個企業組織若因充滿著因循苟且、得過且過的成員而變得呆滯，那它將很快失去優秀的人才、顧客以及所有的一切。

九、解決領導力的 5 個答案

企業的領導力如何取得？由於不同的社會環境有不同的文化、生活價值觀和企業治理結構。因此，關於領導力，在不同的國家也有不同的做法。

雖然不同的社會背景和文化，對企業領導人產生不同的影響，但先進國家解決領導力問題的經驗，有著許多共同點：

㈠ 重視企業領導人才的培養

這種重視首先表現在社會教育方面。先進國家都設有各種類型的學校、學科和課程，從基礎教育開始，每年爲社會提供大量的管理後備人才。如同對其他各類人才培育一樣，它們愈來愈強調繼續教育和終身教育。爲此，並設立了各種成人教育學校、EMBA 課程等，幫助企業領導人不斷提高領導力。

㈡ 借助仲介機構解決領導力問題

先進國家還有許多仲介機構如管理顧問公司、律師事務所、會計師事務所、獵人頭公司、專業培訓公司等，爲企業管理者提供諮詢服務，適時幫助企業獲得合適的人才，協助管理者進行科學決策以解決複雜問題。

㈢ 用人體系成熟

在長期的市場競爭中，先進國家的企業形成一套有關領導人才的選、育、留、用體系，從甄別、選拔、招聘、培養、考核、激勵、升遷等各方面都有一套較完善機制。

㈣ 完備的關鍵職位接班人計畫

企業內部的接班人計畫，是企業確定關鍵職位的候選人才後，對這些候選人才進行持續開發和培育的整個過程。它主要是從目前較高職位的任職者中，選拔出在長時間內績效表現上較佳的管理者，形成接班人才庫，進而從中選出具有高發展潛力的候選人，作爲未來擔任企業要職的人員。

與一般的員工職業發展計畫不同的是，接班人計畫對企業來講更具有策略性的長遠意義，成功的接班人計畫能保證合格職業經理人的供給，從而保證企業業務持續、公司穩定成長，不會因爲某位管理者的調換使企業的業績下降。

㈤ 完備的人資策略規劃和人才選拔機制

主要用以指導企業有計畫、有步驟地培養領導人才。例如：沃爾瑪公司視現有員工爲財富，利用各種發展計畫和多層級面談留住他們。對中階以上管理者，公司內部設定有「不能流失的人員」名單。其次，公司對新錄用的中階以上的管理者提供重點培訓與跟蹤計畫。管理者中 90% 以上來自公司內部拔擢。每個關鍵職位都設定有繼任人。最後，公司還利用市場調查、重新錄用和內外部人員推薦所組成的各種關係網來招聘人員。

此外，多數公司挑選總數 10% ～ 20% 的員工作爲核心人才；員工的績效成果是最主要的挑選標準，輔之以其他 1 ～ 2 個標準，包括員工上級的推薦、提名，員工的領導潛力和專業能力。多數公司給予核心人才更高的薪酬待遇，但所有公司都會爲核心人才提供更多的培訓。

十、台積電張忠謀董事長——領導人必備 5 項特質

台積電董事長張忠謀在演講上，曾勉勵臺大學生，要培養領導人的 5 項特質。他一上臺，就問臺下學生，有多少人想成爲國家未來的領導人？當場約有 20% 的學生舉手；但當演講完畢，司儀再問同樣的問題時，臺下的學生幾乎全部舉了手。

張忠謀認爲領導人必須具備 5 項特質，包括：一、正面的價值觀；二、終身學習、獨立思考；三、溝通能力；四、豐富的國際觀；五、涉獵專業以外的領域。

他說，在民主政治及市場經濟潮流中，名、利成爲主流價值。但大家必須具備正面的價值觀，包括誠信、正直、辨是非、明黑白和守法、分工合作、對社會有熱情等，才能讓社會提升。其次，如果沒有獨立的思考能力，終身學習的效率不高。但若沒有終身學習，獨立思考時就會缺乏資料。領導人的成就必須依賴終身學習。其三，領導人必須注重聽、讀，如果不能聽進別人的話，有如雞同鴨講。其四，他日前與學者談論到清朝黃金時代——康、雍、乾三代，他認爲乾隆在歷史上的評價被高估，乾隆皇帝沒有豐富的國際觀，是通才，但不是全才。

十一、台積電張忠謀董事長的觀點——「解決問題」是衡量一個人能力的主要標準

㈠ 重點是：你為公司做了什麼事，解決了什麼問題

張忠謀獲頒經濟部工業局卓越成就獎，會中他發表得獎感言時，特別強調員工與企業的使命。他說：「曾告訴台積電四、五十位處長級以上的高階主管如何選擇履歷表，許多人在履歷表中寫滿頭銜，標榜經手多少預算，管多少人，但那根本不是重點，看多了令人不耐煩，重點是你到底為公司做了什麼事。」

張忠謀表示，公司該建立「能者升遷」（meritocracy）制度，讓能者多勞，「解決問題」是他衡量一個人能力的主要標準。

㈡ 為客戶解決問題，愈快愈好

曾經有一位國外 CEO 在飯局中問他，如何評估一位廠長的考績，他回答，要看能替客戶解決多少問題，而且是愈快愈好。他說，台積電是專業晶圓代工，除了技術、製造領先，首重客戶夥伴關係，每個廠都不容一絲差錯。所以解決客戶的問題最重要，成本、生產力、存貨、生產週期控管等都其次。

第三節　授權、分權與集權

一、授權（Delegation）

㈠ 意義

授權（delegation of authority）係指一位主管將某種職務及職責，指定某位部屬負擔，使部屬可以代表他從事領導、政策、管理或作業性之工作。

㈡ 授權的優點

1. 減輕高階主管工作之負荷，而讓他能有更多的時間從事規劃、分析與決策方面的重要事務。
2. 可以節省不必要溝通的浪費，高階主管只要檢視工作成果即可，不必也不須去詢問過程細節。
3. 培育未來的高階管理與領導人才。
4. 可以鼓勵員工勇於承擔工作任務的組織氣候，而不是推諉、怕事。
5. 唯有透過授權普及機制，組織才能拓展爲全球企業的規模，也才能加速擴張成長。

㈢ 阻礙因素

1. 主管不願授權原因
   ⑴ 部屬能力有限、尚不足以擔當重責大任及決策性事務時。能力有限若強要授權，則會造成錯誤決策或一再請示之麻煩，亦即主管對部屬缺乏信心。
   ⑵ 主管愛攬權，喜歡權力集於一身，而無法放心將權力完全放下去。
   ⑶ 企業發展階段未到最高負責人，可以完全授權的時候。
2. 部屬拒絕接受授權原因
   ⑴ 對接受權力者缺乏額外激勵，形成責任加重而卻無任何回饋之情況，也使得部屬不願承擔新的責任。
   ⑵ 有些授權是有名無實，形成高階說要授權，但實質上卻不是。
   ⑶ 部屬恐懼犯錯，反而形成對原有地位的傷害，得不償失。
   ⑷ 有些部屬習慣於接受命令做事，這樣比較簡單。

㈣ 克服授權途徑或正確授權的原則（Overcome the Obstacles）

授權對組織自然有正面的貢獻，因此對於授權之障礙，自應有克服之途徑，分述如下：

1. 在授權之前，應對屬下施予必要之教育訓練與職務磨練，讓屬下能水到渠成的接下授權棒子。
2. 所謂授權，並非下授權力名詞而已，而是必須提供充分資源的協助，否則巧婦難爲無米之炊。

3. 當屬下能如期承接權力責任，而完成組織使命目標時，高階應給予適當之獎勵與晉升。
4. 授權之初，屬下之決策，難免有疏失，高階主管應抱持容忍原則，勿過於苛責。
5. 授權應採陸續放出權力，不必一下子全部都授權，如此將可避免重大政策之錯誤。
6. 應考慮到整個組織結構，是否適合於授權，否則就應該考慮調整組織結構。
7. 權力下授之後，必須課以責任，完成任務，否則授權成了空洞的權力利用而已。

㈤ 授權者控制之方式

高階主管及各級主管對於屬下授權後之控制方式，可採取如下方法：

1. **事前充分研討**

   對於重大決策，如果部屬無充分把握或仍得不到解答時，可與上級主管充分研討，尋求解答及共識，並可減少疏失。

2. **期中報告**

   授權者並不需管太細節的過程，若仍會擔心，可在期中要求部屬提期中報告，以了解進度執行狀況。

3. **完成報告**

   在計畫或期間終了時，部屬必須呈報成果績效報告給上級參考，作爲考核及指示之用。

名詞解釋

1. 職權 (authority)：

   (1) 意義：

   所謂職權，代表一種經由正式法律途徑所賦予之某項職位的一種權力，而不是個人的權力。藉由此種權力，此人可以指揮、監督、控制、仲裁、決策、獎懲等工作。例如：總經理有職權可以指揮及考核屬下副總經理。

(2) 來源理論：

究竟此種職權（authority）是如何而來，有以下 3 種理論：

① 形式理論（formal theory）：

此理論屬於古典觀點，認爲由組織層層下授而來（由董事會→董事長→總經理→各級主管），此全由私有財產所有權而來。不過現今，此種私有財產權用在組織運作中，並不認爲是恰當的。

② 接受理論（acceptance theory）：

此理論由學者巴納德（Banard）主張，此理論認爲僅僅依規定行使職權，未必能發生職權的作用；這還必須依賴於屬下對上級主管命令的「接受」程度如何？有了實質接受，才算是眞正的職權。因此，必須有四條件：

A. 屬下必須了解其內容。

B. 必須符合組織目的。

C. 不能與部屬利益相衝突。

D. 係在部屬心智與體力之範圍內。

③ 情境理論（situation theory）：

此理論認爲職權或命令的行使本身，對於授命的部屬而言，都會引起不快與衝突。因此，只有當雙方都認爲在某種狀況下，有從事某種行動之必要時，職權才會發生作用。

2. 職責（responsibility）：

(1) 係代表一種完成被賦予任務的責任，此種責任係隨職位而來，故稱爲職責。例如：事業總部副總經理，即負有該事業單位之獲利責任。

(2) 職權與職責必須相當，此係組織理論中之基本原則。

有權無責，必會濫權；有責無權，必無法推動事務。

3. 負責：

係指管理人員對於本身職權之行使及職責之履行，並且將執行之狀況與結果，向上級管理人員做書面或口頭報告。因此，我們所談的「組織結構」，即是建立在「職權」、「職責」與「負責」等三個基本觀念上。

二、分權與集權

㈠ 意義

由一個組織授權程度的大小，可以形成組織結構面上一個重要問題，那就是分權（decentralization）與集權（centralization）。

如果一個組織內，各級主管授權程度極少，大部分的大小職權，均集中在很少數的高階主管手裡，則稱此爲「集權組織」；反之，如果各項權力均普及到各階層指揮管道，則稱此爲「分權組織」。

事實上，從分權與集權角度上來看，正反應了這個企業經營者之經營管理風格。

㈡ 分權組織之利益（advantages of decentralization）

一個分權化的組織，可產生以下之利益：

1. 各單位主管可以因地制宜，反應迅速，即時有效解決各個經營與管理上問題，避免困難惡化；具有決策快速反應結果。
2. 相當適合於大規模、多角化及全球化經營的組織體，依各自的產銷專長，發揮潛力。
3. 各階層主管擁有完整的職權及職責，將會努力完成組織目標。
4. 能夠有效培養獨當一面之各級優秀主管人才。

㈢ 環境趨勢

以下 3 種環境趨勢發展，係有利於分權化組織之採行：多角化發展、國際化發展及生產科技化、自動化發展。

㈣ 集權組織的利益（advantages of centralization）

集權式組織最顯著的利益，有以下幾點：

1. 可精簡組織，避免浪費人員成本。
2. 就某層面看，具有決策效率化之優點，而在執行面也有強力貫徹之效果。
3. 可澈底發揮高階幕僚單位之功能。

㈤ 選擇集權或分權程序考慮因素

任何一個組織沒有辦法說是採分權好或集權好，這應視組織發展的階段、營運狀況等多重因素而加以分析評估。下面就這些因素略述如下：

1. 組織規模

   這應是一項最基本的因素，因為分權化的發生，也是為因應組織規模擴大後，實質管理上分工的高度需求。

2. 產品組合

   產品線愈多或多角化程度日益升高，為因應對不同產品之產銷作業，所以分權化獨立營運的要求也就增加。

3. 市場分布

   市場區域分布愈廣，迫使走上分權化組織。例如：在國際化發展下，全球就是一個大市場，各市場距離如此遙遠，實在難以使用集權化組織。

4. 功能性質

   企業各部門因其功能性質不同，可能採取不同的權力方式組織。例如：財務單位、企劃單位、稽核單位就傾向集權化，而業務單位、廠務單位及海外事業單位則較分權化。

5. 人員性質

   人員程度不同，也會影響組織方式。例如：研發人員其自主性較高，故採分權化組織；而廠務工作人員工作較標準化，故採集權化組織。

6. 外界環境

   組織所面臨環境的變動程度較大，則採分權式組織因應；變動程度較小，則採集權式組織。

㈥ 分權原則

從上面的分析來看，又可以結論出較適合於分權的狀況，亦即適用於：

1. 組織屬大規模。
2. 產品線繁多，多角化程度高者。

3.市場結構分散且複雜。
4.工作性質多變化。
5.外界環境難以精確預測者。
6.決策者所面臨的是彈性需要。
7.海外事業單位繁多者。

換句話說，可以研究出分權的原則如下：

1.產品多樣化程度愈強，分權程度也愈大。
2.規模愈大的公司，分權程度也愈強。
3.企業環境變動愈快速，企業決策也愈分權化。
4.管理者應當對那些處理起來耗費大量時間之事務，交由別人執行；對自己權力及控制損失極小的決策，授權給部屬執行。
5.對下授的權力予以充分及適時的控制，本質上就是分擔。
6.產業市場及科技快速變化時，企業組織就愈分權。

㈦ 分權與授權之差異

常常有人將授權與分權兩者混為一談，事實上兩者並非同一件事。授權只是將「職權」下授移轉給部屬而已，而分權則包括：

1.決定要移轉哪些權力給部屬（此權力可從小到大）。
2.建立一些政策與原則，以指明哪些部屬擁有哪些授予的職權（例如：超過多少金額以上，均須經過他們核准）。
3.有選擇性但是很充分的控制與偵測部屬的績效。

三、控制幅度（Span of Control）

此係指一個主管應該管多少人數，才是最適當的。一般來說，一個高階層主管直接管理 20 個人以內的中級主管是最理想的。超過了，就會出現無法管好的現象。究竟應管理多少人，要看以下幾個因素而定：

㈠ 員工因素

如果部屬都能單兵作戰、素質高，則管理的人就可以多些；反之，每一個部屬都很資淺、尚有問題，則管理的人數就必須少些。

㈡ 工作因素

1. **主管本身工作性質**

   若主管本身工作異常繁忙，對於與部屬間之督導、協調時間顯然很少，因此管的人就不能太多。例如：董事長及總經理就不太能管制組長、課長或主任的層級，只能管制各部門的協理或副總經理主管。

2. **部屬工作性質**

   如果部屬的工作屬於機械化、標準化，則主管只需做例行管理即可，可以多管些人。例如：工廠性質的主管。

3. **部屬工作彼此關聯程序**

   部屬工作若均屬獨立而無關聯，部屬個人就可處理好，主管管的人也可以多些。

㈢ 環境因素

1. **技術因素**

   若生產欲借重機械、自動化與網際網路化，則管的人數可多些。

2. **地理因素**

   部屬作業、地點聚集或分散，也是影響因素之一。

自我評量

1. 試說明領導力量的 6 種來源爲何？
2. 爲何人們要接受上級的領導？
3. 試分析情境領導理論之意義。
4. 何謂「領袖制宜技巧」？
5. 試說明 Argyris 的「適應性領導理論」之意義爲何？
6. 試分析參與式領導之意義與優點何在？
7. 對領導能力的訓練，應包括哪些內容？
8. 試列示 Ghiselli 教授研究美國 300 位企業經理，他們具有哪 6 種共同特質？
9. 試列示成功領導者的六大原則爲何？
10. 成功領導者，應具備哪 5 項重點特質？
11. 試列示如何成功領導一個團隊的七大原則爲何？
12. 試列示領導者傾聽學的五大有效要點爲何？
13. 試列示成爲好領導者的守則爲何？及禁忌又爲何？
14. 試列出美國德州儀器前執行長 Fred Bucy 認爲一個傑出高階經理人，應具備哪十大條件？
15. 何謂授權？優點何在？
16. 正確授權的原則，應注意哪些原則要點？
17. 何謂分權？何謂控制幅度？
18. 選擇集權或分權程度多少的考慮因素有哪些？試說明之。

第 11 章

溝通協調與激勵

第一節　溝通與協調

第二節　激　勵

第一節　溝通與協調

一、溝通的意義

所謂溝通（communication）乃係指一人將某種想法、計畫、資訊、情報、與意思傳達給他人的一種過程。不過，溝通並不僅僅透過文字、口頭將訊息傳遞給某人即可，更重要的是要求對方正確察覺到你的意思，不能有所誤解；而且要有某種程度之接受，不能全然拒絕，否則這種無效的溝通，稱不上是眞正的溝通。

二、溝通的理論程序（模式）

溝通學家白羅（Berio）認爲溝通的程序，應含括以下要素：

㈠溝通來源（communication source）。

㈡變碼（encoding）。

㈢訊息（message）。

㈣通路（channel）。

㈤解碼（decoding）。

㈥溝通接受者（receiver）。

圖示程序如圖 11-1 所示。

三、接受者的影響作用

就接受者（receiver）而言，下列幾項說明對接受者接受訊息有某種程度之影響：

㈠ 解碼過程

接受者的解碼過程與發送者（sender）的原意不同時，則溝通將失去效用。

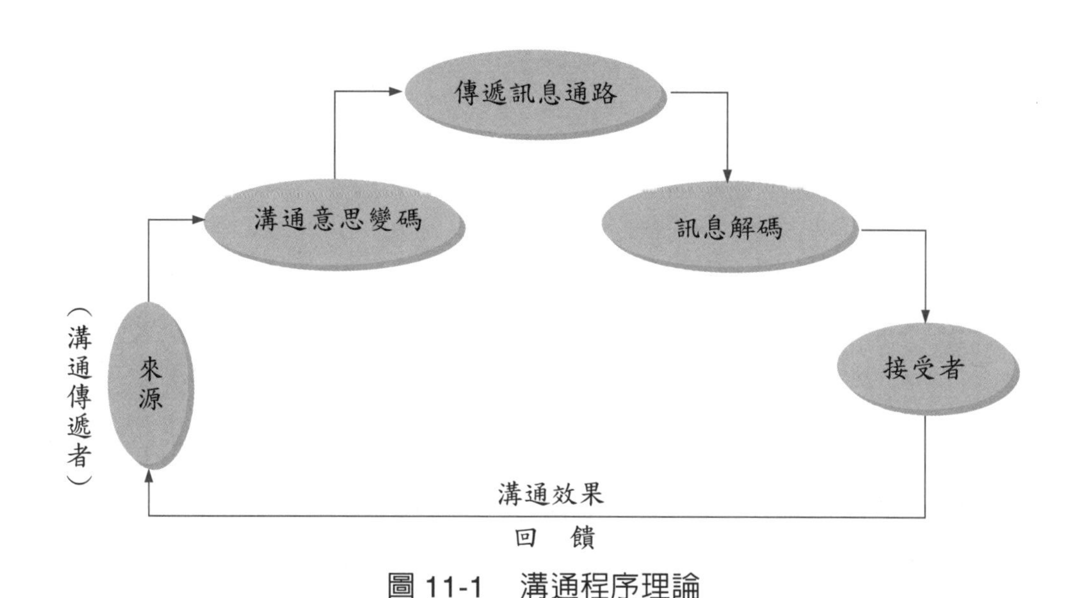

圖 11-1　溝通程序理論

例如：研發部門向工廠生產線部門傳達一些訊息，他們是否能正確吸收而無誤。

㈡ 興趣問題

如此類之溝通問題，對接受者而言，並未具有濃厚興趣，則可能產生視而不見、聽而不聞之不利溝通情形。

㈢ 態度問題

如果接受者對其溝通主題已經有了先入爲主的觀念，那麼對問題的本質將傾向固執化。

㈣ 信任問題

發送訊息人員是否受到接受者的信任與否，對溝通亦會產生決定性影響。

四、正式溝通（Formal Communication）

㈠ 意義

係指依公司組織體內正式化部門及其權責關係，而進行之各種聯繫與協調工作。

㈡ 類別

1. 下行溝通

一般以命令方式傳達公司之決策、計畫、規定等訊息，包括各種人事令、通告、內部刊物、公告等。

2. 上行溝通

是由部屬依照規定向上級主管提出正式書面或口頭報告；此外，也有像意見箱、態度調查、提案建議制度、動員月會主管會報或是 e-mail 等方式。

3. 水平溝通

常以跨部門集體開會研討，成立委員會小組；也有用「會簽」方式執行水平溝通。

五、非正式溝通（Informal Communication）

㈠ 意義

係指經由正式組織架構及途徑以外之資訊流通程序，此種途徑通常無定型、較為繁多，而訊息也較不可靠，常有小道消息出現。

㈡ 類型

組織管理學者戴維斯（Davis）對非正式溝通，予以規範 4 種型態：

1. 單線連鎖

即由一人轉告另一人，另一人再轉告給另一人，如下圖所示：

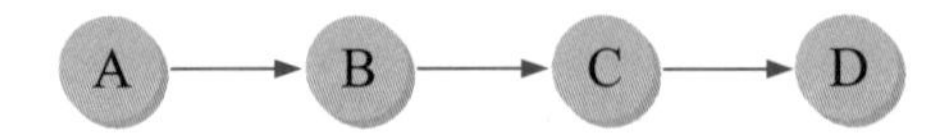

2. 密語連鎖（gossip chain）

即由一人告知所有其他人，有如其獨家新聞般，如下圖所示：

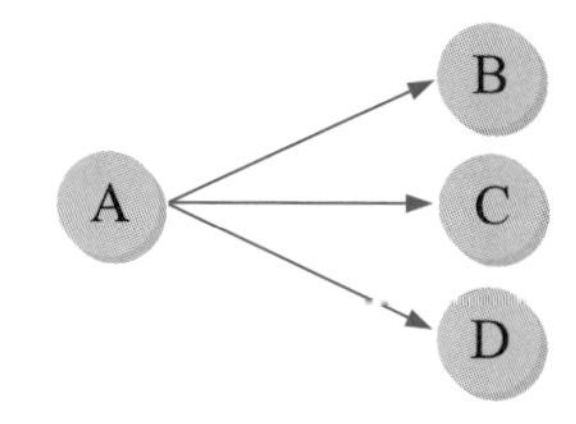

3. 集群連鎖（cluster chain）

此即有少數幾個中心人物，由他們轉告若干人。

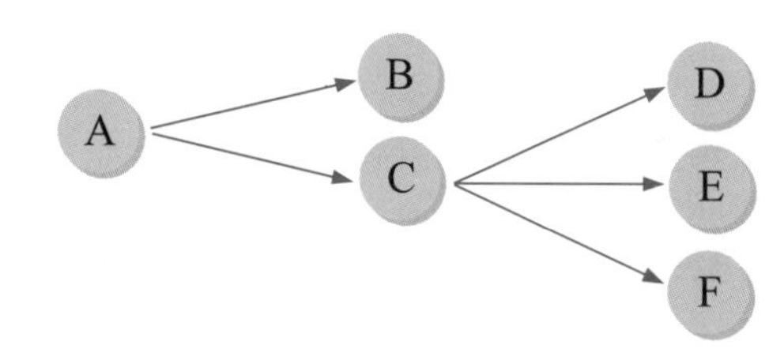

4. 機遇連鎖（probability chain）

此即碰到什麼人就轉告什麼人，並無一定中心人物或選擇性。

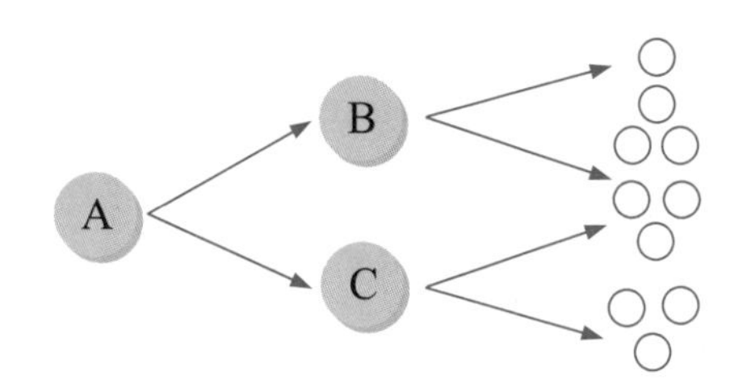

㈢ 對不良的非正式溝通之管理對策

一般來講，面對非正式組織溝通所帶給公司之困擾，在管理對策上可採取下列方法：

1. 最基本解決之道，應尋求及建立部屬人員對上級各主管之信任感，願意相信公司正式訊息，而拒斥小道消息。
2. 除了少數極機密之人事、業務或財務事務外，其餘均無不可對所有員工正式公開，如此謠言即可不攻而破。
3. 應訓練全體員工對事情判斷的正確理念及處理方法。

4. 勿使員工過於閒散或枯燥，而讓員工無聊到傳播訊息。
5. 公司一切之運作，均應依制度規章而行，而不操控於某個個人，如此，就會減少出現不必要之揣測。
6. 應澈底打破及嚴懲專門製造不正確消息之員工，建立良好的組織氣候，導向良性循環。例如：國內聯電電子公司就曾經嚴厲遣退以 e-mail 方式散播對公司的不實或不利做法消息的幾名員工，此謂殺雞儆猴。

六、組織溝通障礙

(一) 最常發生組織溝通障礙的 3 項原因

1. 訊息被歪曲（message distortion）

在資訊流通過程中，不管是向上、向下或平行，此訊息經常被有意或無意的歪曲，導致收不到真實的訊息。

2. 過多的溝通（communication overload）

管理人員常要去審閱或聽取太多不重要且細微的資訊，而他們又不見得每個人都會判斷哪些是不需要看或聽的。

3. 組織架構的不健全（poor organizational structure）

很多組織中出現溝通問題，但其問題本質不在溝通，而是在組織架構出了差錯。此包括指揮體系不明、權責不明、過於集權、授權不足、公共事務單位未設立、職掌未明、任務目標模糊以及組織配置不當等。

(二) 如何改善組織溝通

要澈底改善組織溝通（improving organizational communication）障礙，可從幾個方向著手：

1. 將溝通管道流程化與制度化（regulate communication flow），即以「機制」代替隨興。
2. 將管理功能（規劃、組織、執行、控制、督導）的行動加以落實，而改善資訊流通（managerial action）。
3. 應建立回饋系統，讓上、下、水平組織部門及成員都能知道任務將如何執行？執行的成果如何？將如何執行下一步？（set up feedback sys-

tem）。

4. 應建立建議系統，其使組織成員能將心中不滿、疑惑或建言，讓上級得知並予處理（suggestion system）。
5. 運用組織的快訊、出版品、錄影帶、廣播等，作爲溝通之輔助工具（newsletter、publication、videotape、broadcast）。
6. 運用資訊科技來改善溝通，例如：跨國的衛星電視會議等（advanced information technology）（視訊會議或電話會議）。此外，亦經常使用公司內部員工網站或 e-mail 電子郵件系統，以收傳達溝通效果。

七、人際溝通障礙

人際溝通產生障礙，主要導因於下列 4 項差異：

㈠ 認知的差異

每個人由於他的經驗、人格、教育、成長環境、所處位置等之不同，自然對事情會有認知的差異。

㈡ 語意差異（Semantic）

同樣的字語對不同的人，可能代表不同的意思，因此導致溝通之差距。

㈢ 扭曲過濾（Filtering）

人們常傾向於過濾訊息，並扭曲其原意。

㈣ 非口語溝通（Nonverbal Communication）

只透過文字、書面表達，未能眞正體會到眞正的涵義與肢體語言的誠意。

八、溝通準則

爲克服以上這些障礙，列舉下列準則尋求改善：

㈠溝通前先澄清自己的想法與訊息。

㈡確定你的行動是確實支持你想要表達之訊息。

㈢追蹤你的溝通，以取得正確回饋。

九、掌握人性、做好成功的溝通 12 項原則

要做好組織及人員之間的溝通，大致有以下 12 項原則：

㈠ 觀察

敏銳的觀察力是絕對可以訓練的。由自然界和身邊人、事、物開始訓練起，再加以追蹤印證自己的觀察是否正確，假以時日就能有敏銳的觀察力。尤其，在私下會議中或是正式會議中的觀察力培養，尤應重視。有正確的觀察，才能有適當與適時的回應及溝通表達。

㈡ 多看心理勵志、活化頭腦方面的書籍

看看有關心理方面和啓發心智的書籍，對於了解人性會有幫助，也能增進頭腦的啓發。而不會陷入在鑽牛角尖的困頓中，這對人性溝通也大有助益。

㈢ 學習角色互換

看到朋友所發生的事情，或是看電視、電影裡主角的遭遇，在腦袋裡和他互換一下角色。如果自己是他，那會怎麼想？怎麼做？在思考學習中，不斷使自己溝通能力增強中。

㈣ 學習傾聽

「傾聽」是需要不斷練習的，一開始可能必須咬住牙先讓別人表達，但是一定要眞的聽進心裡去，然後思考、分析、判斷一下，如果自己有更好的意見，再說出來也不遲。專心傾聽是溝通的第一步，也是一種眞誠的表現。

㈤ 練習說服別人的口語表達

要如何運用言語去說服人是必須要學習的。把聲音盡量放輕柔，態度要誠懇，雙眼堅定地注視對方的眼睛，切勿讓人有不確定的感覺。遣辭用句要簡單易懂，最好是有一語道破的功力，切忌嘮叨不已；點到爲止，讓人有思考的空間。

㈥ 注意別人心態的平衡

要注意別人心理平衡的問題，所以挖東補西、適度的補償有助於心理平衡。因此，有利要大家分享，有權要大家分權。

㈦ 了解別人的需求為何

要清楚別人的需求爲何，並且，讓人了解自己提議的願景在哪裡。欲做有效溝通，首先要先清楚對象的眞正需求究竟爲何？這必須當面溝通清楚。

㈧ 意見要有建設性

同樣是意見，有人只是批評，有人從比較正面的方向思考，意見要有建設性才能眞正解決問題。因此，溝通的方案必須是有利於雙方的建設性解答。

㈨ 態度誠懇才能得到別人信任

有誠懇的態度，才更容易得到對方的信任。如果對方沒有信任，根本無從溝通。

㈩ 學習妥協、折衷的方法

沒有共識就要運用妥協、折衷的辦法將問題解決，所以要學習妥協、折衷的藝術。當雙方均有相當平衡之資源與優勢條件時，就必須妥協。

⑪ 格局要大、客觀性要強

溝通高手一定要有大格局，放下主觀意識，盡量客觀地去看一件事情。因此，既要顧及局部，也要放眼大局。

⑫ 目的思維

所謂的「貓論」，不論是白貓、黑貓，能抓住老鼠的就是好貓，這種強烈的企圖會讓你產生很大的力量。

十、溝通管理的技巧

(一) 有效溝通，從「態度」開始——真誠、自信、彈性的態度

「思想決定行爲，行爲產生結果」，想要進行有效的溝通，第一得先從態度著手。「眞誠」、「自信」、「彈性」是溝通的基本態度，必須讓對方感受到誠意，展現自信，不畏懼衝突，保持溝通的彈性，互相尊重對方立場，才能了解彼此需求和底線，找到雙方都能接受的空間。

(二) 三大溝通技巧

1. 耐心傾聽

溝通最重要的關鍵在於傾聽。台積電董事長張忠謀把溝通視爲新世紀人才必備的 7 種能力之一，在他看來，傾聽是最不受重視、但卻最重要的技巧，「有成就的人與別人最大的不同，就在於他聽的比別人來得多。」傾聽時，應全神貫注，注視對方的雙眼，身體不宜有過多的肢體動作，以免打斷說話者。傾聽過程中，要適度回應，重複對方說話的重點或最後一句，以做到確認對方的意思。另外，耐心傾聽，其實也是自我學習成長的很好方式之一。因爲人從聽到與看到的記憶是不太一樣的，聽到的反而記憶更久更深。

2. 對話能力

溝通是一種對話能力的展現，問話應盡量使用對方習慣的語彙，確認則以自己的話語重新詮釋對方的話，回應時盡量陳述事實，少用批評、侵略或攻擊的言辭。組織中最常使用的溝通方法是口頭溝通，其中表情動作占了 55%，也就是訊息和傳遞，主要來自溝通時臉部和身體的表達功能。如果主管嘴巴上說沒關係，但表情僵硬、身體呈現防衛狀態，部屬一定也會清楚地接收到這個不愉快的訊息。

3. 衝突管理

衝突多半是因爲既得利益與潛在利益擺不平而產生。組織中的衝突在所難免，但大部分的衝突都可透過溝通來管理。過去管理者常極力避免衝突的產生，但現在適度的衝突，則被視爲激勵團隊良性競爭的積

極手段。理想的衝突管理是將合作、競爭與衝突調理到最佳狀況，也就是每一方都不盡滿意但可接受的狀態，不管是說服、妥協，最重要的是建立共識，最好的狀況是形成「競合關係」，在意念上為共同目標努力，但在行動上則是為個人績效求表現。

十一、協調

㈠ 意義

協調（coordination）活動是一種將具有相互關聯性（interdependent）的工作，化為一致行動的活動過程。

基本而論，只要有兩個或以上相互關聯的個人、群體、部門，希望達到共同目標時，都需要協調活動。例如：政府為推動重大政務而協調的各部會功能。或者是企業要推動某項重大事項，必須協調組織內部各部門。

㈡ 協調技巧（方法）

管理階層人員欲獲致成功的協調，可以考慮下述協調方法：

1. 利用規則、程序或辦法、規章進行協調（coordination by rule or procedure）。
2. 利用目標與標的協調。
3. 利用指揮系統（組織層級）協調。
4. 經由部門化組織協調（即改善組織配置）。
5. 由高階幕僚或高階助理進行協調（代表最高決策人）。
6. 利用常設之委員會或工作小組協調。
7. 經由非正式溝通管道達成協調（整合者或兩個部門間）。

㈢ 協調途徑

1. 利用召開跨部門、跨公司之聯合會議討論。
2. 利用電話親自協調。
3. 親自登門拜訪協調。
4. 利用 e-mail 訊息協調。

5. 利用公文簽呈方式協調。

十二、企業變革的溝通法則

㈠ 面對變革，員工「4 種情緒階段」

企管顧問瑞琪絲（Anne Riches）於 *CEO Refresher* 雜誌指出，面對公司重大改變時，一般員工的情緒變化通常會歷經 4 個階段。在每個階段，公司應該有不同的因應之道。

1. **拒絕相信事實，減少員工的恐懼感**

 一開始，員工可能會有些驚訝，並且因為不習慣或不知道未來的發展，懷疑公司的做法。

 在這個階段，公司必須盡可能減少員工的恐懼。向員工發布消息前，公司必須先做好完整計畫，準備員工所需的各種資訊；正式發布時，讓員工明確知道哪些人會受到影響，以及他們將面臨的挑戰。告訴員工改變將從什麼時候開始，以及公司估算改變計畫將持續多久，讓員工有心理準備。公司應該盡可能讓改變逐步發生，而不是像狂風暴雨一樣來襲，以減少對員工的衝擊。如能有效降低員工恐懼感，員工就比較會改變想法而接受新的變革。

2. **員工感到生氣，並且有所抱怨，但給予關懷**

 在驚訝過後，員工可能會開始公開反抗公司的改變，例如：因為公司重組而必須拋棄過去多年的工作習慣，重新學習一切的員工可能會說：「為什麼我必須改變？我替公司工作這麼多年，公司怎麼可以這樣對我？」或者「我已經這麼老了，如何學得會那麼複雜的軟體操作？」

 在這個階段，公司必須傾聽員工的想法，給予員工多一點同理心，而非多一點命令。員工希望公司知道他們的想法，並且對他們的擔心或建議有所回應。拒絕正視員工的感受，只會加深員工的反抗心理。員工即使生氣或抱怨，也只是一時的，不可能太持久。時間可以舒緩心態的反抗。

3. 接受了事實，並開始逐漸轉變自己

不管是否心甘情願，在歷經前二個階段後，員工會逐漸接受公司即將改變的事實，並且開始配合調整自己的工作行為。在這個階段，員工需要公司實質的幫忙，公司要提供應有的訓練，並且讓他們參與研擬可行的執行細節。公司可以設定一些容易看到成果的短期目標，一方面讓員工有一些成就感，有繼續前進的動力；一方面也向員工顯示，改變公司確實有正面的影響。如果改變一直不見成效，公司必須特別小心，員工可能對改變計畫感到失望，情緒再度回到上一階段，又開始反抗公司的改變，甚至完全拒絕配合，公司要再度說服員工的困難度會更高。

4. 步入正軌，並給予獎勵

員工在接受公司改變一段時間後，開始熟悉新的工作職責，以及大家必須一起達成的目標。在這個階段，公司必須更紮實執行計畫，給予扮演好新角色的員工獎勵，以鼓舞公司士氣，順利完成整個改變過程。

㈡ 企業變革的十大溝通原則

在變革過程中，所有環節的成敗關鍵都在溝通。策略規劃專家華特絲（Jamie Walters）在 *Inc.* 雜誌上指出企業在歷經改變時，和員工有效溝通的十大原則如下：

1. 沒有任何一種溝通方式是完美無缺的

公司可以輕易列出改變要達成的目標，但是員工的習慣卻很難改變。改變可能會令員工感到不舒服，過程也可能會有些混亂。企業必須蒐集公司內外的資料和看法，以適合公司的特有方式與員工有效溝通。但溝通方式不是只有一種，可能是多種方式並用，才能有效。尤其不同的人，也有不同方式。

2. 釐清公司的目標，以及對員工的具體影響

公司必須向員工說明可行的改變目標，以及需要改變的充足理由。許多變革計畫大量使用專業詞彙，描述公司的遠大目標，卻沒有告訴員工，這些變革對他們每天工作的實質影響。公司在和員工溝通時，必

須將這二個部分有意義地串聯起來，讓他們知道應如何正確配合，將心力放在最關鍵的地方。例如：當公司的目標是減少官僚作風以增加效率時，公司必須告訴員工，他們在行為上需要做的具體改變是什麼，否則目標將流於浮濫。例如：台積電公司曾宣誓他們公司將從純代工製造角色，轉換為服務角色，此即一種重大轉變。

3. 明確傳達公司希望從變革中獲得的具體成果

公司必須告訴員工，希望改變的程度為何，什麼樣的成果才算到達標準，以及員工可以利用公司哪些現有的資源，達成這些效果。例如：組織扁平化及精簡變革的成果，就是希望獲利增加一成。

4. 管理團隊在討論改變計畫時，必須將溝通策略列為重要的一環

企業常常在溝通出了問題時，才請溝通專家來解決。如果高階主管不清楚消息宣布後員工可能的反應，以及他們需要與想要知道的資訊，不妨請求專家來協助。因此，溝通策略的原則、方向、管道與執行者等，均必須審慎討論定案。

5. 儘快與員工分享資訊

不要讓員工從外界得知公司即將發生變動，一旦員工的恐懼及不安全感在公司中蔓延開來，小道消息便會如同野火燎原般散播開來。這個時候，公司必須花好幾倍的心血四處滅火，才能重回原來的穩定情況。因此，除了財務與技術機密資訊外，公司應該以透明公開原則，定期發布公司重大資訊，包括人事、財務、營運、策略及市場等。

6. 溝通次數很重要，但溝通品質以及前後資訊的一致性更重要

公司向員工頻繁溝通變革的重要性，但是卻忽略了，如果溝通內容不夠正確或不夠重要，反而會帶來負面影響。公司絕對不能給予員工錯誤的消息，否則信用會因而破產。此外，有時候公司也不能立即給予員工過多資訊，他們可能消化不良，或者因為尚未實際執行，無法體會過程中面對的問題，造成不必要的疑慮。

7. 改變只是一個過程

宣布公司的改變只是改變的開始，之後還有漫漫長路要走。許多主管將改變所需的時間估算得太短，以致沒有足夠的準備。歷經改變時，

公司必須預期員工的生產力可能會受影響，讓員工知道公司會給他們一點時間適應，不需要慌了手腳。變革之路需要不斷調整、溝通及再調整。

8. 善用不同的溝通管道

有些公司犯下的溝通錯誤，是只使用一種溝通方式，例如：只以電子郵件告知員工，為了要達到有效溝通，公司必須以各種管道向員工發布訊息，有時候甚至必須不斷重複告知。因此，出版、電子郵件、廣播、口頭轉達等均可適用。

9. 不要以為組成專案小組，以及不斷召開會議就是溝通

只有當公司妥善計畫及執行溝通過程，才能達到真正的溝通效果。

10. 給予員工回饋的機會

公司必須提供不同的機會，讓員工能夠分享想法，尤其是他們之前歷經公司其他改變時的經驗，並且讓員工詢問。公司必須回答員工的疑慮，並且依據回饋，對改變做必要的修正。員工參與的程度愈深，計畫的推行便會愈順利。

歷經改變是許多企業不可避免的課題。了解員工的想法，並且有效地與他們溝通，公司才能順利與員工一起走過改變。

㈢ 領導變革七要點

一般而言，領導者要帶動組織的變遷，通常要注意七件事情：

1. 在組織內建立緊急意識，在組織中形成非變不可的氣氛，讓員工了解此為組織的危急存亡之秋。
2. 透過各種力量形成強有利的改革派組織聯盟，以主導整個組織的變革。
3. 領導者須發展出具說服力的願景與策略，並廣泛的對組織每一階層溝通此一願景。
4. 在員工了解組織的願景後，即應授權員工實現此一願景，透過參與帶動組織的改變，以化解阻力。
5. 領導者要製造短期效益，以激勵部屬持續的為組織的改變而努力，也讓部屬了解所有的努力都是值得的，未來的成果也是可預見的。

6. 累積所有的小成果，帶動組織更大的變遷。
7. 最重要的，就是要將變遷成為組織文化的一部分；畢竟，組織的變遷是不會中止的，它是持續的過程。組織的成功不在於一次變遷的成功，組織的成功是基於持續變遷的努力與成果。

今日的組織之所以需要持續的變遷，是因為組織所面臨的是一個持續改變的環境。在組織面臨變革的挑戰時，組織所需要的是一個「轉型的領導者」（transformational leader），一個重視組織變遷的人，是願景的建立與價值共享的領導者，而非只重視現狀維持與組織效率的「交易型領導者」（transactional leader）。如何培育更多優秀的轉換型領導者，實為組織變革能否成功的重要關鍵所在。

第二節　激勵

一、激勵理論

(一) 5 項人性需求理論（Human Needs Theory）

美國心理學家馬斯洛（Maslow）認為人類具有 5 項基本需求，從最低層次到最高層次之需求，大致有：

1. **生理需求**

   在馬斯洛的需求層次中，最低水準是生理需求（physiological needs）；例如：食物、飲水、蔽身和休息的需求。例如：人餓了就想吃飯，累了就想休息一下，甚至包括性生理需求。

2. **安全需求**

   防止危險與被剝奪的需求就是安全需求（safety needs），例如：生命安全、財產安全以及就業安全等安全需求。

3.社會需求

一旦人們的生理與安全需求得到滿足後，這些需求再也不能激勵行為了。此時，社會需求（social needs）就成為行為積極的激勵因子，這是一種親情、給予，與接受關懷友誼的需求。例如：人們需要家庭親情、男女愛情、朋友友誼之情等。

4.自尊需求

此項需求是有關個人的自尊，亦即對自信、自立、成就、信心、知識、地位、尊敬與鑑賞的需求，包括個人有基本的高學歷、在公司的高職位、社會的高地位等自尊需求（ego needs）。

5.自我實現需求

最終極的自我實現需求（self-actualization needs）開始支配一個人的行為，每個人都希望成為自己能力所能達成的人。例如：成為創業成功的企業家。

綜合來看，生理與安全需求屬於較低層次需求，而社會需求、自尊與自我實現需求，則屬於較高層次的需求。一般來說，一般基層員工或一般社會大眾，都只能滿足到生理、安全及社會需求。而社會上較頂尖的中高層人物，包括政治人物、企業家、名醫生、名律師、個人創業家或專業經理人等，才易有自我實現機會。

馬斯洛的人性需求理論，為人所批評的一點，是其不能解釋個別（人）的差異化，因為不同的人會有不同的層次需求。不過，此批評並不妨礙它成為一個重要的基礎理論。

㈡ 雙因子理論或保健理論（the Motivator-hygiene Theory）

此理論是赫茲伯格（Herzberg）所研究出來的，他認為「保健因素」（例如：較好的工作環境、薪資、督導等）缺少了，則員工會感到不滿意。但是，一旦這類因素已獲相當之滿足，則一再增加工作的這些保健因素，並不能激勵員工，這些因素僅能防止員工的不滿。另一方面，他認為「激勵因素」（例如：成就、被賞識、被尊重等），卻將使員工在基本滿足後，得到更多與更高層次的滿足。例如：對副總經理級以上高階主管薪水的增加，對他們來說，感受已不大，如從每個月 20 萬薪水，增加一成，爲 22 萬元，並不重要。重要的是他們是否做的有成就感、是否被董事長尊重及賞識，而不是像做牛做馬一樣被壓榨。另外，他們是否有更上一層樓的機會，還是就此做到退休。

㈢ 成就需求理論（Need Achievement Theory）

心理學家愛金生（Atkinson）認爲成就需求是個人的特色。高成就需求的人，受到極大激勵來努力達到成就工作或目標的滿足，同時這些人喜歡聽到別人對他們工作績效的明確反應與讚賞。此理論之發現爲：

1. 人類有不同程度的自我成就激勵動力因素。
2. 一個人可經由訓練獲致成就激勵。
3. 成就激勵與工作績效有直接關係，即愈有成就動機之員工，其成長績效就愈顯著、愈好。

㈣ 公平理論

激勵的公平理論（equity theory）認爲每一個人受到強烈的激勵，使他們的投入或貢獻與他們的報酬之間維持一個平衡；亦即投入（input）與結果（outcome）之間應有一合理的比率，而不會有認知失調的失望。亦即，愈努力工作者，以及對公司愈有貢獻的員工，其所得到之考績、調薪、年終獎金、紅利分配、升官等，就愈爲肯定及更多。因此，這些員工在公平機制激勵下就更打拼，以獲取打拼後的代價與收穫。例如：中國信託金控公司在 2002 年度因爲盈餘達 150 億元，因此，員工的年終獎金，即依個人考績獲得 4～10 個月薪資而有不同激勵。

㈤ 行為調整（修正）

1. 意義

行爲調整（behavior modification）乃是藉獎賞或懲罰以改變或調整行爲。行爲調整基於 2 個原則：

⑴ 導致正面結果（獎賞）的行爲有重複傾向，反面結果則有不重複傾向。

⑵ 因此，藉由適當安排的獎賞，可以改變一個人的動機和行爲。例

如：對業績或研發成果有功的人，馬上給予定額獎金發放以鼓勵。相反的，若有舞弊貪瀆之員工，應立即予以開除。

2. 增強類型

(1) 正面增強（positive reinforcement）。

(2) 負面增強（negative reinforcement）

(3) 懲罰（punishment）。

3. 增強的時程安排

(1) 固定間隔時程，即固定一個時間獎懲。

(2) 變動間隔時程，不固定一個時間獎懲。

(3) 固定比率時程，即固定一種頻率或次數辦理。

(4) 變動比率時程，即不固定一種頻率或次數辦理。

(六) 期望理論

激勵的期望理論（expectancy theory）認爲一個人受到激勵努力工作，是基於對於成功的期望。

汝門（Vroom）對期望理論提出 3 個概念：

1. 預期：表示某種特定結果對人是有報酬回饋價值或重要性的，因此員工會重視。
2. 方法：認爲自己的工作績效與得到激勵之因果關係的認知。
3. 期望：是努力和工作績效之間的認知關係，亦即，我努力工作，必將會有好的績效出現。

綜而言之，汝門將激勵程序歸納爲 3 個步驟：

1. 人們認爲諸如晉升、加薪、股票紅利分配等激勵，對自己是否重要？Yes。
2. 人們認爲高的工作績效是否能導致晉升等激勵？Yes。
3. 人們是否認爲努力工作就會有高的工作績效？Yes。
4. 關係圖示：

努力→高的工作績效→導致晉升、加薪→對自己很重要

(1) 期望　(2) 方法　(3) 預期

5. MF = E×V

（MF = 動機作用力；E = 期望機率；V = 價值）

6. 案例：國內高科技公司因獲利佳、股價高，在股票紅利分配制度下，每個人每年都可以分到數十萬、數百萬甚至上千萬元的股票紅利分配誘因。因此，更加促動這些高科技公司的全體員工全力以赴。

二、激勵理論之涵義（或原則）

綜合以上 6 項激勵理論，可概說其涵義如下：

(一)報酬全視工作績效而定（即獎賞應與績效結合）。

(二)結果與報酬必須公平。

(三)人應該具有完成工作的能力或受到激勵去工作。

(四)應區分較低層次的需求與較高層次的需求之重要性，並且分開運用，因為低層與高層的人生需求是不同的。

三、波特與勞勒（Porter & Lawler）

兩位學者綜合各家理論，形成較完整之動機作用模式，如圖 11-2：

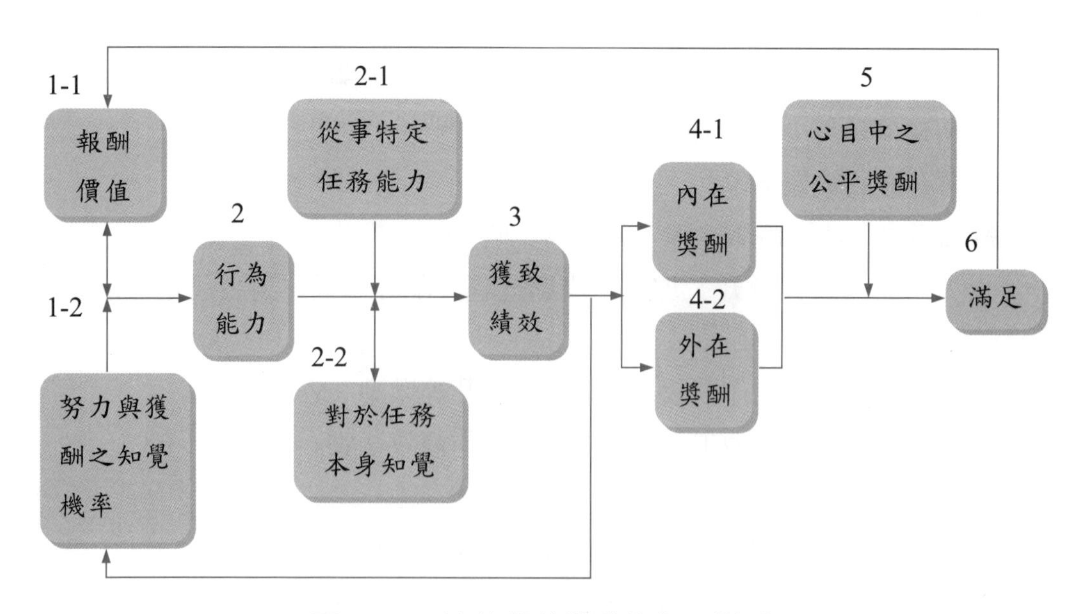

圖 11-2　波特與勞勒動機作用模式

依圖 11-2 來看，可知：

㈠員工自行努力乃因感到努力所獲獎金、報酬的價值很高，以及能夠達成之可能性機率。

㈡除個人努力外，還可能因為工作技能與對工作了解此二因素所影響。

㈢員工有績效後，可能會得到內在報酬（如成就感）及外在報酬（如加薪、獎金、晉升）。

㈣這些報酬是否讓員工滿足，則要看心目中公平報酬的標準為何。另外，員工也會與外界公司比較，如果感到比較好，就會達到滿足了。

四、麥克蘭的需求理論

學者麥克蘭的需求理論（McClelland's need theory）係放在較高層次需求（higher-level needs），他認為一般人都會有 3 種需求：

㈠ 權力需求

權力（power）就是意圖影響他人，有了權力就可以依自己喜愛的方式去做大部分的事情，並且也有較豐富的經濟收入。例如：總統的權力及薪資就比副總統高。

㈡ 成就需求

成就（achievement）可以展現個人努力的成果，並贏得他人之尊敬與掌聲。例如：喜歡唸書的人，一定要唸個博士學位，才會感到有人生成就感。而在工廠的作業員，則希望有一天成為領班主管。

㈢ 情感需求（Affiliation）

每個人都需要友誼、親情與愛情，建立與多數人的良好關係，因為人不能離群而孤居。

麥克蘭的三大需求與馬斯洛的五大需求理論有些近似，不過前者是屬於較高層次的需求，至少是馬斯洛的第三層以上需求。

五、比較

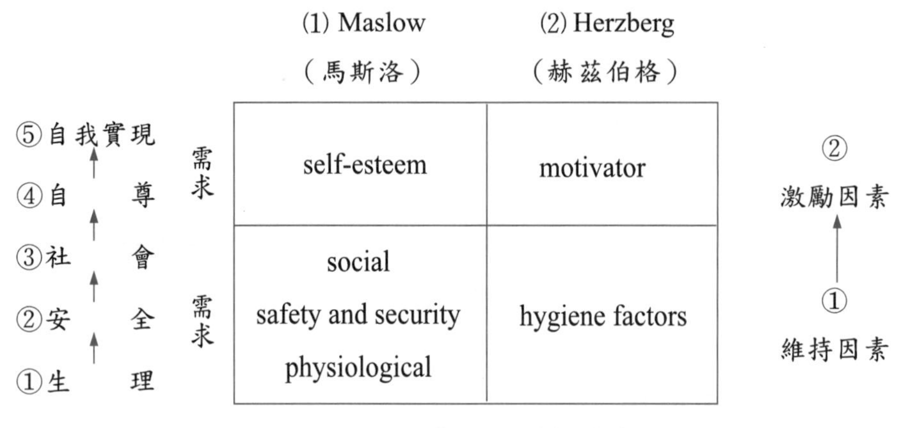

圖 11-3　馬斯洛 VS. 赫茲伯格比較

六、阿爾德弗ERG激勵理論

根據馬斯洛之需求層次，阿爾德弗（Alderfer）將其歸類爲 3 種層次：

(一)生存需求：相當於馬斯洛之生理與安全需求。

(二)關係需求：相當於馬斯洛之社交與尊重需求。

(三)成長需求：相當於馬斯洛之尊重，即自我實現之需求。

七、激勵理論之綜合

茲將有關激勵理論，再彙整如下 3 種不同角度看法之歸類：

(一) 內容理論（Content Theory）

著重對存在「個人內在需求」因素之探討，主要有：

1. 馬斯洛（Maslow）之需求層級理論。
2. 赫茲伯格（Herzberg）之雙因子理論。
3. 阿爾德弗（Alderfer）之 ERG 理論。
4. 麥克蘭（McClelland）之需求理論。
5. 阿吉利斯（Argyris）之成就論。

㈡ 過程理論（Process Theory）

旨在說明個體或員工行爲如何被激發導引的過程，主要有：

1. Adam Smith 之公平理論（equity theory）。
2. Vroom 之期望理論（expectancy theory）。
3. Locke 之目標理論（goal-setting theory）。

㈢ 強化理論（Reinforcement Theory）

說明採取適當管理措施，有利於行爲發生或終止行爲。以行爲修正加以說明：行爲修正乃是藉獎賞或懲罰以改變或修正行爲。行爲修正基於二條原則：

1. 導致正面結果的行爲有重複傾向，而導致反面結果的行爲則有不重複傾向。
2. 藉由適當安排的獎賞，可以改變一個人的動機和行爲。

八、行爲強化理論基本前提（因素）

強化理論（reinforcement theory）基本上是學習理論與司肯諾（B. F. Skinner）理論的延伸。它是由兩位傑出的心理學家巴甫洛夫與桑戴克對行爲的實驗分析發展出來的。這個理論建立在 3 種根本的因素上：

㈠強化理論認爲個體或個人在基本上是被動、消極的，同時只考慮作用於個體身上的力量與此力量所產生結果之兩者關係而已，否認了個體是積極、主動引發行爲的假設。例如：公司必須訂有懲罰守則及管理辦法。

㈡強化理論否認「個體行爲是來自於個體的需求（need）、目標（goals）」的解釋。因爲強化理論學者，認爲有關需求等方面是不可觀測，且難以衡量的。他們所注意的是能觀察且能衡量到的行爲本身。

㈢強化理論學者以爲，相當持久性的個體行爲變化來自於強化的行爲或經驗。換言之，藉著適當的強化，希望表現出來的行爲可能性增加，而不希望表現出來的行爲可能性減少，或者兩者同時可能發生。例如：公司董事長經常會在高階主管會報上，不斷耳提面命詮釋，或是相關部門也會不斷舉行教育訓練的洗腦課程，來強化每個員工應有的行爲思想及模式。

強化理論學者認爲行爲是環境引起的，他們主張，你無須關心內在認知的事情，控制行爲的是強化因子（reinforcers）：任何一個事件，當反應後立即跟隨一種結果，則此行爲被重複的可能性會增加。強化理論忽略個人的內在狀況，而只集中於當一個人採取某行動時，會有什麼事情發生在他身上。由於它不關心是什麼導致行爲的發生，因此，嚴格來說，它並不是激勵理論，但它對分析何種控制行爲的分析提供了一有力說明，所以在激勵討論裡，一般都將之考慮進去。

自我評量

1. 何謂正式溝通？有哪三類別？
2. 何謂非正式溝通？對不良的非正式溝通之管理對策有哪些？
3. 試說明最常發生組織溝通障礙是由哪 3 項原因所導致？
4. 試說明公司應從哪些方法以求改善組織溝通？
5. 試列出 12 項做好溝通的原則爲何？
6. 試說明「協調」之意義？以及透過哪些協調的途徑？
7. 試列示 Jamie Walters 所提出的當企業變革時，應與員工有效溝通的 10 項原則爲何？
8. 試說明人性需求的激勵理論爲何？
9. 何謂雙因子激勵理論？
10. 何謂公平激勵理論？
11. 何謂期望激勵理論？
12. 學者麥克蘭認爲一般人都會有哪 3 種需求？

第 12 章

決策力

第一節　決策理論

第二節　成功企業的決策制定分析

第三節　利用邏輯樹來思考對策及探究原因

第四節　培養決策能力

第一節　決策理論

一、決策的程序

決策是高階主管及各級經理人很重要的工作，也是管理的最後一環。決策最中心的意義，自然是「選擇」。不過，就一個完整的程序而言，決策應含括以下各點：

㈠ 問題發現階段

此問題係關於經營管理上「效率」與「效果」欠缺理想之部分。

㈡ 方案發展階段

爲了解決上述問題，決策主管必須請幕僚單位研訂幾個解決問題的方案。

㈢ 選擇決策方案

第三階段就是如何選定最適切的方案，以利執行。

二、決策模式的類別

決策程度模式可以區分爲 3 種型態：

㈠ 直覺性決策（Instinctive Decision）

此種決策係基於決策者靠「感覺」什麼是正確的，而加以選定。不過，這種決策模式已愈來愈少。

㈡ 經驗判斷性決策（Judgemental Decision）

此種決策係基於決策者靠「過去的經驗與知識」以擇定方案。這種決策在老闆心中，是仍然存在的。

㈢ 理性的決策（Rational Decision）

此種決策係基於決策者靠「系統性分析」、「目標分析」與「優劣比較分析」、「SWOT 分析」、「產業五力架構分析」及「市場分析」等而選定最後決策，這種決策模式是最常用的決策分析。

三、影響決策六大構面因素

決策是一個決策者在一個決策環境中所做之選擇，以下將概述此 6 個決策因素，亦可稱爲決策分析的 6 個構面：

㈠ 策略規劃者或各部門經理人員的經驗與態度

經理人員過去對企業發展成功或失敗的經驗，常造成首要的影響因素。而對環境變化的看法與態度也會影響決策之選擇，有些經理人員目光短淺只重近利，則與目光宏遠、重視長期利潤協調之經理人員，自有很大不同。因此，成功的策略規劃人員及專業經理人，應該以受過策略規劃課程的訓練爲佳。

㈡ 企業歷史的長短

若企業營運歷史長久，而且經理人員也是識途老馬時，對於決策選擇之掌握，會做得較無經驗或較新企業爲佳。

㈢ 企業的規模與力量

如果企業規模與力量相形強大，則對環境變化之掌握控制力會比較得心應手，亦即對外界的依賴性會較小。因此，大企業的各種資源及力量也比較厚實，包括人才、品牌、財力、設備、R & D 技術、通路據點等資源項目。因此，其決策的正確性、多元性及可執行性，也就較佳。

㈣ 科技變化的程度

第四個構面是所處的科技環境相對的穩定程度，此包括環境變動之頻率、幅度與不可預知性等。當科技環境變動多、幅度大，且常不可預知時，則經理人員對其所下注之心力與財力就應較大，否則不能做出正確之決策。

㈤ 地理範圍是地方性、全國性或全球性

其決策構面的複雜性也不同，例如：小區域之企業，決策就較單純；大區域之企業，決策就較複雜。全球化企業的決策，其眼光與視野就必須更高、更遠。

㈥ 企業業務的複雜性

企業的產品線與市場愈複雜，其決策過程就較難決定，因為要顧慮太多的牽扯變化。若只賣單一產品，其決策就較容易。

四、管理決策上的考慮點（Consideration in Managerial Decision Making）

一個有效的管理決策，應該考慮到以下幾項變數之影響：

㈠ 決策者的價值觀（Value of the Decision Maker）

一項決策的品質、速度、方向之發展，跟組織之決策者的價值觀有密切關係，特別是在一個集權式領導型的企業中。例如：董事長式決策或總經理式決策模式。

㈡ 決策環境

決策環境（decision environment）之區分包括：

1. 確定情況如何（certainty condition）。
2. 風險機率如何（risk probability）。
3. 不確定情況如何（uncertainty condition）。

㈢ 資訊不足與時效的限制（Information Constraint）

有時候決策有時間上之壓力，必須立即下決策，若資訊不足時會存在風險。此外，另一種狀況是此種資訊情報相當稀少，也存在風險。這在企業界也是常見的。因此，更須仰賴有豐富經驗的高階主管判斷了。

㈣ 人性行為的限制（Behavioral Constraint）

1. 負面的態度（negative attitude）。
2. 個別的偏差（personal biases）。
3. 知覺的障礙（perceptual barrier）。

㈤ 負面的結果產生

做決策時，也必須考量到是否會產生不利的負面結果（negative consequence），以及是否能夠承受它。例如：為做下提高品質之決策，可能相對帶來更高成本。

㈥ 對他部門之影響關係（Interrelationship）

對某部門所做之決策，可能會不利於其他部門，此應一併顧及。

五、群體決策

所謂群體決策（group decision making），即由二個人以上共同研商後所做之共同決策。例如：跨部門小組會議決策與個人決策，其優缺點概述如下：

㈠ 優點

1. 在決策過程方面
   ⑴ 可獲得不同成員之專業知識與經驗。
   ⑵ 所能想到之方案較多亦較周全。
   ⑶ 有豐富的資料分析可供決策之用。
2. 在決策執行方面
   ⑴ 由群體達成之決策，較容易受到成員接受。
   ⑵ 在付諸執行時，協調、溝通與要求較容易。
   ⑶ 成員較有全力以赴之心態。

㈡ 缺點

1. 個別成員各自有看法與意見，且各不做重大讓步時，最後的決策常是七折八扣，偏向保守與不夠創新性，不是最佳之決策。

2. 有時群體決策只有名稱形式，但實質上仍為某少數人所掌握權力，因此，此與個人決策又無不同。

3. 群體決策有時會流於各自利益的瓜分，對實質問題仍然沒有解決，反而埋下未來之問題。

六、有效決策之指南

要讓決策有實質效果，應該掌握以下幾點：

㈠ 要根據事實（Base on Reality）

有效的決策，必須根據事實的數字資料與實際發生情況而訂下，切不可道聽塗說，或依循錯誤的情報流言。因此，決策之前的市調、民調及資料完整、收據齊全是很重要的。

㈡ 要敞開心胸，分析問題

在分析的過程中，決策人員必須將心胸敞開，不能侷限於個人的價值觀、理念與私利，如此才能尋求客觀性與可觀性。另外，也不能報喜不報憂，或是過於輕敵與自信。

㈢ 不要過分強調決策的終點

此次的決策，並非此問題之終結點，未來接續相關的決策還會出現。且以本次決策來看，也未必一試就成功。必要時，仍應彈性修正，以符實際。實務上，也經常如此，邊做邊修改，沒有一個決策是十全十美或解決所有問題的，決策是有累積性。

㈣ 檢查假設

有很多決策的基礎是根源於已定的假設或預測，當假設和預測與原先構想大相逕庭時，這項決策必屬錯誤。因此，事前必須切實檢查所做之假設。

㈤ 下決策時機要適當

決策人員跟一般人一樣，有不同的情緒起伏，因此為了不影響決策之正確走向，決策人員應該於心緒最「平和」、「穩定」及頭腦清楚的時間才去做決策。

七、確定、風險、不確定之決策

㈠ 確定狀況下之決策

在確定狀況下，決策者知道所有可能解決方案，以及每一方案所將獲得之結果。決策者只要依照本身所訂標準，找到能夠導致最佳結果之方案，加以選擇即可。

㈡ 風險狀況下的決策

在風險存在的情況下，決策者至少能夠設定每種結果的機率，根據過去的經驗或專業訓練的判斷，可以得知每一個可能結果的發生機率。決策樹是一種在風險狀況下做決策的技術，根據決策樹，以結果的機率乘以結果的利潤或成本，就可以算出各方案的期望值。

㈢ 不確定狀況下的決策

當決策者對於可能發生的自然狀況，無法賦予其發生機率時，是屬於不確定狀況。在這種狀況下，有 4 種決策哲學：1. 樂觀準則或「最大之最大報酬」準則；2. 悲觀準則或「最大之最小報酬」準則；3. 最小之「最大遺憾」準則；4.Laplace 準則。

第二節　成功企業的決策制定分析

成功企業必定會有一個成功的與高品質的決策制定機制與決策制定的工作成員。對企業而言，最重要的事情，就是做決策、下決策、修正決策。

本章將針對成功企業或企業成功決策者的決策制度，就其關鍵概念分別詳述如下。

一、思考力（Thinking Power）

思考是決策制度的深層面，雖看不到，卻很重要。一般，日常的行動過程或是面對問題的決策過程，如圖 12-1 所示。

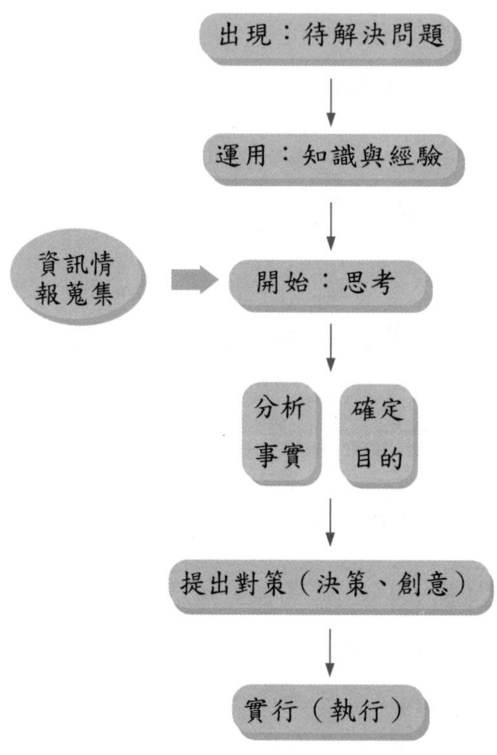

圖 12-1　一般的決策行動過程

思考能力是3種東西的組合力量，即「思考」能力累積「知識」能力、「經驗」能力、「資訊情報」蒐集能力。

圖 12-2 是比較思考過程與商品製造過程的差異比較：

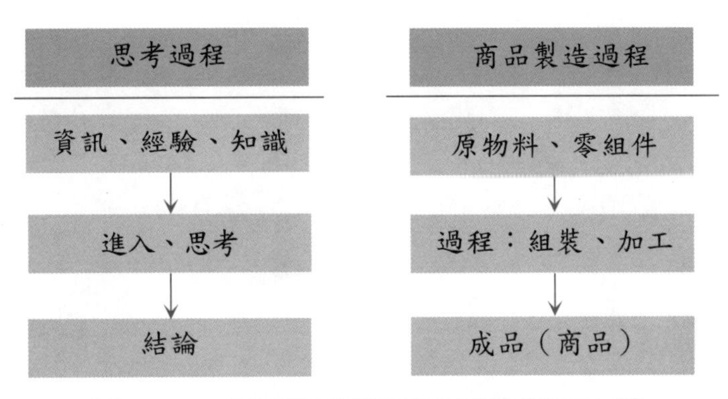

圖 12-2　思考過程與商品製造過程比較

二、高度注意資訊情報的變化與蒐集

成功的企業者或企劃高手，共通特性就是對各方資訊情報的變化相當敏感，且能隨時反應想法。那麼，究竟要注意哪些資訊情報的變化呢？包括：

第一、經常觀察四周，注意「環境變化」的這些變化項目。

第二、注意強勁或潛在「競爭對手」的動向，因為這些少數競爭對手，可能對未來產生極大的影響。

第三、也要回過頭來，注意自己公司本身的資訊情報，包括已養成的人才、能力、技術、資金、Know How、品牌等重要資源的條件。

茲圖示如圖 12-3 所示。

三、冷靜審視自我，並追求優勢

企業負責人及高階管理團隊，必須定下心來，定期冷靜審視自我，這種自省功夫確實不易，但卻很重要。那麼須冷靜審視自我些什麼，包括：

㈠過去成功的事。

㈡過去失敗的事。

㈢現在能做好的事。

㈣現在不能做好的事。

㈤未來不能做好的事。

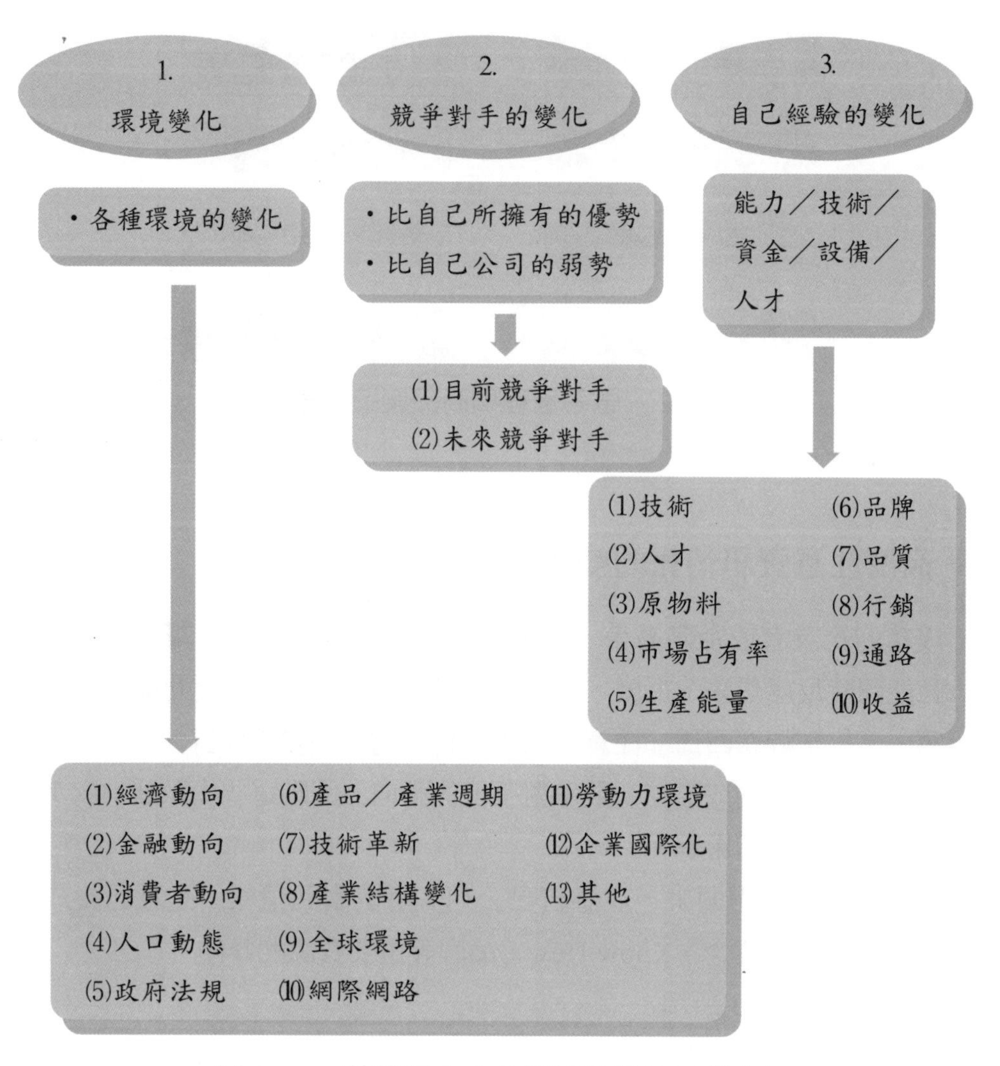

圖 12-3　蒐集變化中的資訊情報三大範例

然後，還要進一步探求企業應「追求優勢」，特別是目前的優勢何在？往後的優勢又會存在哪些？新增哪些及流失哪些？

四、分析 3 種戰略引擎力

當企業在某個產業領域進行爭奪戰略時，此時必須分析 3 種戰略引擎力，即：1. 市場（market）；2. 商品／服務（products/service）；3. 能力（capabilities）。

此即：

㈠請問企業想在哪個目標市場競爭？

㈡請問企業想提供哪些產品及服務到這個市場上？

㈢請問企業是否有此能耐完成此種提供？

五、探索分析各種可能性

接下來，企業應就市場、商品及能力三大類條件領域，列表陳述各條件將會如何做？應如何做？做到些什麼？

六、決策構形

最後，要簡易形成一個決策構形的說明圖表，從此可以快速且一目了然的知道策略決策構形，如圖 12-4。

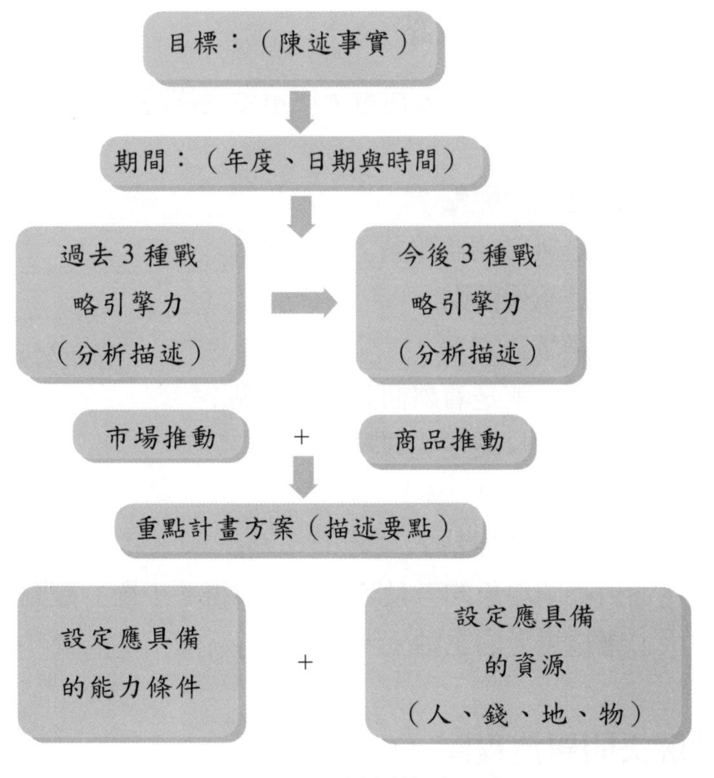

圖 12-4　決策構形圖表

七、絕不逃避事實——實事求是

企業經營者及企劃高手，應該要對重大事件與問題，澈底追根究柢。

在整個實事求是的企劃過程中，企劃人員應該力行四句話，即：

㈠發生問題，必有原因。

㈡決定事情，應先有方案。

㈢做事情，當然有風險。

㈣欲知事實，必須深入調查。

很多成功傑出的經營者，經常問：「看見了什麼事實」，就是本文的最佳寫照。如何實事求是？

㈠有問題→必有原因→查明原因。

㈡決定事實→先有方案→選擇方案。

㈢做事情→有風險→分析未來。

㈣欲知事實→必經調查→才能掌握狀況。

八、決策選擇的不同考量觀點

當最高經營者或決策者要對公司重大決策做選擇時，經常要面對不同觀點的考量，包括：

㈠是長期觀點或是短期觀點？

㈡是有形效益或是無形效益觀點？

㈢是戰略觀點或是戰術觀點？

㈣是巨觀的，或是微觀的？

㈤是僅看某事業部，或是看整個公司的觀點？

㈥是迫切觀點或是可以緩慢些觀點？

㈦是短痛或是長痛觀點？

㈧是集中觀點或是分散觀點？

在實務上，面對不同現象的考量時，如何取得「平衡」觀點。兩者兼顧，以及「捨小取大」應是思考的主軸。

九、創造性解決問題流程圖（CPSI法）

CPSI是Creative Problem Solving Institute（創造性解決問題機構）的簡

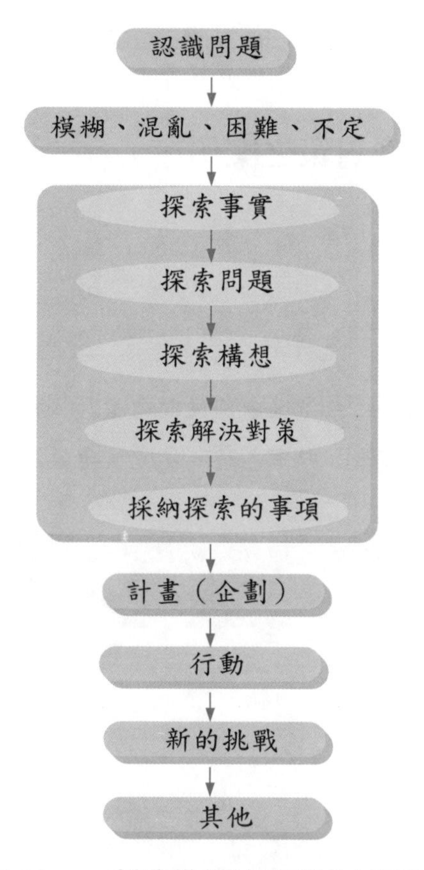

圖 12-5　創造性解決問題的流程圖

稱。此方法是從「發現問題」到「解決問題」之有系統的思考過程，以做好創造性解決問題的階段。

如圖 12-5 所示，CPSI 將解決問題的步驟區分爲 5 個階段，在各個步驟中，依照需要使用腦力激盪法、型態分析等。

第三節　利用邏輯樹來思考對策及探究原因

企劃人員經常面對思考與分析。思考什麼呢？思考對策該如何下？分析什麼呢？分析探究原因爲何？在實務上，依據作者經驗，可以利用邏輯樹來作爲思考對策與探究原因的技能工具，而且簡易可行。

一、利用邏輯樹來思考對策之案例

茲舉二例如下：

〈案例1〉

當公司老闆（董事長）下令希望今年度能夠增加「稅前淨利」（獲利）時，企劃人員可以利用邏輯樹，圖示如以下各種可能方法與做法：

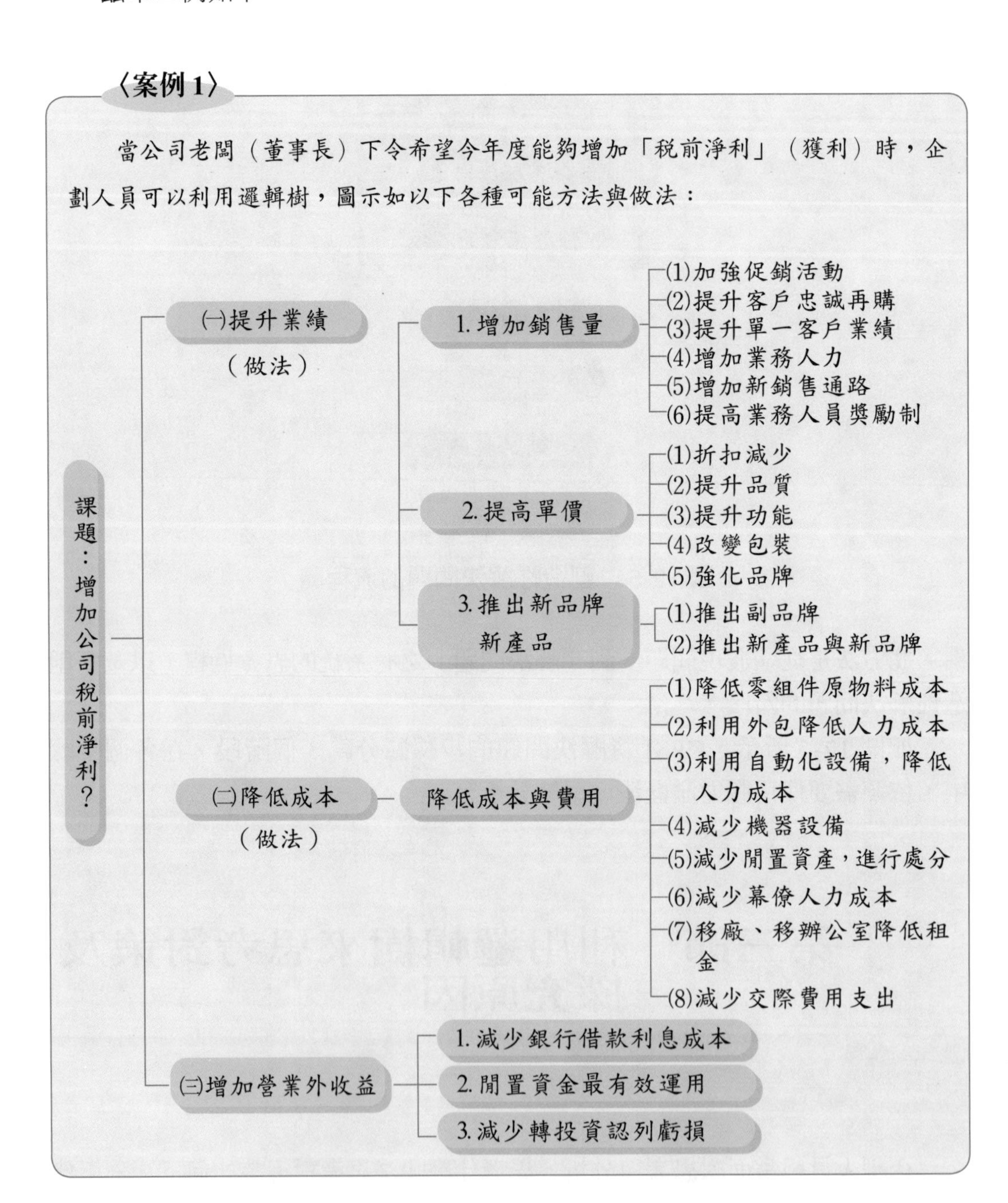

〈案例 2〉

當企業主希望能全面提升企業集團整體形象時，行銷企劃人員可利用邏輯樹做進一步分析，如下圖列示了可能之方法與做法：

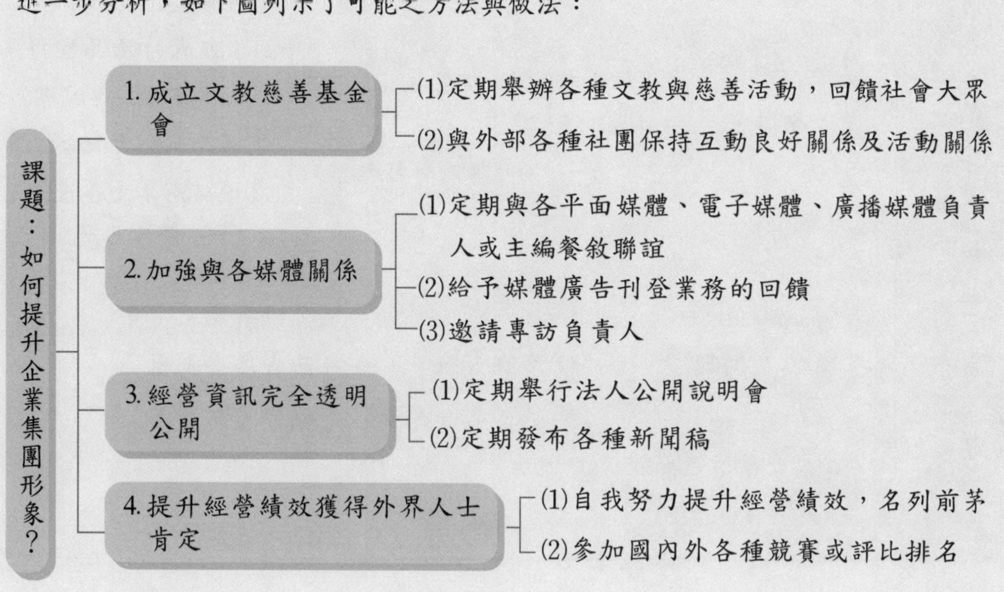

二、利用邏輯樹分析「探究原因」

〈案例 3〉

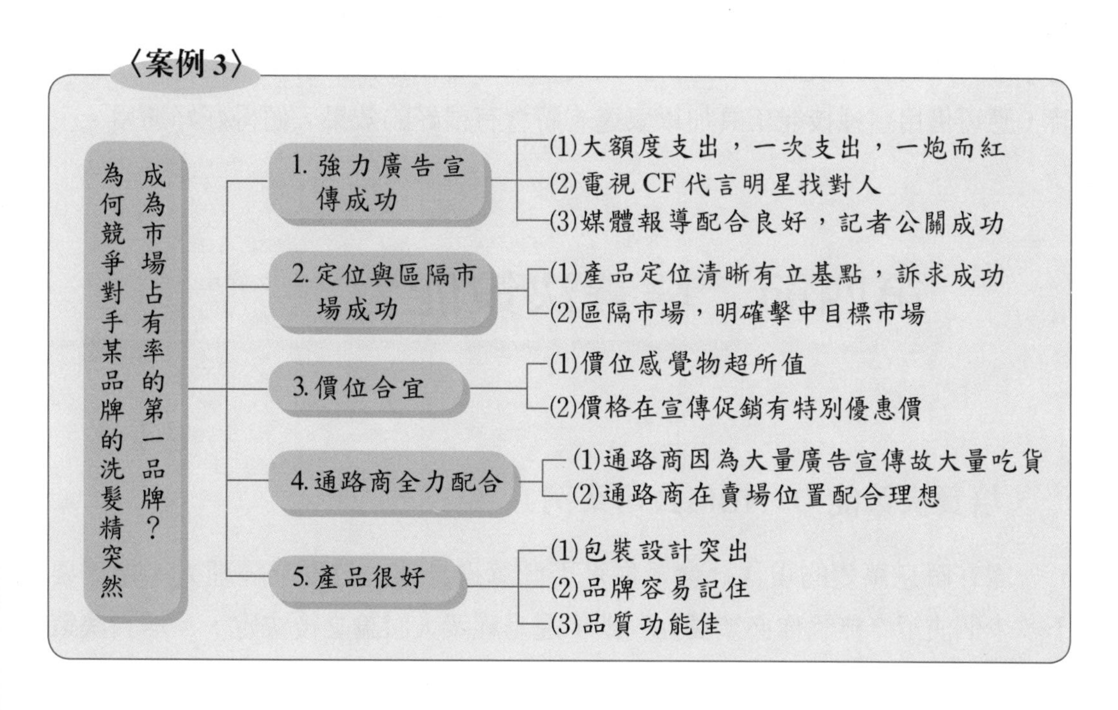

〈案例 4〉

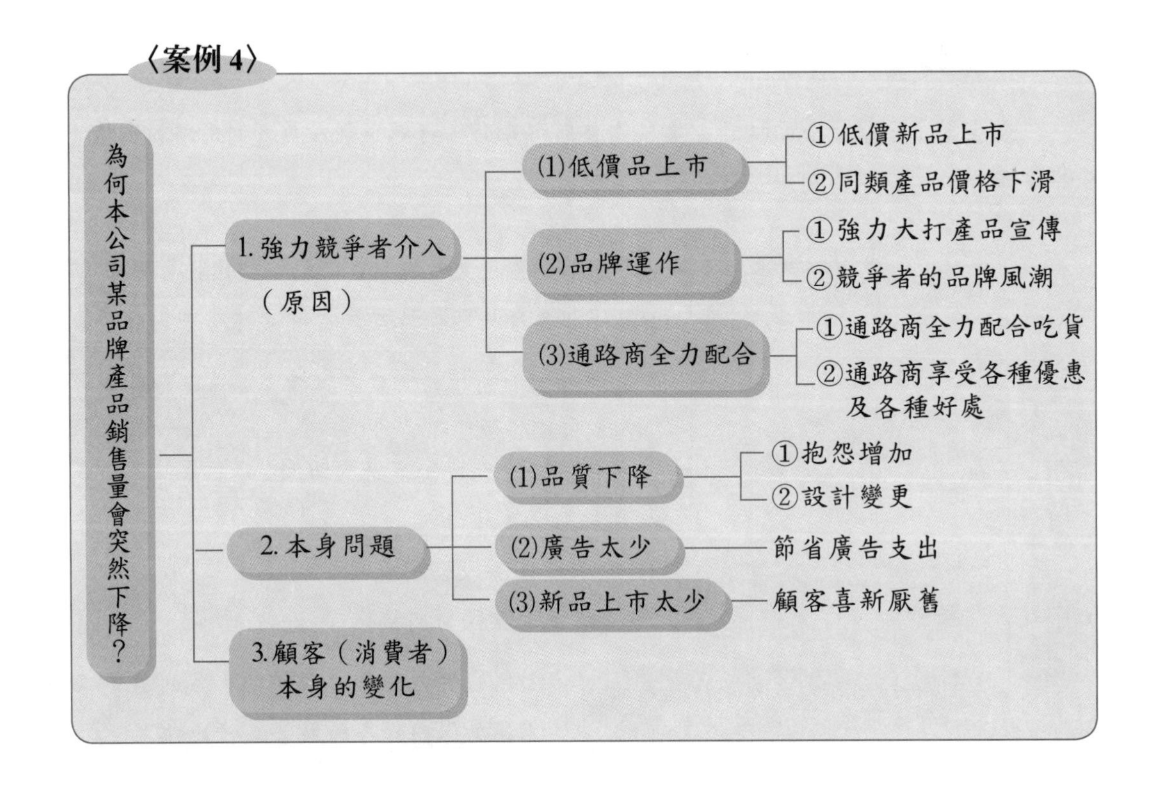

三、結語

如前各種案例所示，顯示使用邏輯樹來做「思考對策」及「探究原因」，是非常有效的工具技能。公司企劃人員在撰寫各種經營分析案或是各種企劃案時，應可借用這種技能工具加以表達，將會有很好的效果，值得好好運用。

第四節　培養決策能力

一、培養決策能力（IBM公司案例）

處在瞬息萬變的現代社會，你是否計算過身為一位專業經理人，每天要下多少個決策？無論你必須獨立判斷，還是經眾人討論之後決定，「培養決策力」已經是經理人必須具備的基本能力。

為了幫助經理人培養決策能力，IBM 內部發展出一套「最佳決策五步驟」，讓經理人可以循序漸進，制定成功的決策。

㈠ 建立決策的需求和目標為何

在制定任何決策時，可以先想想制定決策原先的目標和需求究竟為何？在做了決策之後，可以得到最好的結果是什麼？唯有找出促成決策背後最原始的需求，才能擁有清楚的決策方向。

㈡ 判斷是否尋求員工參與及想法

制定決策可以由經理人獨立完成，亦可邀請員工腦力激盪，得到更多樣的選擇及想法。不過，在此想強調的是「如何適時地讓員工參與決策」。一般可以依照下列 5 項標準，判斷讓員工參與決策的必要性：

1. 你是否有充足的資訊制定決策？
2. 員工是否有足夠的能力與必備的知識參與制定決策？
3. 員工是否有意願參與決策過程？
4. 讓員工參與是否會增加決策的接受度？
5. 速度是否很重要？

㈢ 準備並比較各項選擇方案

在許多情況下，容易受限於過去的經驗，以至於無法思考更多的選擇。因此，當決策不易判斷時，建議經理人再回頭思考基本需求，以刺激自己更多的想法，進而擬定最佳的決策。

㈣ 評估負面情境

就算是符合需求的周全決策，也會因為一些因素而產生非預期的麻煩。因此，必須隨時思考負面情境發生的可能性，以備不時之需。特別是在對高階主管提案時，高階主管通常會詢問：若過程不如預期的進行，該如何應變？決策執行過程會有哪些不利的影響因素？是否有其他的可行備案？因此，最好能先針對可能的負面情境，設想應對措施。

針對可能的負面情境，經理人可就下列問題進行較全面的思考：

1. 所擁有的訊息正確嗎？訊息來源是什麼？無論從短期或是長期觀點，你都會下這個決策嗎？
2. 此一決策結果對於其他正在進行的事項有何影響？這個決策對於組織其他部門是否會造成麻煩，或產生不良反應？
3. 哪些因素可能改變？這些改變有何影響？目前或未來組織高層、管理、技術的改變，對決策者有何衝擊？

(五) 選擇最適決策方案

在審慎進行前面的 4 個步驟，而且經理人已能清楚掌握需求、目標、必須做的事、想要做的事，並確定已評估負面情境後，此時通常已不難選出最適的決策。不過，仍須提醒經理人要小心別落入「分析的癱瘓」（paralysis of analysis）陷阱，因爲猶豫不決，或認爲所想的方案都不符合理想中的最佳方案，結果到最後一個決策也沒下！

IBM 前任董事長華特生（Thomas J. Watson, Jr）曾說過：「無論決策是正確或是錯誤，我們期望經理人快速做決策。倘若你的決策錯誤，問題會再度浮現，強迫你繼續面對，直到做了正確決策爲止。因此，與其什麼都不做，還不如勇往前行！」

二、增強決策信心的 9 項原則

企業界高階主管每天都在做決策，但是如何做正確與及時的決策，則是一件非常重要的事情。在這過程中，經常會面臨對決策的信心不足，或是憂慮做下錯誤的決策。根據美國管理協會所提出的一項研究報告，指出公司決策人員如何有效增強決策信心，可以參考以下 9 項原則：

(一) 認清並避免偏見

問題也許出在解決方法本身，或是建議者，抑或是剖析問題的工具。認清偏見及避免偏見，有助於深入了解思考模式，進而改善決策品質。

㈡ 讓別人參與集思廣益，比自己一個人強

理想的情況是，應該邀集觀點不同的人士參與決策過程。強迫自己傾聽與自己相左的意見，不宜太有戒心。豎起雙耳，敞開心胸，參考異己的觀點，因為每個人都有優點及長處，而且有助於做出最佳的決定。

㈢ 別用昨日的辦法來解決今日的問題

世界變化的步調太快，不容以陳腐的答案來解答新的問題。

㈣ 讓可能受影響的人也參與其事

謹記，不論最後的決定如何，若受影響的員工不覺得事前被徵詢過意見，就不能有效執行。他們的加入不但能促使他們更投入行動計畫，而且更能共同承擔決策的成敗與執行的信心。

㈤ 確定是對症下藥

常常，我們把重點擺在症狀，卻沒把問題給看清楚。因此，應該看到問題的本質，而非表面而已。

㈥ 考慮盡可能多元的解決方法

經過個別或集體腦力激盪後，找出盡可能多元的解決方法，然後逐一評估其利弊得失，再選擇最後最好的辦法。

㈦ 檢查情報數據是否正確

若根據具體的資料做決定，先驗證數據確實無誤，以免被誤導。因此，幕僚作業很重要。

㈧ 認清解決方法有可能製造新的問題（先小規模試行看看）

觀察決定會產生什麼影響。如果可能的話，先進行小範圍測試，看看效果如何，然後再全面落實。

㈨ 徵詢批評指教

在宣布決定之前，就應該讓已參與初步討論的人士有機會提供他們不同或反對的意見。

三、培養解決問題「多重思考能力」的員工

解決問題的能力培養在於思考能力的啓發，領導者應積極去啓發產生 4 種不同的思考能力。

㈠ 創造性思考能力

依據定義，創造力是個人爲達成某種目的而將知識、經驗、資訊按照自己的方式組合與思考的獨特方式。創造力的達成，需要先天的潛能加上後天的努力。基本上，創造力的產生是爲了解決問題，運用想像力發掘出有意義且創新的結果。現在企業非常強調創新能力，包括技術、行銷、管理、設計、組織及財務，都有很多可以創新的地方。因爲唯有創新，才能領先競爭對手，也才能獲利。

㈡ 水平思考的能力

思考技巧權威狄波諾（Edward DeBono），提出了所謂水平思考法（lateral thinking）。他認爲水平思考法有別於傳統的邏輯（垂直）思考方式。水平思考並不去認定哪種方案才最適當，而總是在尋找更好的方案。水平思考不是要嘗試證明什麼，而只是要探尋、引發新的想法。過去的學校教育是垂直思考的方式。垂直思考是有選擇性的，它尋求判決、證明，來建立觀點或是關係。垂直思考者認爲：「這是看事情最好、最正確的方法。」水平思考者則認爲：「我們來想想有沒有其他看事情的方法，換個角度來思考一下。」也就是說，垂直思考是尋找答案，然而水平思考是在尋找問題。這也是臺灣大多數員工所缺乏的思考模式。例如：就銀行信用卡業務思考而言，水平思考就是思考創造出金卡、現金卡、頂級世界卡等更多水平的信用卡，以創造出更多的新市場大餅。

㈢ 系統性思考的能力

學習型組織（learning organization）的觀念受到全球組織的歡迎。而其重要精神即是彼得・聖吉（Peter Senge）在其《第五項修鍊》（*The Fifth Discipline*）一書所強調的系統性思考能力（systematic thinking）。系統性思考在透過廣度與深度思考的方式找出問題眞正的原因，因爲在這複雜多變的世界中有太多的問題是彼此糾結在一起的，若無法思考到問題眞正的起因，任何解決問題的方案都是無效的，反而會製造新的問題出來。因此這種組織兼具廣度與深度的系統思考能力，也正是我們所缺乏的。但是培養系統性思考能力，必須擁有更多元化的專業知識與歷練才行，亦即又能見樹，也能見林。

㈣ 逆向思考的能力

在傳統式的教育體制下，習慣用直線或正向的思考模式去尋求問題的解答，但我們卻發現，如此一來常常是無解。逆向思考的方式，往往可以幫助我們解決許多問題。現在企業也講究打破傳統，顚覆傳統的思考及做法。例如：現金卡的推出，就是逆向思考，年輕人借錢不再是難以啓齒之事，還有廣告把它宣傳爲「高尚行爲」，眞是逆向！

自我評量

1. 試說明企業在做決策之程序爲何？決策類型有哪些？
2. 試分析影響企業決策之因素有哪些？
3. 企業欲做出有效的管理決策時，可能必須考量到哪些影響變數？
4. 試說明企業組織的群體決策方式，其優缺點何在？
5. 試分析有效決策之指標爲何？
6. 試述企業如何培養經理人「決策能力」之步驟爲何？
7. 試述解決問題能力的 4 種思考能力？
8. 試述增強信心的 9 項原則？
9. 試說明一般的決策行動之過程爲何？
10. 試述決策中蒐集資訊情報，應有哪些？
11. 實務上，決策選擇應有哪些不同的考量觀點？
12. 何謂 CPSI 法？
13. 試述如何利用邏輯樹以思考對策及探究原因？

第 13 章

績效考核力與經營分析力

第一節　績效控制（考核）

第二節　經營分析與數字管理的指標項目

第三節　預算管理制度

第四節　BU 利潤中心制度

第五節　如何有效控制（降低）成本

第一節　績效控制（考核）

一、控制（控管）意義及程序

㈠ 意義

控制是一項確保各種行動均能獲致預期成果的工作。如果沒有控制或考核制度與相關部門，那麼計畫的推動就很難百分之百落實。

㈡ 程序

1. 建立衡量績效之標準：
   (1) 貨幣標準（金額、預算之控制）。
   (2) 時間標準（時程之控制）。
   (3) 比例標準（百分比之控制）。
   (4) 數量標準（生產業、銷售業、人員數量等之控制）。
2. 依所設定標準，蒐集必要資訊，以獲知實際績效或進度，即實際與當初的預算數據，相互做比較分析。
3. 比較實際績效與預期績效間之差距。
4. 若有相當重大差距，決定是否需要採取修正行動，或是馬上行動。

㈢ 類別

1. 事前控制或初步控制（preliminary control）
   此係指在規劃過程時，已採取各種預防措施，例如：政策、規定、程序、預算、手續、制度等之研訂以及各種資源之準備與配置。又如 SOP 制度（standard of procedure）及預算目標等。
2. 即時同步控制（concurrent control）
   此係指在有異常狀況之執行時，即同步獲得資訊並馬上進行處理改善，此有賴良好的資訊管理回饋系統。例如：預定的出貨數量是否已準時生產完成，或是銷售目標是否已達成等。

3. 事後控制（post action control）

此係指在事件發生一段時間後，再行檢討執行狀況作爲改正。例如：專案檢討，包括年度總檢討、月檢討、特大專案檢討等。

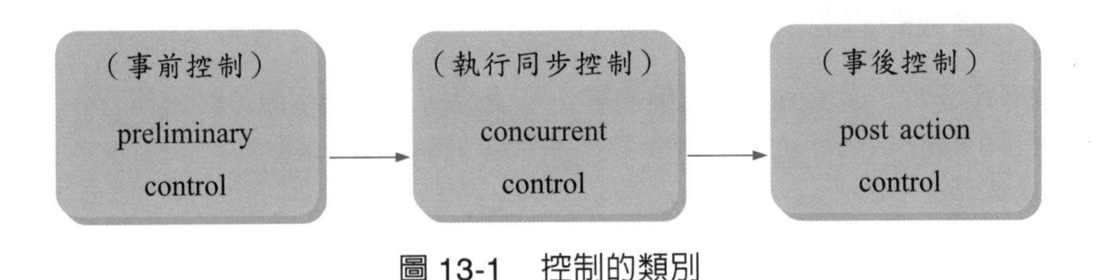

圖 13-1　控制的類別

㈣ 控制的執行單位

實務上，企業執行控制的單位，可以區分爲 2 種：

1. 第一種：幕僚管控考核單位

包括財務部、會計處、經營分析組、管考組、總管理處、稽核室、董事長室等，均有可能職掌此任務。這些單位針對各事業單位進行生產、銷售、儲運、收款、採購、損益、生產效率、市場占有率、品質良率、海外事業等各種層面及考核項目，進行考核及控管。

2. 第二種：事業總部本身的單位

各事業部、事業總部、事業群或地區總部、產品總部等，也會自設經營分析組、管考組或專案組，專業分析、考核自身下屬的各單位工作成果與績效狀況。

二、爲何需要控制（Why Control is Necessary）

控制的意義是指確保組織能夠達成預算目標的一種過程，其需要控制之理由爲：

㈠ 環境的不確定性

組織的計畫及設計都是以未來環境爲預估背景，然而社會價值、法律、科技、競爭者等環境變數都可能改變。因此，面對環境的不確定性（uncertainty），控制機能的發揮是不可或缺的。尤其是在激烈變動的產業環境中，像高科技產業，變化更是巨大。

㈡ 危機的避免（Crisis Prevention）

不管是外部環境或內部環境的變化，使組織運作產生偏差與失誤時，若不及時予以控制，將面臨更大危機。例如：國外 OEM（委託代工）大客戶可能異動的訊息，就必須及時有效的控管及因應。

㈢ 鼓勵成功（Encourage Success）

對員工激勵其士氣並回饋其成果，透過控制系統中的回報作業可達到此目的。因此控制系統之主要目的，乃在鼓勵全員努力的成功。

三、控制的人性面問題

控制就管理的原意義來說，乃是希望能夠按計畫而行，以期達成目標任務。但是過度依賴控制，卻產生一些令管理者始料未及之結果，概述如下：

㈠ 控制會造成短視（本位主義）

管理者爲了達成控制的標準，會全部貫注於自己單位所負之任務，而忽視他部門及公司組織整體之目標。不過透過事業總部的組織結構模式，即可克服此問題了。

㈡ 過分強調短期因素

控制的壓力會促使管理者重視短期績效而缺乏長期眼光。例如：爲了提高投資報酬率，會減少設備更新投資及費用削減太厲害，短期下固有利潤，卻不利長期更大之發展。因此，董事長及各事業總部經理人，應站在長期觀點來看待若干決策。

㈢ 過分注重容易衡量之因素

管理者會忽視一些不納入績效衡量之因素，例如：過於嚴苛的要求、不斷的工作再工作、不進行教育訓練、忽略商譽損失等。有時候控制項目過於量化數據，而不重視質化的因素。

㈣ 有些控制會造成權術運用

控制在權術運用上可表現在兩個方面，第一是組織成員紛紛向決定資源配置之單位靠攏拉關係；第二是各單位紛紛虛報預算，以避免預算被削減而致不足。因此，控制單位必須審慎運用權力。重點在對事不對人；重點在公司利益，而非部門或個人利益。

㈤ 控制會引起內部衝突

當控制目標研訂得不夠公平合理、控制之資源分配不夠公平合理、控制單位人員過於囂張時，均會引發與各部門之衝突。

四、員工如何逃避控制

組織內員工常用各種方法以逃避或弱化控制效果，組織管理學者 Lawler（羅勒）將之分成三類別：

㈠ 僵化的官僚行為

組織成員努力迎合上級所訂控制標準，但卻不考慮此標準之實際成效如何，或是根本難以達成。先將目標高掛，但之後達不到時，再找理由推卸、搪塞。

㈡ 提報不實的資料

下級員工常虛造不實資料以蒙蔽上級主管。例如：銷售員每日塡寫拜訪客戶日報表，但有時會虛造資料。再如庫存資料的不確實等。

㈢ 策略性投機行為

此係指部屬爲了顯示他們某段期間的良好績效，所表現的行爲。例如：在政府機關裡，經常到了年度終了還剩下預算，因此，有很多單位開始惡性消化預算，讓上級認爲預算都有成效的支用完畢。再如，有些業務單位把下年度的業務，向前移到今年來，以達成今年目標額，或是利用降價以達成銷售量目標。

五、有效控制的原則

對組織內部營運體系的有效控制（effective control），應該把握下列 8 項原則，才有希望做好組織的控制作業與目標。

㈠ 適時的控制（Right Time to Control）

有效的控制必須能夠適時發現問題，以便管理者及時採取補救措施。更進一步說，管理者最好能夠防患於未然，再不然，也要同步控制才行。

㈡ 控制考核的標準要能鼓勵員工一致的配合

1. 控制的標準必須公平而且可以達成。
2. 控制的標準必須可以觀察及衡量。
3. 控制的標準必須明確不可模糊。
4. 控制的標準值不宜太高，但並非輕易可達成。
5. 控制的標準必須完整。
6. 控制的標準必須由員工參與設定，或由單位提報，呈上級核定。

㈢ 運用例外管理

所謂「例外管理（management by exception）原則」係指管理者只須注意與標準有重大差異的事件，不必埋首於平凡細微的事務中。因此，像台塑企業集團的例外差異管理就做得非常好。只要與既定目標數有差異，電腦就會自動列印出來，相關單位主管就必須填報爲何有差異？以及如何因應處理。

㈣ 將績效迅速回饋給員工（Reward Attainment of Standard）

績效的回饋必須迅速，以提高員工之士氣。例如：有好的績效達成、超前的生產量完成等。

㈤ 不可過度依賴控制報告

有些控制報告只告訴我們事情的結果，但對於背後之眞實情況，必須親身去發掘才行。亦即，只知 What，但不知 Why 及 How。因此，還必須搭配專案改善小組的功能才行。

㈥ 配合工作狀況決定控制之程度

高階人員必須知道何時應該加以控制、何時應該多讓屬下自我控制，此乃管理藝術之發揮。其實，最好的控制是員工或單位自我控制，總公司只做重要項目的控制及稽核即可。

㈦ 避免過度控制

在實務上，應注意到避免過度控制（avoid control）。例如：稽核室或總管理處幕僚人員，有時候會過於嚴苛分析或做程序管制，令事業總部的第一線人員無法專責或缺乏空間去發揮應有的戰力。因此，控制的目的是爲了更好的結果，不是爲了控制而控制，此爲重要意義。

㈧ 建立雙向溝通，促進了解

控制考核單位與被考核單位，雙方人員應多雙向溝通（two-way communication）、協調及開會討論，才能有效達成目的，解決問題。

六、有效控制之特質（Characteristics of Effective Control）

有效控制的目的，主要會反應在下列 7 項特質上：

㈠ 策略的（Strategic）

此即一個有效的控制系統必須反映及支援組織所建立的優先目標。亦即，具有策略性的控制與考核應予優先處理。例如：其企業今年強調布局全球，因此，海外產銷即爲控制重點。

㈡ 重在結果（Focus on Result）

控制系統的最終目標（ultimate aim）並非在獲得資訊、設立目標或定義問題，而是要達成目標與產生良好的結果。亦即，控制是爲了更優良經營成果。

㈢ 適切的

一個有效的控制應該讓所有的活動都適切（appropriate）於被控制，既不過於嚴苛管制，也不要過於表面空虛鬆散。

㈣ 彈性的

計畫是預測的反應，因此必須有彈性（flexible）才可。同樣的，控制也因而要有彈性，以因應一些不可控制的自發性改變。控制與考核，必須因國內、國外而區別，也必須因不同部門、不同功能、不同階段性而有不同的彈性。

㈤ 簡易的

一個有效的控制系統應是一個最容易了解的機能。控制應該要能簡易（simple）執行，不要太複雜。

㈥ 時機性（Timely）

控制應在適當的時間上被反應出來。

㈦ 經濟的（Economic）

控制系統必須考慮成本的支出，而非耗巨資去建立一個控制系統，須考慮控制的利益是否大於成本支出。亦即，不要爲了層層控制而控制，花了很大的人力與物力，但也沒得到應有效果。

七、控制經營績效中心型態

就會計制度而言，爲達成財務績效，對組織內部各事業總部或各營業單位，可以區分爲下列幾種中心型態：

㈠ 利潤中心

利潤中心（profit center）是一個相當獨立的產銷營運單位，其負責人具有類似總經理的功能。實務上，大公司均已成立「事業總部」或「事業群」的架構，做好利潤中心運作的核心。營收額扣除成本及費用後，即爲該事業總部的利潤。

㈡ 成本中心

成本中心（cost center）事先設定數量、單價及總成本的標準，執行後則比較實際成本與標準成本之差異，並分析其數量差異與價格差異，以明責任。實務上，成本中心應該會包括在利潤中心制度內。成本中心以製造業及工廠型態爲運用地方。

㈢ 投資中心（Investment Center or Financial Center）

以利潤額除以投資額去計算投資報酬率來衡量績效，例如：公司內部轉投資部門，或是獨立的創投公司。

㈣ 費用中心

針對幕僚單位，包括財務、會計、企劃、法務、特別助理、行政人事、祕書、總務、顧問、董監事等幕僚人員的支出費用，加以總計，並且按等比例分攤於各事業總部。因此，費用中心（expense center）的人員規模不能太龐大，否則各事業總部的分攤，他們會有意見。當然，一家數億、上百億、上千億大規模的公司或企業集團，勢必會有不小規模的總部幕僚單位，這也是有必要的。

八、管理資訊系統（或公司 e 化）

㈠ 意義

管理資訊系統（management information system, MIS）或公司 e 化，乃係設計來提供快速資訊，以因應管理階層的決策需要。

㈡ 特點

1. MIS 係以電腦爲基礎，利用電腦處理大量資料，以迅速提供資訊情報。

2. MIS 的目標係整合組織所有或大部分分支資訊系統及控制組織之整體活動，維持整體運作之均衡。

㈢ 電腦（e 化）的優點

1. 能快速處理資料（極短時間內），提升效率。
2. 能處理大量重複性的工作，降低人事成本，並增強效益。
3. 能遙控處理（透過電傳視訊系統）。
4. 能無遠弗屆傳達，而且是同步的，尤其網際網路的 e-mail 功能，更是如此。
5. 降低經營成本。
6. 能配合 B2B 企業型顧客的作業需求。
7. e 化使員工無法舞弊營私。

㈣ 電腦系統三大要素

1. 硬體

所有電腦系統包括數種型態之主機及周邊硬體（hardware）。

2. 軟體

軟體（software）係指程式指令，告訴電腦執行步驟，包括 Windows 文書作業軟體、繪圖美編 Photoshop 軟體，以及 ERP、CRM、SCM 等全公司營運作業軟體設計。

3. 人力資源

係指從事系統分析設計、撰寫程式、操作電腦之人員以及電腦修護人員等。

㈤ 管理資訊系統設計步驟（e 化步驟）

1. 決定所需的資訊

由系統分析師（system analyst）根據管理階層的需要，決定決策所需之資訊，這是屬於資訊策略分析的層次。他們必須了解公司董事長、各事業總部總經理、各部門主管等需要哪些策略性資訊情報，以及何時需要。

2. 決定資訊的來源

所需之資訊來源包括分析組織內現存的記錄、檔案、表格、報表、會計文件等。

3. 蒐集及彙總資訊

必須發展所需的電腦程式及程序，而將蒐集到的資訊在電腦中編製、彙總及設計。

4. 傳遞資訊

將彙整後的資訊傳遞給管理者，其方式包括印成報表、在螢幕上顯現或是以 e-mail 方式傳給相關人員。

5. 運用資訊

最後一步即是運用資訊以做成決策，這是由各階層主管看到資訊後，如何判讀、分析以研討相應的對策。

㈥ 管理資訊系統的問題

有些公司在執行 MIS 系統建立時，常常失敗而導致投資的重大損失。阻礙 MIS 系統建立之 5 個主要問題為：

1. 高階主管未參與 MIS 之規劃與設計

高階主管參與度低，將導致對電腦功能缺乏認知，而且所想要的東西與最後出來的東西不同。

2. 計畫不當

很多公司缺乏全盤與部門整合的計畫，形成零散與個別性的運作，而使效益大減。

3. 電腦犯罪

公司依賴電腦化資訊系統程度愈大，則不法員工利用電腦系統盜取公司技術專利、業務情報及公款的可能性增高。

4. 合格的電腦人才不足

很多公司想快速電腦化，但統籌電腦化與 e 化人才卻稀少，因而使進度嚴重落後，甚至方向錯誤而停擺。

5. 缺乏事前溝通

由於缺乏與員工之事前溝通，導致員工認爲電腦化將剝奪他們的就業機會，因此，經常抱持排斥與不支持的心態，形成很大推動阻力。

㈦ 改進管理資訊系統（公司 e 化）的原則

要推動企業 MIS 有效的落實，應注意以下原則：

1. 高階主管應參與 MIS 設計，以化解其阻力。
2. 讓各層級使用者（user）參與 MIS 設計，以化解其阻力。
3. 與前後完整連貫的規劃是必須的。
4. 要規劃 MIS 之系統分析及程式設計之人才如何得到。
5. MIS 系統應在安全方面做特別設計管制，避免電腦犯罪。

九、組織績效

㈠ 組織績效與管理績效之差異

管理績效（managerial performance）與組織績效（organizational performance）兩者之間相關，但不相同。管理績效是影響組織績效的重要因素之一，但並非唯一；其他影響組織績效之因素，尚包括科技性變化、競爭程度、市場需求、政經社會文化變革，以及組織所擁有資源強度之變化等因素在內。

因此，很多學者如杜拉克、孔茲、李區曼、歐唐納等教授，對組織績效之來源區分爲兩類，一爲管理因素，另一爲非管理因素。即組織績效等於管理績效加非管理績效。

㈡ 組織績效評估方法（指標）

評價組織績效成果好壞，可從以下幾種方向進行評估：

1. 組織目標取向（objective-oriented）

組織存在的目的，當然有它的使命及目標（mission and objective）。因此，以此達成程度爲評估組織績效爲最高的要求。例如：學校的使命及目標就是造就具有充分知識及良好人格之學生，這類學生愈多，便表示學校之組織績效不錯。又如某企業以第一市場占有率及第一品牌為目標，此屬它的組織最高目標。凡一切最後的結果，就是要達成或維持此一組織最高績效目標。

2. 系統整合取向（system integration-oriented）

組織本身擁有各種資源，透過組織與管理功能之運作，以獲致良好的產出，此乃系統整合的觀點。當然，此處績效評估的重點在於：

(1) 這些資源是否能有效投入運用與合宜配置，而產生最大效能？

(2) 各項產出指標是否符合標準？

3. 策略性客戶取向（customer-oriented）

組織能夠生存及成長，當然得自於市場客戶之支持與忠誠。因此，如果能得到客戶的心與行動，就表示對組織績效的肯定。例如：很多資訊電子公司，它們的業績命脈常取決於 OEM 大客戶，也就是國外大 OEM 顧客的支持，他們就是策略性大客戶，如 Dell、Nokia、HP 等。

4. 競爭價值取向（competition value-oriented）

當組織能夠順利達成組織使命目標，並且充分配置與利用組織資源，而能獲得良好之產品成果，並得到客戶之忠誠支持時，它必然能與其他組織一較長短，而仍能屹立不搖，此乃其競爭價值。因此，企業必須強調它的核心價值（core value）是什麼？能為客戶做些什麼價值服務，而持續公司的長遠競爭力。

十、企業實務上，控制與評估之項目

在企業實務營運上，高階主管較重視的控制與評估項目，包括下列各項：

(一) 財務會計面（Financial & Accounting）

1. 每月、每季、每年的損益獲利預算目標與實際的達成率。
2. 每週、每月、每季的現金流量（cash flow）是否充分或不足。
3. 轉投資公司財務損益狀況（賺或虧）。
4. 公司股價在證券市場上的表現（股價與公司市值）。
5. 與同業獲利水準、EPS 水準之比較。
6. 重要財務專案的執行進度如何（例如：上市櫃 IPO、發行公司債、私募、降低聯貸銀行利率）。

㈡ 營業與行銷面（Sales & Marketing）

1. 營業收入、營業毛利、營業淨利的預算達成率。
2. 市場占有率的變化。
3. 廣告投資效益。
4. 新產品上市速度。
5. 同業與市場競爭變化。
6. 消費者變化。
7. 行銷策略回應市場速度。
8. OEM 大客戶掌握狀況。
9. 重要研發專案執行進度如何。

㈢ 研發面（R & D）

1. 新產品研發速度與成果。
2. 商標與專利權申請。
3. 與同業相比，研發人員及費用占營收比例之比較。
4. 重要研發專案執行進度如何。

㈣ 生產、製造、品管面（Production & Q. C.）

1. 準時出貨控管。
2. 品質良率控管。
3. 庫存品控管。
4. 製程改善控管。
5. 重要生產專案執行進度如何。

㈤ 其他面

1. 重大新事業投資專案列管。
2. 海外投資專案列管。
3. 同／異業策略聯盟專案列管。

4. 降低成本專案列管。
5. 公司全面 e 化專案列管。
6. 人力資源與組織再造專案列管。
7. 品牌打造專案列管。
8. 員工提案專案列管。
9. 其他重大專案列管。

第二節　經營分析與數字管理的指標項目

對一個企劃人員而言，了解最基本的經營分析工具與數字管理概念，應該是非常必要的。雖然，企劃人員不是財會人員，也不是生產製造人員，但是他們對於基本數據分析能力的必備，則是一致的共識。雖然這些數據資料來源，不是企劃人員所做出來的，但是企劃人員必須知道這些經營分析工具及數字管理概念的運用方法及其涵義，然後，才有可能提出有力的見解、分析及策略性建言。

一、經營分析比例的用法五大原則

對於任何經營分析的數據，都必須注意到 5 點分析原則：

㈠ 應該與去年同期比較

例如：本公司今年營收額、獲利額、EPS（每股盈餘）或財務結構比例，與去年第一季、上半年或全年度之同期比較，增減消漲幅度如何。

與去年同期比較分析的意義，即在彰顯今年同期，本公司各項營運績效指標，是否進步或是退步，還是維持不變。

㈡ 應該與同業比較

與同業比較是一個重要的指標分析，如此才能看出各競爭同業彼此間的市場地位與營運如何。

例如：本公司去年業績成長 20%，而同業如果也都成長 20%，甚或更高比例，則表示這是整個產業環境景氣大好所帶動。

㈢ 應與公司年度預算目標比較

企業實務上最常見的經營分析指標，就是將目前達成的實際數字表現，與年度預算數字互做比較分析，看看達成率是多少，究竟是超出預算目標，或是低於預算目標。

㈣ 應該與國外同業比較

在某些產業或是計畫在海外上市的公司、計畫發行 ADR（美國存託憑證）或是發行 ECB（歐洲可轉換公司債）的公司，有時候也需要拿國外知名同業的數據，作爲比較分析參考，以了解本公司是否符合國際間的水準。

㈤ 應做綜合性／全面性分析

在經營分析的同時，不能僅看一個數據或比例，而感到滿意。應該注意到各種不同層面、不同角度與不同功能意義的各種數據或比例。換言之，我們要的是一種綜合性與全面性的數據比例分析，必須同時一併納入考量才會完整周全，而避免偏頗或見樹不見林的缺失。

二、經營分析的五大類指標項目

經營分析的指標，可以區分爲營業類、財會類、生產（製造）類、客戶服務類及一般管理類等五大類。

㈠ 營業（含行銷）類經營分析指標

有關營業行銷類常用的經營分析指標，整理如圖 13-2 所示。

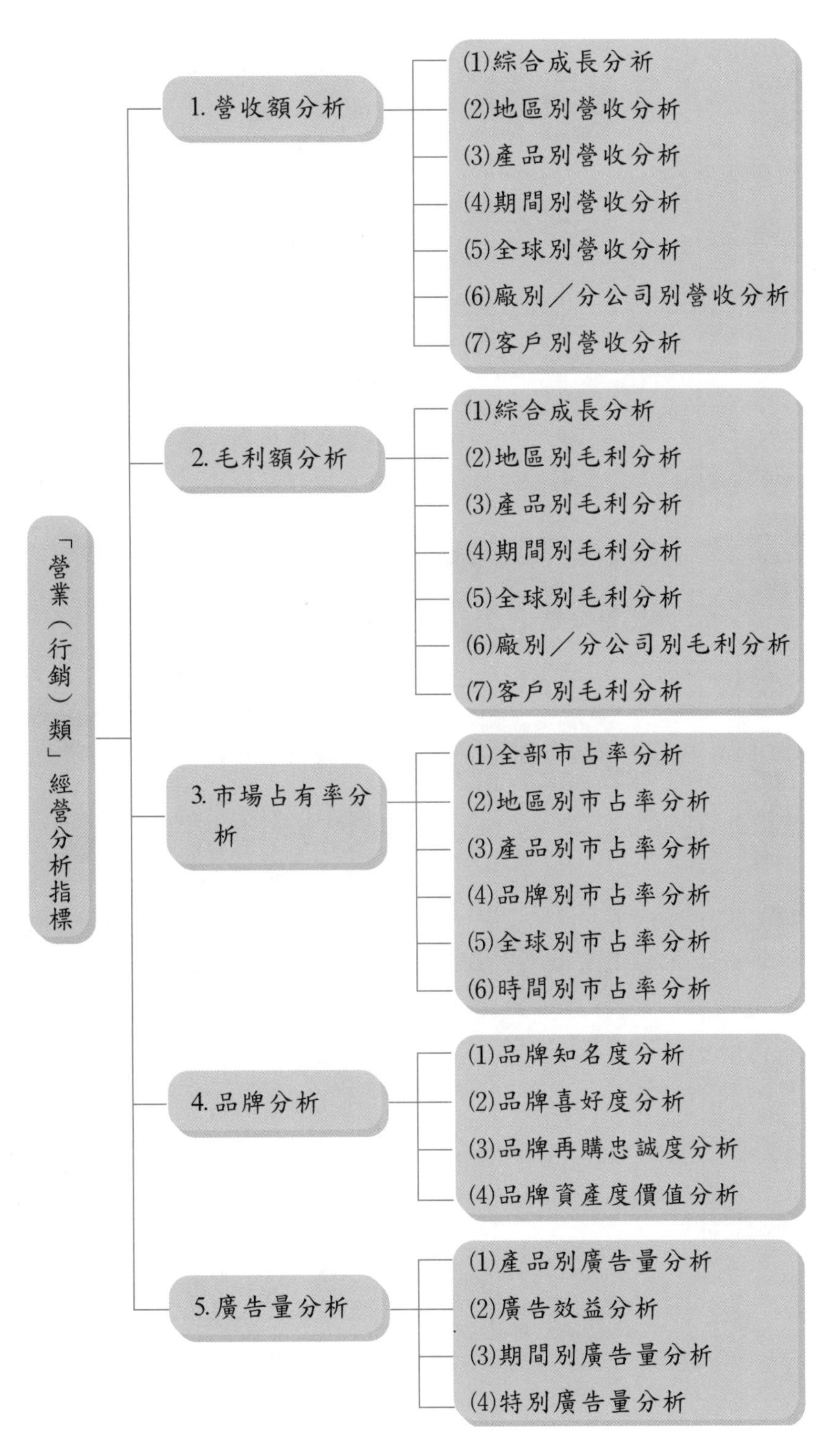

圖 13-2　營業（行銷）類經營分析指標

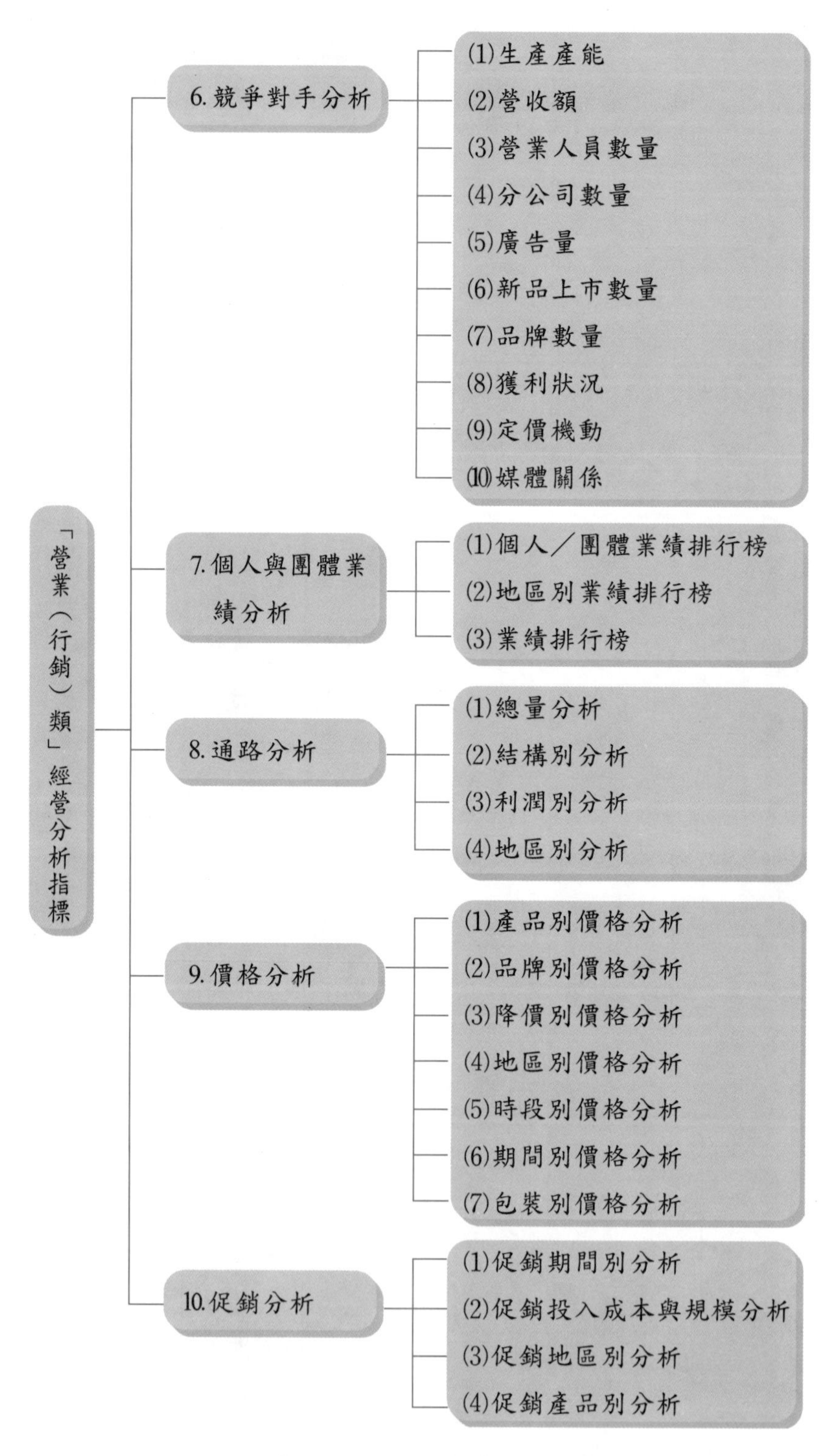

圖 13-2　營業（行銷）類經營分析指標（續）

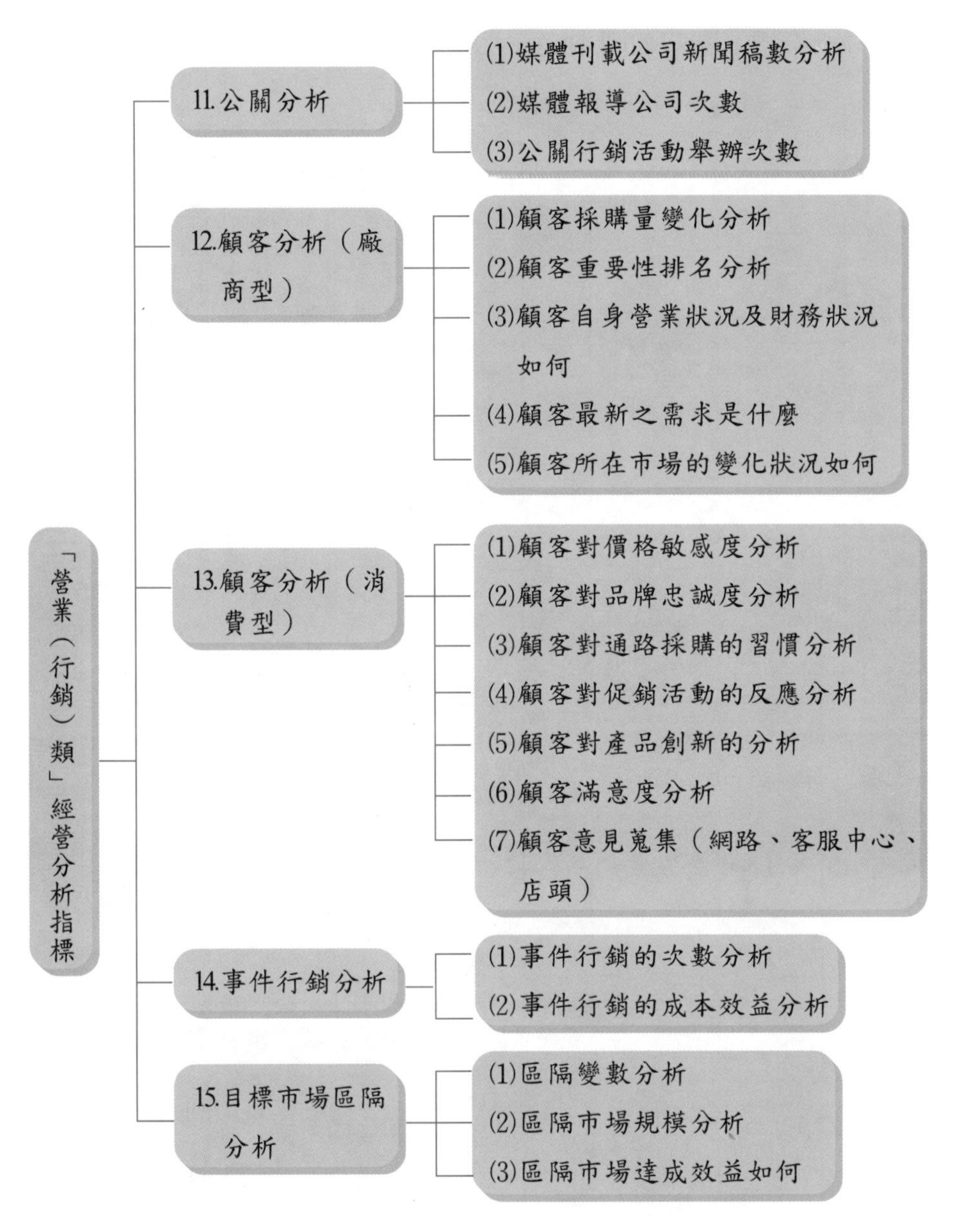

圖 13-2　營業（行銷）類經營分析指標（續）

㈡ 財會類經營分析指標

財會類是企業實務上經常用到，也是重要的經營分析指標及工具。因為企業營運最終的結果，必然是以財會報表及其比例方式呈現出來，包括損益表、資產負債表、現金流量表及股東權益變動表等 4 種必要報表。茲將其常用之財會類經營分析指標，圖示如圖 13-3。

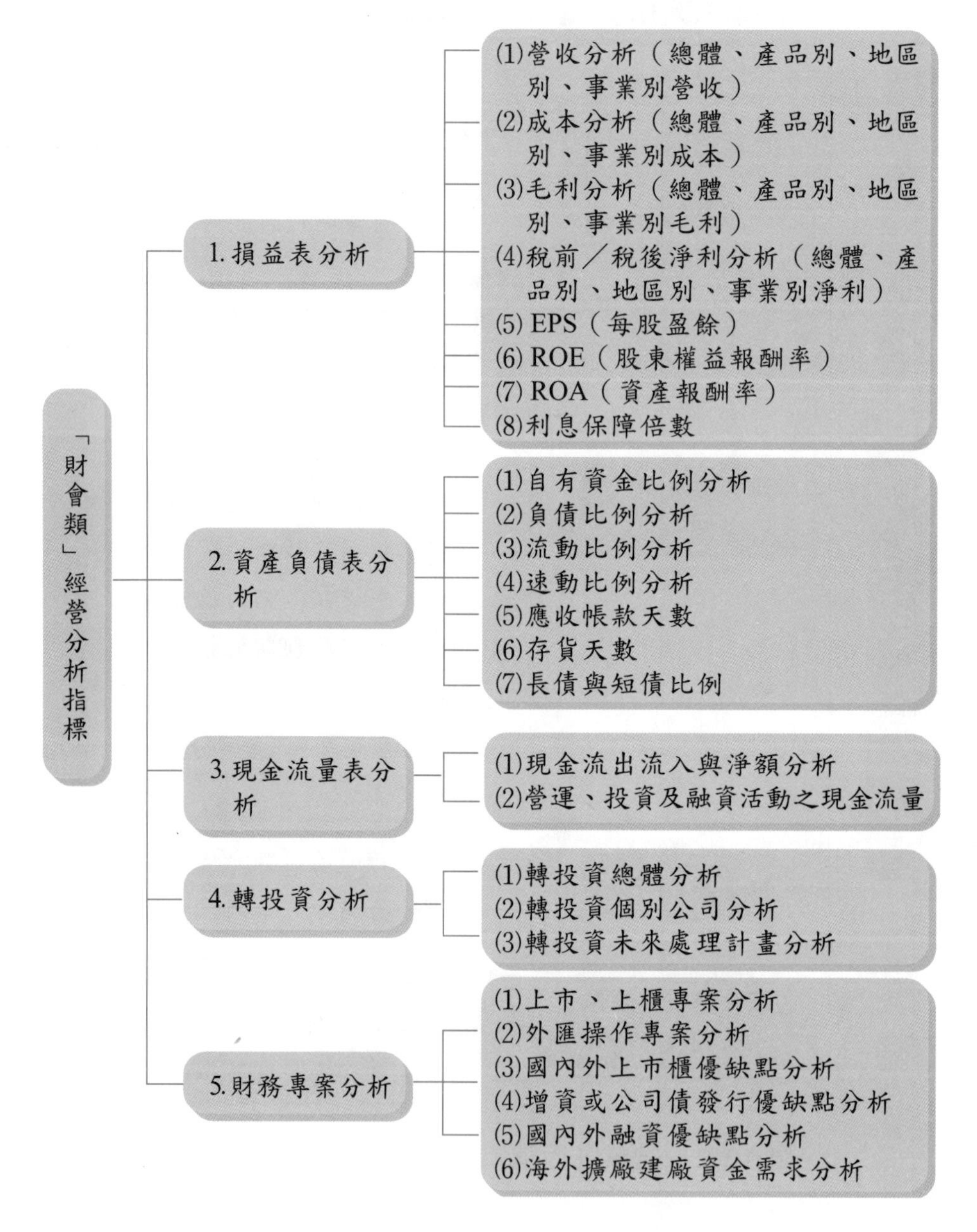

圖 13-3　財會類經營分析指標

另外，茲將較常見的財務比例分析項目，彙整列示如表 13-1。

表 13-1　常見的財務比例分析項目

項　目	
1. 財務結構	(1)負債占〔負債＋股東權益〕比率（%） (2)長期資金占固定資產比率（%）
2. 償還能力	(1)流動比率（%） (2)速動比率（%） (3)利息保障倍數（倍）
3. 經營能力	(1)應收款項周轉率（次） (2)應收款項收現日數 (3)存貨周轉率（次） (4)平均售貨日數 (5)固定資產周轉率（次） (6)總資產周轉率（次）
4. 獲利能力	(1)資產報酬率（%）（ROA） (2)股東權益報酬率（%）（ROE） (3)占實收資本比率（%）─ 營業純益 / 稅前純益 (4)純益率（%）/ 毛利率（%） (5)每股盈餘（EPS）
5. 現金流量	(1)現金流量比率（%） (2)現金流量允當比率（%） (3)現金再投資比率（%）
6. 槓桿度	(1)營運槓桿度 (2)財務槓桿度
7. 其他	本益比（每股市價 ÷ 每股盈餘）

㈢ 生產與研發類分析指標

有關生產和研發類的分析指標，大致可以採購面（原物料、零組件）、生產製造面、品質管制面及研究發展面等 4 個面向做深入經營分析指標，以力求全面提升生產與研發效能，加強公司整體競爭力。

有關生產與研發類經營分析指標，如圖 13-4 所示。

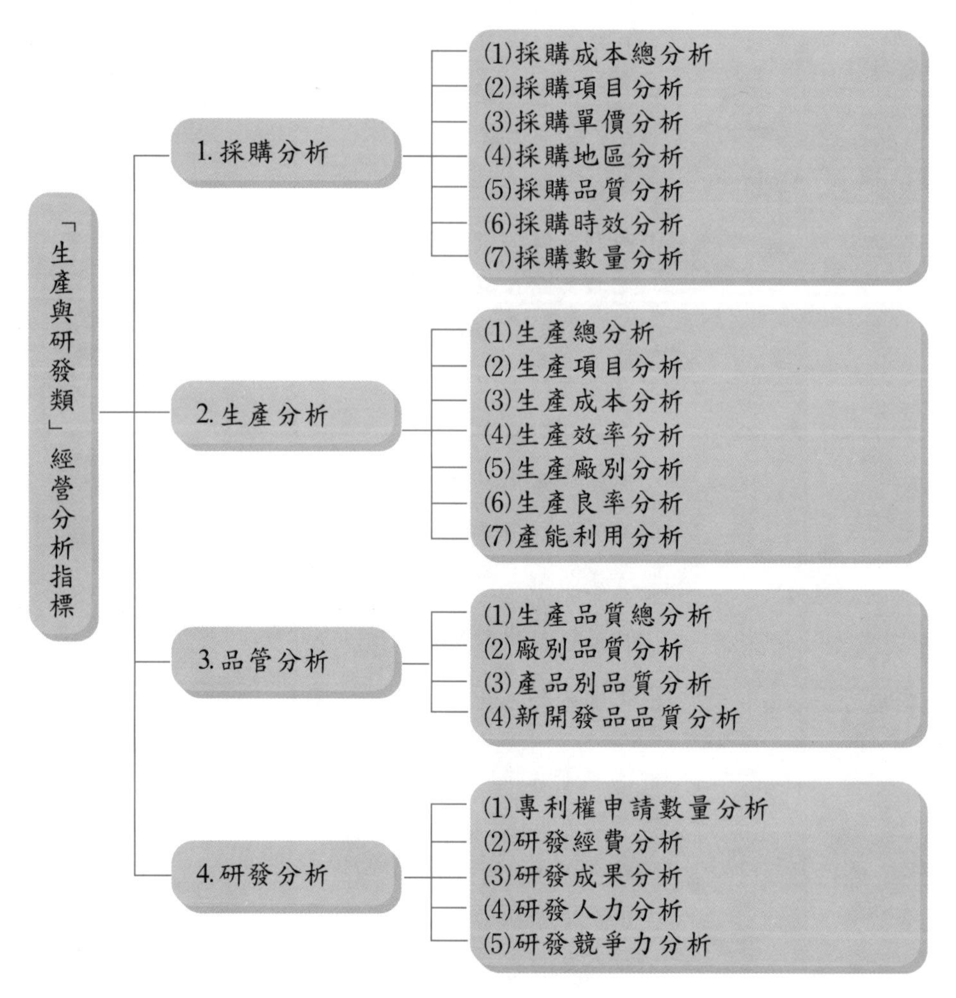

圖 13-4　生產與研發類經營分析指標

㈣ 客戶服務類經營分析指標

客戶服務已成爲服務產業愈來愈重要的營運重點，特別是像行動電信業者、銀行信用卡業者、百貨公司業者、有線電視業者、固網電信業者、電視購物業者、大賣場業者及壽險公司業者等，大都有成立所謂的客服中心。客服人員分三班制，數十人到上千人的客服中心人員編制也都是經常見到的。

有關客戶服務類經營分析，可由 3 個層面來分析，一是客服中心分析，二是客戶滿意度分析，三是客戶服務標準改善分析。見圖 13-5。

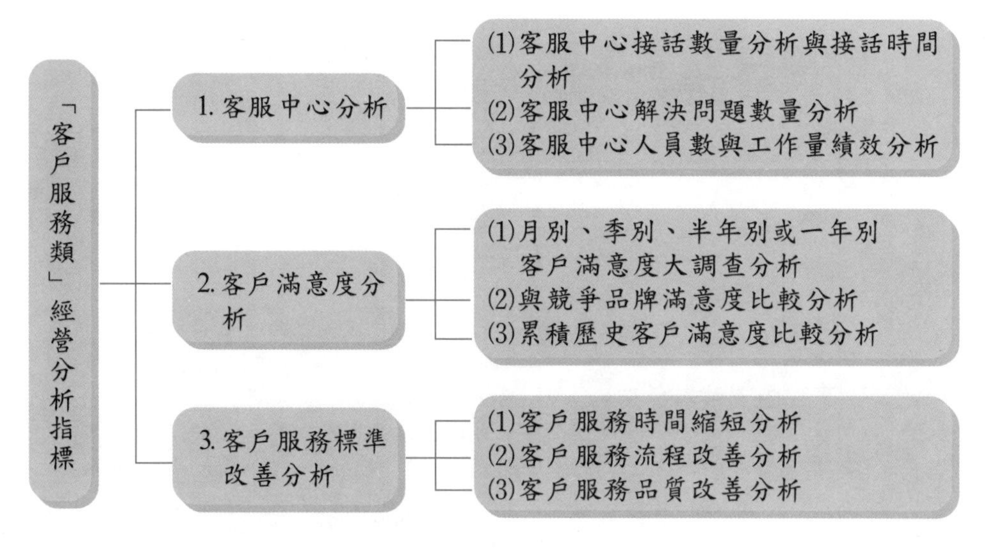

圖 13-5　客戶服務類經營分析指標

㈤ 一般管理類經營分析指標

在一般管理類經營分析，可區分爲人力資源、資訊系統、總務行政、法務及組織等 5 個不同領域經營分析指標，見圖 13-6 所示。

三、結語

本章所介紹的經營分析與數字管理指標項目，在企業實務上來說，是非常重要的。因爲唯有透過指標項目的比例分析及增減分析，才能知道整體及細節的營運狀況與績效如何，才可能進一步剖析其中的原因，追根究柢，力求公司整體營運績效的不斷改善與提升，而這就有賴這些經營分析與數字管理的靈活運用與有效掌握了。

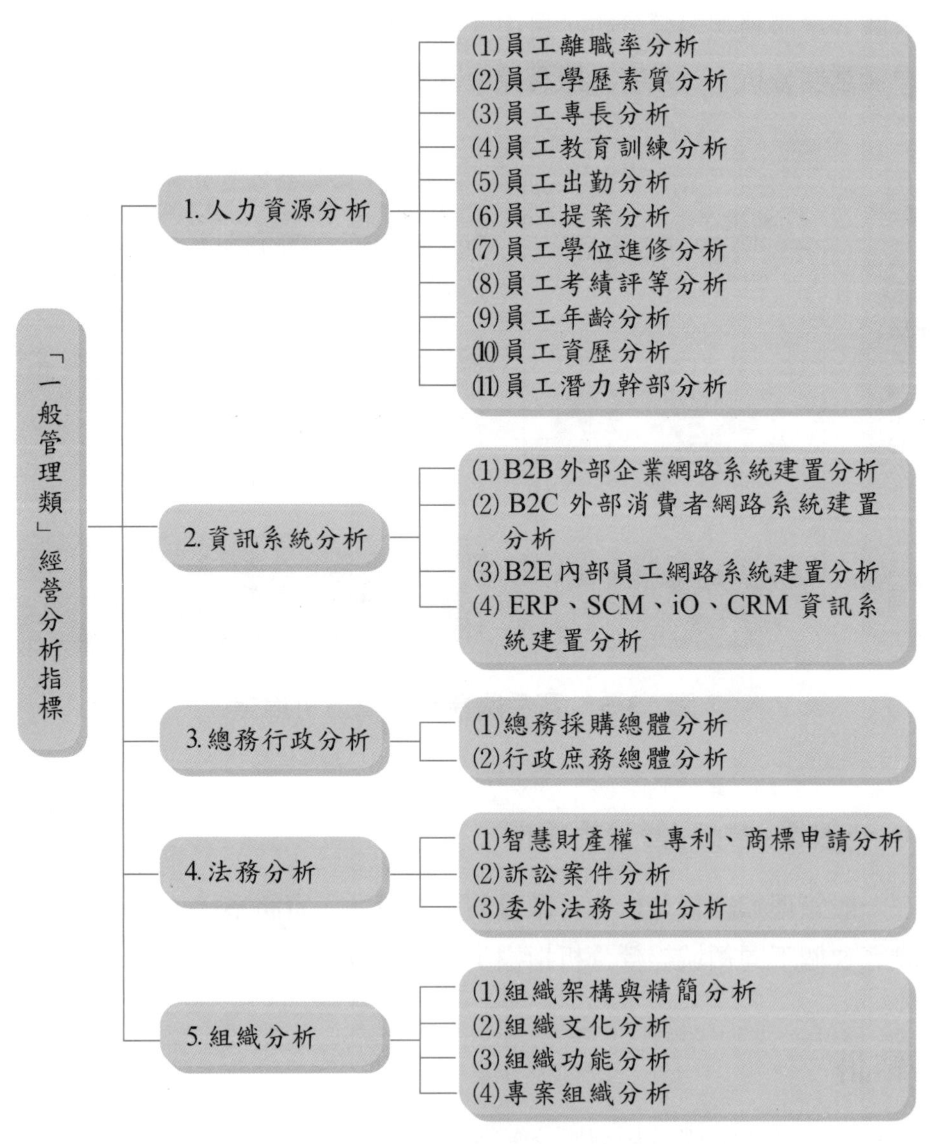

圖 13-6　一般管理類經營分析指標

第三節　預算管理制度

一、何謂預算管理

「預算管理」（budget management）對企業界是非常重要的，也是經常在會議上拿來當作討論的議題內容。

所謂「預算管理」，即指企業爲各單位訂定各種預算，包括營收預算、成本預算、費用預算、損益（盈虧）預算、資本預算等；然後針對各單位每週、每月、每季、每半年、每年等定期檢討是否達成當初所訂定的目標數據，並且作爲高階經營者對企業經營績效的控管與評估主要工具之一。

二、預算管理的目的

「預算管理」之目的及目標，主要有下列幾項：

1. 預算管理係作爲全公司及各單位組織營運績效考核的依據指標之一，特別是在獲利或虧損的損益預算績效上是否達成目標預算。
2. 預算管理可視爲「目標管理」的方式之一，也是最普遍可見的有力工具。
3. 預算管理可作爲各單位執行力的依據，有了預算，執行單位才可以去做某些事情。
4. 預算管理應視爲與企業策略管理相輔相成的參考準則。公司高階訂定發展策略方針後，各單位即訂定相隨的預算數據。

三、預算何時訂定

實務上企業在每年的年底快結束時，即 12 月底或 12 月中旬，即要提出明年度或下年度的營運預算，然後進行討論及定案。

四、預算種類

基本上來說，預算可以區分為下列幾類：

1. 年度（含各月別）損益表預算（獲利或虧損預算）
2. 年度（含各月別）資本預算（資本支出預算）
3. 年度（含各月別）現金流量預算

而在損益表預算中，又可細分為：

1. 營業收入預算
2. 營業成本預算
3. 營業費用預算
4. 營業外收入與支出預算
5. 營業損益預算
6. 稅前及稅後損益預算

五、須訂定預算的單位

幾乎全公司都要訂定預算，其所不同的只是：有些是事業部門的預算，有些則是幕僚單位的預算。幕僚單位的預算是純費用支出的，而事業部門則有收入與支出。因此，預算的訂定單位，應該包括：

1. 全公司預算
2. 事業部門預算
3. 幕僚部門預算（財會部、行政管理部、企劃部、資訊部、法務部、人資部、總經理室、董事長室、稽核室等）

六、預算如何訂定

預算訂定的流程，說明如下：

1. 經營者提出下年度的經營策略、經營方針、經營重點及大致損益的挑戰目標。
2. 由財會部門主辦，並請各事業部門提出初步的年度損益表預算及資本預算的數據。

3. 財會部門請各幕僚單位提出該單位下年度的費用支出預算數據。
4. 由財會部門彙整各事業單位、各幕僚部門的數據，然後形成全公司的損益表預算及資本支出預算。
5. 然後，由最高階經營者召集各單位主管共同討論、修正及最後定案。
6. 定案後，新年度即正式依據新年度預算目標，展開各單位的工作任務與營運活動。

七、預算何時檢討及調整

在企業實務上，預算檢討會議是經常可見的。就營業單位而言，幾乎每週都至少要檢討上週達成的業績狀況如何？幾乎每月也要檢討上月的損益狀況如何？與原訂的預算目標相比較，是超出或不足？超出或不足的比例、金額及原因是什麼？又有何對策？以及如果連續一、二個月下來，都無法依照預期達成預算目標的話，則應該要進行預算數據的調整了。調整預算，即表示要「修正預算」，包括「下修」預算或「上調」預算。下修預算，即代表預算沒達成，往下減少營收預算數據或減少獲利預算數字。

總之，預算是關係著公司的最後損益結果，因此，必須時刻關注預算的達成狀況如何，而做必要的調整。

八、有預算制度是否表示公司一定賺錢

答案當然是否定的。預算制度雖很重要，但它也只是一項績效控管的管理工具而已。它並不代表有了預算控管就一定會賺錢。公司要獲利賺錢，此事牽涉到很多面向問題，包括產業結構、經濟景氣、人才團隊、老闆策略、企業文化、組織文化、核心競爭力、競爭優勢、競爭對手等太多的因素了。不過，優良的企業，是一定會做好預算管理制度的。

九、預算制度的對象，有愈來愈細的趨勢

最後，要提的是，近年來企業的預算制度對象有愈來愈細的趨勢。包括

1. 各分公司別預算；2. 各分店別預算；3. 各分館別預算；4. 各品牌別預算；5. 各產品別預算；6. 各款式別預算；7. 各地域別預算。

這種趨勢，其實與目前流行的「各單位利潤中心責任制度」是有相關的。因此，組織單位劃分愈精細，權責也愈清楚，各細部單位的預算也就跟著產生了。

十、損益表預算格式

茲列示最普及的損益表預算格式（按月別），如表 13-2 所示。

表 13-2　損益表

單位：元

	1月	2月	3月	4月	5月	6月	7月	8月	9月	10月	11月	12月	合計
①營業收入													
②營業成本													
③＝①－② 營業毛利													
④營業費用													
⑤＝③－④ 營業損益													
⑥營業外收入與支出													
⑦＝⑤－⑥ 稅前淨利													
⑧營利事業所得稅													
⑨＝⑦－⑧ 稅後淨利													

第四節　BU利潤中心制度

一、何謂BU制度

BU 制度係指近年來常見的一種組織設計制度。它是從 SBU（strategic business unit；戰略事業單位）制度，逐步簡化稱為 BU（business unit），然後，因為可以有很多個 BU 存在，故也稱為 BUs。

BU 組織，即指公司可以依事業別、公司別、產品別、任務別、品牌別、分公司別、分館別、分客戶別、分樓層別等之不同，而將之歸納為幾個不同的 BU 單位，使之權責一致，並加以授權與課予責任。最終要求每個 BU 要能夠獲利才行，此乃 BU 組織設計之最大宗旨。

BU 組織，也有人稱為「責任利潤中心制度」（profit center）；兩者確實頗為近似。

二、BU制度優點

BU 組織制度究係有何優點呢？大致如下：

1. 確立每個不同組織單位的權利與責任的一致性。
2. 可適度有助於提升企業整體的經營績效。
3. 可以引發內部組織的良性競爭，並發掘優秀潛在人才。
4. 可以有助於形成「績效管理」導向的優良企業文化與組織文化。
5. 可以使公司績效考核能與賞罰制度，有效的連結在一起。

三、BU制度盲點

BU 組織制度並不是萬靈丹，也不代表每一個企業採取 BU 制度，每一個 BU 就能夠賺錢獲利。因此，須注意：

第一：當 BU 單位的負責人如果不是一個很卓越及優秀的領導者或管理者時，該 BU 仍然會績效不彰。

第二：BU組織欲發揮功效，乃須要有其他配套措施配合運作才能竟其功。

四、BU組織單位如何劃分

實務上，因各行各業甚多，因此BU組織單位的劃分，可以從下列切入：

公司別BU、事業部別BU、分公司別BU、各店別BU、各地區BU、各館別BU、各產品別BU、各品牌別BU、各廠別BU、各任務別BU、各重要客戶別BU、各分層樓別BU、各品類別BU、各海外國別BU等。

舉例如下：

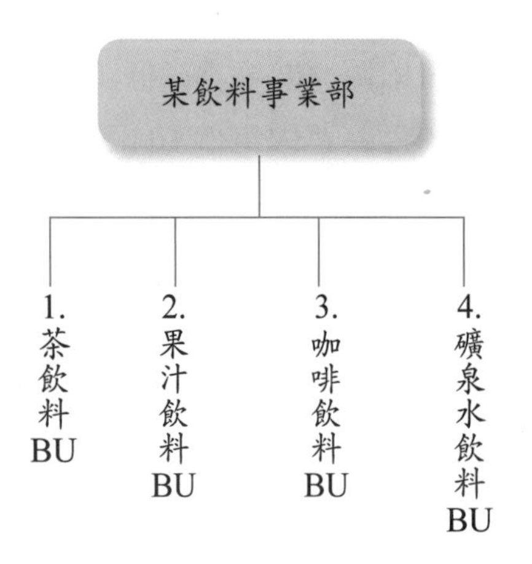

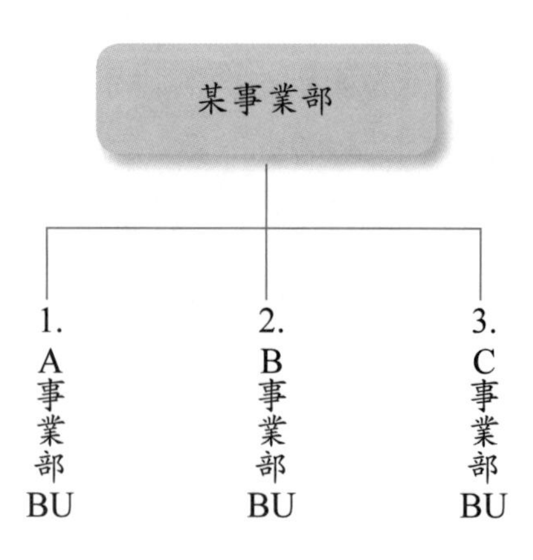

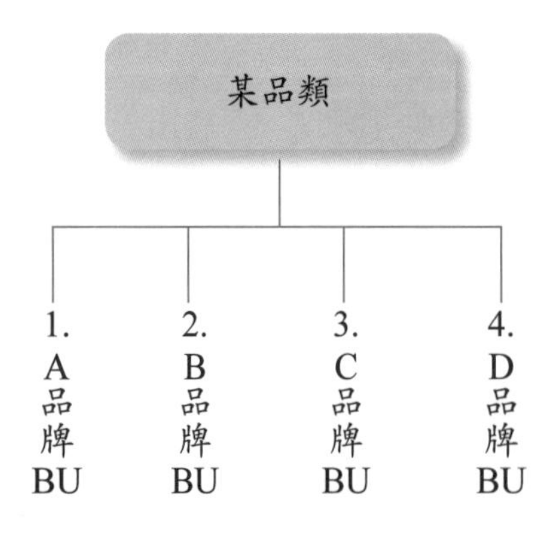

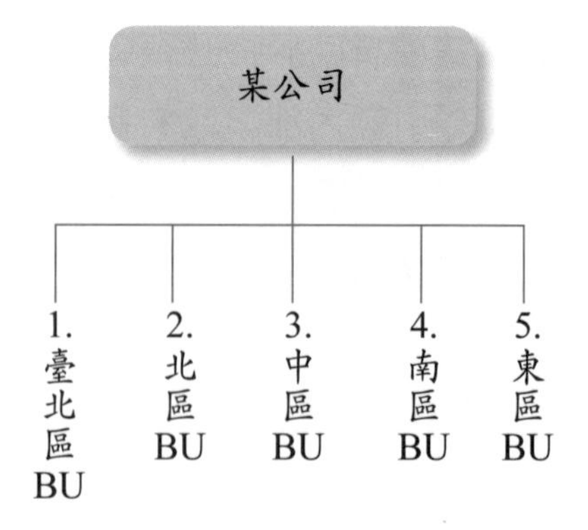

五、BU制度如何運作（執行步驟）

BU 制度的執行步驟，說明如下：

1. 適切合理劃分各個 BU 組織。
2. 選任合適且強有力的「BU 長」或「BU 經理」，負責帶領此單位。
3. 研訂配套措施，包括授權制度、預算制度、目標管理制度、賞罰制度、人事評價制度等。
4. 定期嚴格考核各個獨立 BU 的經營績效、成果如何。
5. 若 BU 達成目標，則給予獎勵及人員晉升等。
6. 若未能達成目標，則給予一段觀察期；若仍不行，就應考慮更換 BU 經理。

六、BU制度成功的要因

BU 組織制度並不保證它都會成功且令人滿意，不過歸納企業實務上，成功的 BU 組織制度，有如下要因：

1. 要有一個強而有力 BU 長（領導人、經理人、負責人）才行。
2. 要有一個完整的 BU「人才團隊」組織。一個 BU 就好像是一個獨立運作的單位，它須要有各種優秀人才的組成才行。
3. 要有一個完整的配套措施、制度及辦法。
4. 要認眞檢視自身 BU 的競爭優勢與核心能力何在？每一個 BU 必須確信超越任何競爭對手的 BU。
5. 最高階經營者要堅定決心貫徹 BU 組織的制度。
6. BU 經理的年齡層有日益年輕化的趨勢，因爲年輕人有企圖心、有上進心、對物質經濟有追求心、有體力、有活力、有創新。因此，BU 經理彼此會有良性的競爭動力存在。
7. 幕僚單位有時尚未歸屬於各個 BU 內，故仍積極支援各個 BU 的工作推動。

七、BU制度與損益表如何結合

BU 制度最終須檢視 BU 是否爲公司帶來獲利，若 BU 都能賺錢，全公司累計起來就能獲利。列示 BU 損益表如下：

○○公司○○年度（4 個 BU 損益表）

	BU1	BU2	BU3	BU4	合計
①營業收入	$00000	$0000	$0000	$0000	$00000
②營業成本	$(00000)	$( )	$( )	$( )	$( )
③營業毛利	$00000	$0000	$0000	$0000	$0000
④營業費用	$(000000)	$( )	$( )	$( )	$( )
⑤營業損益	$00000	$0000	$0000	$0000	$0000
⑥總公司幕僚費用分攤額	$(00000)	$( )	$( )	$( )	$( )
⑦稅前損益	$0000	$0000	$0000	$0000	$0000

第五節　如何有效控制（降低）成本

當企業面臨經濟景氣低迷、市場買氣不振或市場激烈競爭而使出低價衝擊時，均使企業的業績遭受停滯或是衰退的狀況。此時，企業面臨可能虧損狀況下，唯有努力控制及降低成本與費用，才能減少虧損或轉虧爲盈。

企業有哪些方法，可有效控制或降低成本呢？大致上可採取如下措施：

一、從成本面來看

㈠ 精簡人力或裁員

製造業或服務業很大一部分的成本是人事成本。往往景氣時，聘用了很多人力；但不景氣時，這些工廠人員、服務業現場人員或幕僚人員就顯得太多。因此，有必要逐一從每個部門檢討起，看看哪些是多出來的人，或是一個人可以同時兼做二份工作的。如果平均一個人員薪資爲 3.5 萬元，現場裁掉 10 人，一個月即可省 35 萬元，一年 12 個月即可省 420 萬元，或是少虧 420 萬元。

㈡ 放無薪假

有些製造業面臨短期幾個月的缺乏訂單，此時可採取放無薪假方式，等到訂單有了，這些人再重新回來工作上班。

㈢ 降低原物料或零組件採購成本

原物料或零組件成本對製造業而言，經常占很高比例的成本結構。因此如何向上游供應商議價而降低成本，或是轉向其他供應商進貨而比較便宜等方式都是可以採取的。此外，集中少數幾家供應商，而經由規模經濟採購而得到比較低的價格，也是一種方法。另外，也要跟競爭對手比較，他們是以多少價格進貨，是否比我們低很多？他們是如何做到的？這些都是值得我們學習的。

㈣ 從研發設計簡化著手，以降低成本

從一開頭的研發設計著手，並透過「標準化」、「共通性」、「簡化」等零組件或配件的組裝模式，以達到從研發設計時，就能有效降低成本的目標，也是常見的。

由於零組件的標準化、共通化及簡化，使得其採購也可以規模經濟化，故採購成本可以低一些。

㈤ 整併工廠或整併不具效益的門市店

整併是不得已的手段。當工廠太多、太分散，而不夠生產規模經濟效益時，就應該加以關掉或整併，然後才可以節省工廠的各項成本，把二套人馬整併爲一套人馬即可。

不具效益的店，也是一樣須予以關掉，只留下那些獲利賺錢的門市店。

㈥ 採用自動化設備，降低製造成本

有些較落後的設備，其產出產品所耗的成本較高。因此，淘汰落伍的設備，而採用先進的自動化或機械人式的設備，將可以有效降低產品的製造成本。

㈦ 外移到低成本國家

傳統製造業被迫須外移到人工、土地、廠房、設備等低成本的國家或地區生產，以節省一些成本。例如：臺商外移到中國大陸或東南亞國家去設廠，即是如此。

二、從費用面來看

㈠ 精簡幕僚人員及間接人員

從管銷費用面來看，直接精簡掉過多的幕僚人員，這是常見的做法。例如：財務、祕書、會計、行政、總務、企劃、法務、資訊、助理員、人資等，不必要或過多的人員，必須適時加以裁減，由一個人做二個人的事情。假如一個幕僚平均薪資為 4 萬元，裁掉 10 人。一個月省 40 萬元，一年可省 480 萬元，但戰力應不受影響。

㈡ 移動租辦公室地點，省下房租

如果從市區一坪 1,800 元，移動到郊區一坪 1,000 元，每坪可省下 800 元，若使用 200 坪，每月即可省下 16 萬元，一年也可省下近 200 萬元。

㈢ 中高階主管不可申報油資及地下停車位費用

一些公司中高階主管可申報油資及地下停車位費用，如果取消，亦可省下一筆不小費用。

㈣ 取消交際費、公關費

對業務單位可採取降低或完全取消交際費及公關費，每月亦可省下幾十萬元。

㈤ 其他措施

此外，還有幾項小措施，例如：外出、開會或午休應隨手關掉電燈及冷氣。或是影印採雙面印刷，或是開會不印紙本，直接看PowerPoint簡報即可。

最後，非不得已，採取全員減薪措施，或是中高階主管減薪措施，如此也可省下一大筆薪資費用。

總之，降低成本及費用，可從它們產生的來源處，審慎評估可以撙節的方法，貫徹下去，即可節省成本及費用，如此即可能轉虧爲盈或減少不景氣時的虧損。茲整理如圖 13-7 所示。

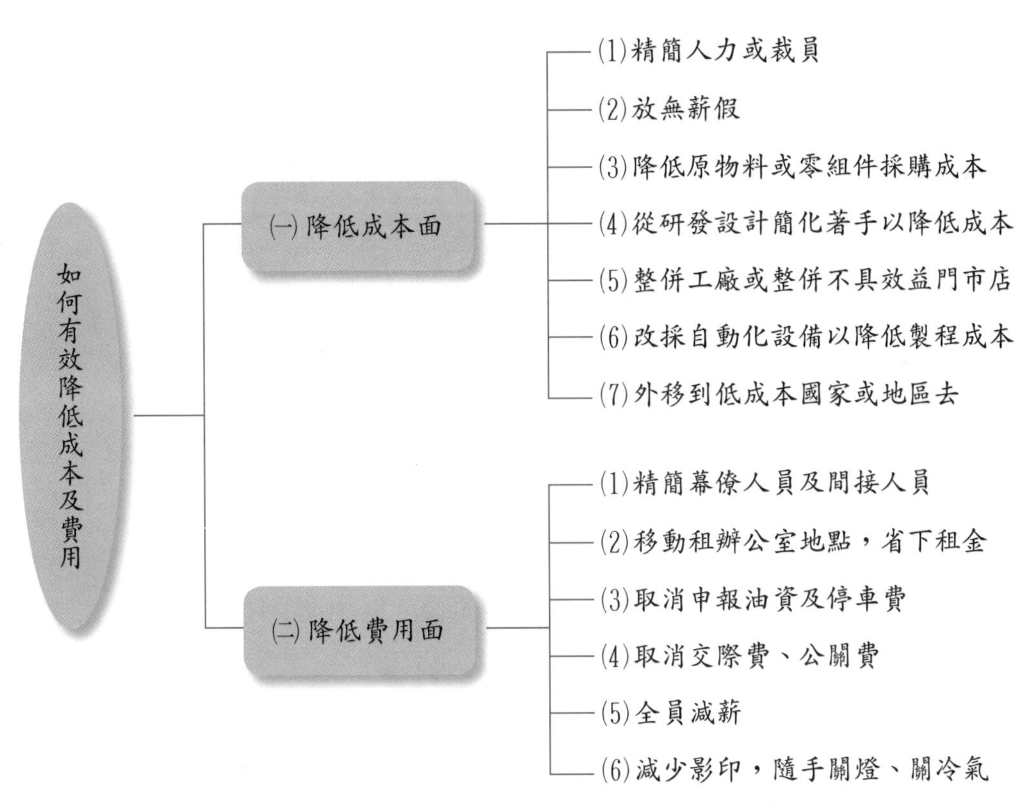

圖 13-7　如何有效控制（降低）成本及費用

自我評量

1. 試說明控制（控管）的意義及程序爲何？
2. 控管依程序而言，可區分爲哪三類？
3. 企業實務上，執行控管的單位有哪些？
4. 企業爲什麼需要控管？
5. 試說明不肖員工，會利用哪些動作，以逃避控管？
6. 試列示有效控管的 9 項原則爲何？
7. 試講述企業管控經營績效中心的型態有哪些？
8. 試說明公司 e 化的優點何在？
9. 試說明企業對財務會計的考核評估績效項目有哪些？
10. 試說明企業對營業與行銷面要求管控績效的項目有哪些？
11. 試說明企業在做經營分析時，應注意到哪 5 點分析原則？
12. 試列示企業經營分析的五大類別指標爲何？

第3篇 企業經營管理綜合篇

第14章　企業經營管理重要專業重點觀念綜述

第15章　企業經營與管理的124個重要知識

第 14 章

企業經營管理重要專業重點觀念綜述

一、企業整體經營架構

企業整體經營架構四大要素，包括 3 個 C 及 1 個 E。

㈠ 顧客要素

顧客（customer）是營收業績的來源。

㈡ 企業本身要素

企業本身（company）的條件與優勢，是創造最後獲利與否的核心要素。

㈢ 競爭對手要素

企業在自由市場運作，不可能沒有競爭對手（competitor），企業的一舉

四大要素的整體經營架構 = 3C + 1E

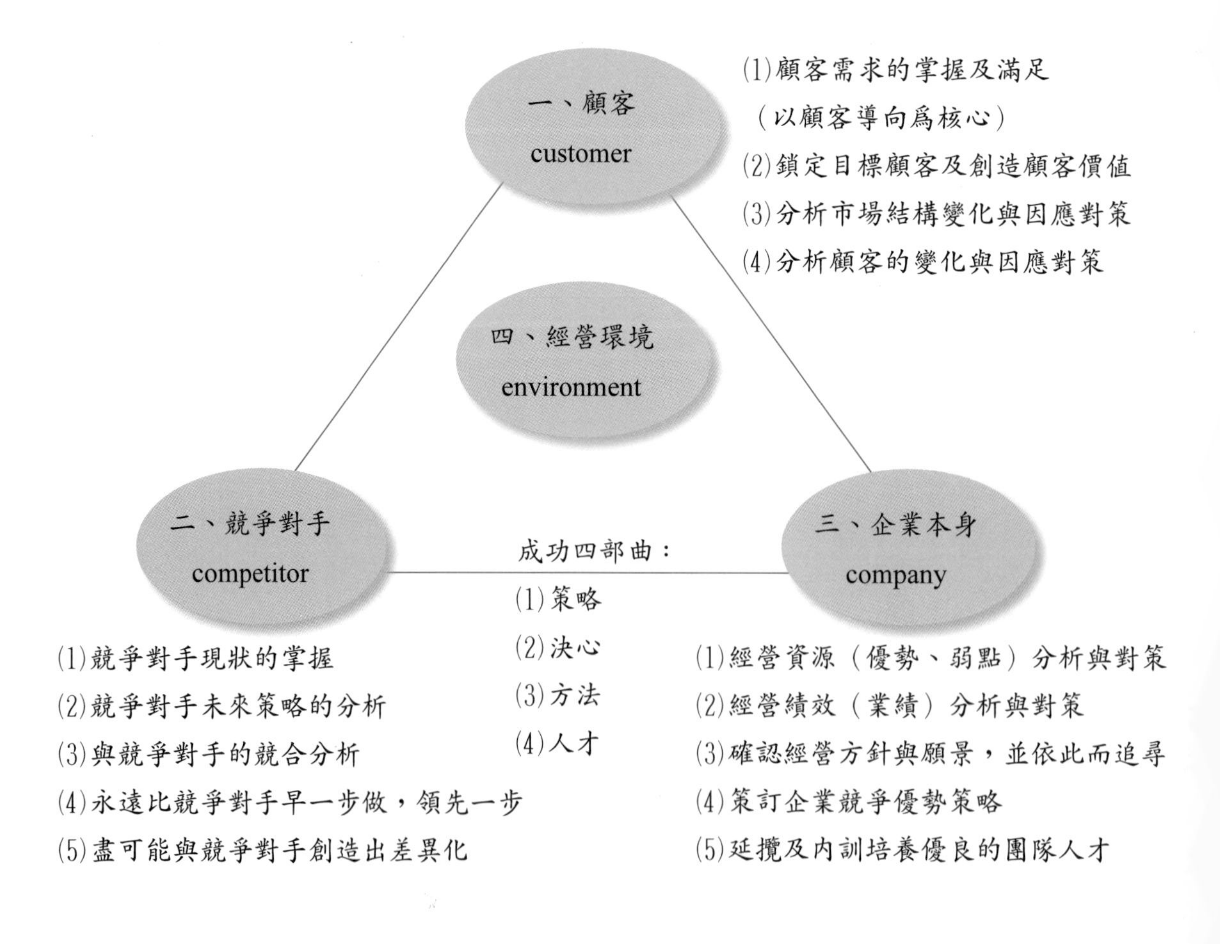

一動都會與競爭對手的動作相關。

㈣ 經營環境要素

企業營運必然會因外部環境（environment）的變化而受到影響，可能是好的，也可能是不好的。

二、企業實務運作的「經營」與「管理」整體面向的架構

㈠ 外部環境

經營管理以「人」爲中心，好的專業人才和組織就是企業最大的資源，但企業資源相對於經營環境是極其有限的，必須不斷因應外在環境的變化做適當的資源整合，才可生存和成長。論及外在環境，以 STEP 加以說明。

1. S：社會（social），指和經營有關的利害相關之社會、文化、消費者、及群體之變化與趨勢。例如：環保意識、健康知識、流行文化、年輕人消費力、教育程度提高、國際化風潮等變化均屬之。
2. T：科技（technology），指與產品、研發及生產相關的技術演變。
3. E：經濟（economics），指國內外及全球的經濟狀況及經貿組織規定。
4. P：政治（politics），指國內外及世界之政治局勢、政府產業政策與法令鬆綁的趨勢。

㈡ 產業內部環境

再者，產業對經營亦有頗大之影響，主要包括顧客、供應商、通路、競爭者和一般社會大衆。有人以 6C 來考量：

1. Customer：顧客的變化
2. Competitor：競爭者的變化
3. Core-Competence：核心競爭力的變化
4. Channel：通路的變化
5. Chain-Alliance：聯盟的變化
6. Computer：資訊的變化

㈢ 企業的經營管理可用「MOST」來說明上下之關聯性

1. Mission：使命
2. Objective：目標
3. Strategy：策略（經營概念力）
4. Tactics：戰術（計畫執行力）

㈣ 企業功能與管理功能

提及企業管理可以分成兩大功能：

1. 企業功能：經營的硬體設施，內容有人事、財務、生產、行銷、資訊、法務、採購和 R&D。
2. 管理功能：經營的軟體功能，包含規劃、組織、領導、溝通、激勵和控制，以及組織的行爲作爲主軸。

㈤ 策略管理

連結上述企業管理功能和外部（STEP）環境、產業內部環境（6C）和經營者的主要架構工作非得靠策略，無以爲功。策略猶如人體之神經和血液系統，可以感受外部經營環境的變化，啓動企業內部的管理系統予以因應，達到最適化的境界。有人說「世界上唯一不變的就是要變」，因此「大、小變」是經營管理不二法門。

三、何謂SWOT分析

企業經營管理營運過程中，最常用到的分析工具就是 SWOT 分析。所謂 SWOT 分析，就是企業內部資源優勢（strength）與劣勢（weakness）分析，以及所面對環境的機會（opportunity）與威脅（threat）分析。

針對 SWOT 分析之後，企業高階決策者，即可以研訂因應的決策或是策略性決定。有關 SWOT 圖示如下：

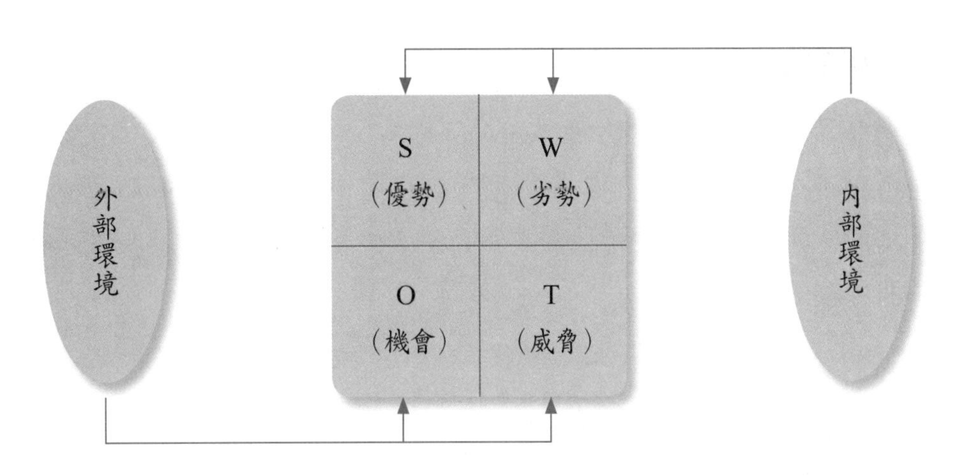

一般來說，SWOT 分析的表達技巧，有 2 種模式。第一種是針對某一單一事件，所進行的 SWOT 分析。如下圖示：

S	W
1. …………………………	1. …………………………
2. …………………………	2. …………………………
3. …………………………	3. …………………………
O	**T**
1. …………………………	1. …………………………
2. …………………………	2. …………………………
3. …………………………	3. …………………………

第二種則是針對多事件角度的分析，如下圖示：

	S	W
O	XXX	XXX
T	XXX	XXX

例如：在第一個左上格內，代表本公司有優勢資源，且又有環境商機存在，故可大膽全力投入。在第四個右下格內代表本公司不宜投入，因居劣勢資源，且環境威脅存在。

四、價值鏈的內涵

事實上，早在 1980 年策略管理大師麥可·波特教授就提出企業價值鏈（value chain）的說法。他認爲企業價值鏈是由企業的主要活動及支援活動所建構而成的，如下圖示。波特教授認爲公司如果能同時做好這些營運活動，就可創造良好績效。

波特教授的價值鏈

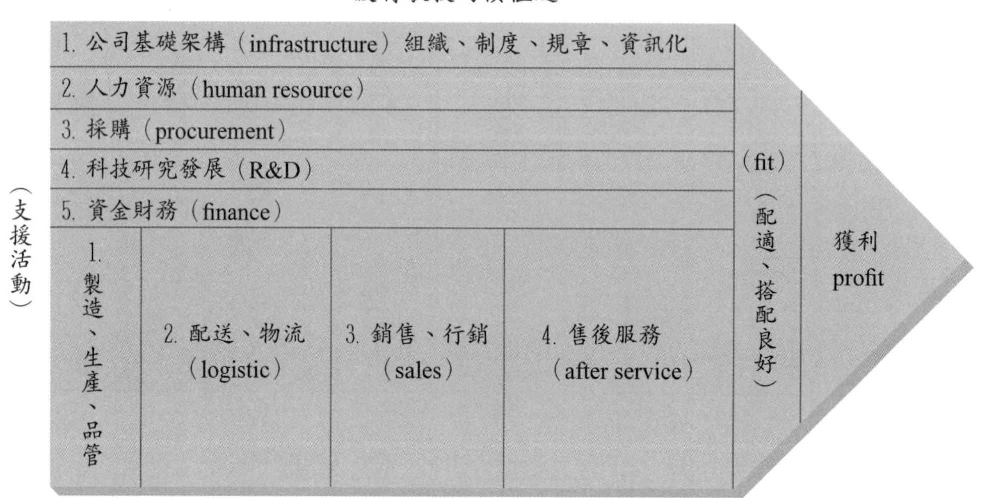

此外，波特教授也非常重視「fit 良好搭配」的概念，他認爲這些活動彼此之間必須有良好與周全的協調及搭配才能產生價值出來。否則各自爲政及本位主義的結果，可能使活動價值下降或抵銷掉。因此，他認爲凡是營運活動 fit 良好的企業，大致均有較佳的營運效能（operational effectiveness），也因而產生相對的競爭優勢。所以，波特教授一再重視企業在價值鏈活動運作中，必須產生營運效率才行。

另外，波特教授認爲每個產業的價值體系，包括 4 種系統在內，從上游的供應商到下游的通路商及顧客等，均有其自身的價值鏈，如下圖所示。

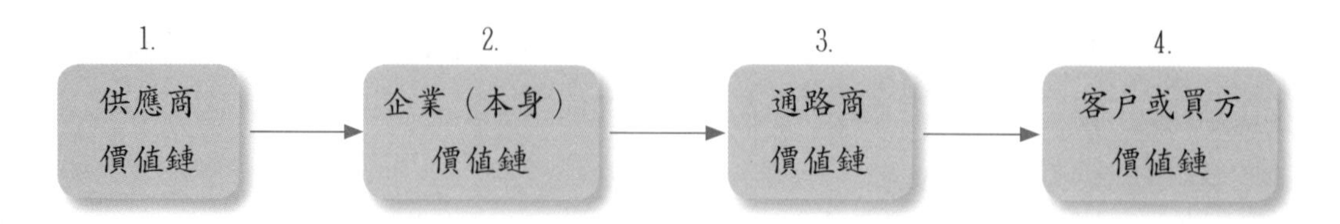

五、影響產業獲利的「5種力量」架構分析（波特教授）

㈠ 5 種影響產業獲利的競爭動力（Competitive Forces）

哈佛大學著名的管理策略學者邁克．波特（Michael Porter）曾在其名著《競爭性優勢》（*Competitive Advantage*）書中，提出影響產業（或企業）發展與利潤之 5 種競爭動力，概述如下：

圖示：

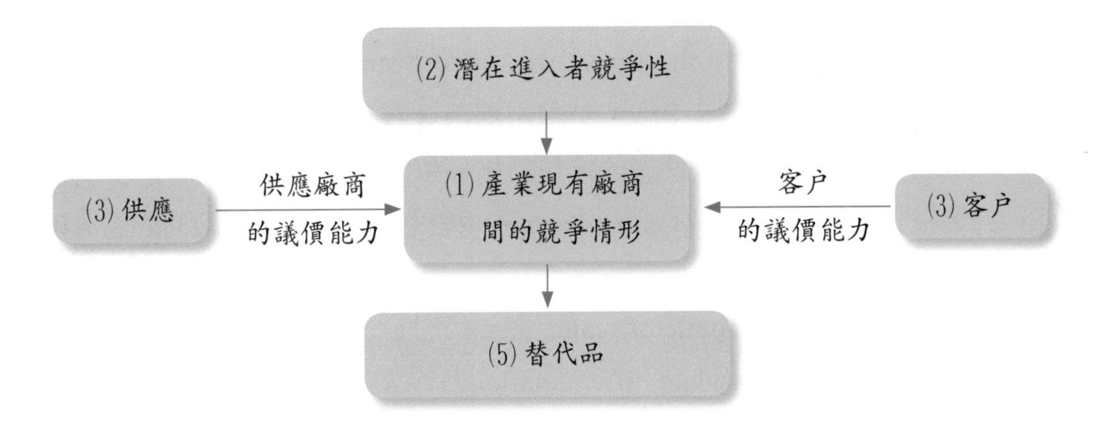

㈡ 意義與詮釋

1. 波特教授當時在研究過幾個國家的不同產業之後，發現爲什麼有些產業可以賺錢獲利，有些產業爲何不易賺錢獲利。後來，波特教授總結出 5 種原因，或稱爲 5 種力量，這 5 種力量會影響這個產業或這家公司是否能夠獲利，或是獲利程度的大與小。
2. 例如：如果某一個產業，經過分析後發現：
   (1) 現有廠商之間的競爭壓力不大，廠商也不算太多；
   (2) 未來潛在進入者的競爭可能性也不大，就算有，也不是很強的競爭對手；
   (3) 未來也不太有替代的創新產品可以取代我們；
   (4) 我們跟上游零組件供應商的談判力量還算不錯，上游廠商也配合的很好；
   (5) 而在下游顧客方面，我們的產品，在各方面也會令顧客滿意，短期內彼此談判條件也不會大幅改變。

如果在上述 5 種力量狀況下，那麼我們公司在此產業內，就較容易獲利，而此產業也算是比較可以賺錢的行業。

3. 當然，有些傳統產業雖然這 5 種力量都不是很好，但如果他們公司的品牌、營收或市占率是屬於行業內的第一品牌或第二品牌，仍然是有賺錢獲利的機會。

㈢ 說明

1. 新進入者的威脅（the threat of new entrants）

當產業之進入障礙很少時，將在短期內會有很多業者競相進入，爭食市場大餅，此將導致供過於求與價格競爭。因此，新進入者的威脅，端視其「進入障礙」（entry barrier）程度爲何而定。而廠商的進入障礙可能有 7 種：

⑴ 規模經濟（economic of scale）
⑵ 產品差異化（product differentiation）
⑶ 資金需求（capital requirement）
⑷ 轉換成本（switch cost）
⑸ 配銷通路（distribution channels）
⑹ 政府政策（government policy）
⑺ 其他成本不利因素（cost disadvantage）

2. 現有廠商間的競爭狀況（rivalry among existing firms）

亦即指同業爭食市場大餅，採用手段有：

⑴ 價格競爭：降價。
⑵ 非價格競爭：廣告戰、促銷戰。
⑶ 造謠、夾攻、中傷。

3. 替代品的壓力（pressure of substitute products）

替代品的產生將使原有產品快速老化其市場生命。

4. 客戶的議價力量（bargaining power of buyers）

如果客戶對廠商之成本來源、價格，有所了解而且又具有採購上之優勢時，則將形成對供應廠商之議價壓力，亦即要求降價。

5. 供應廠商的議價力量（bargaining power of suppliers）

供應廠商由於來源的多寡、替代品的競爭力、向下游整合之力量等之強弱，形成對某一種產業廠商之議價力量。另外，一個行銷學者基根（Geegan）則認爲政府與總體環境的力量也應該考慮。

六、波特教授的「基本競爭策略」

波特教授提出廠商可以採行的 3 種基本競爭策略（generic competitive strategy），分別是：

1. 全面成本優勢策略。
2. 差異化策略。
3. 集中專注利基經營：(1) 低成本集中經營；(2) 差異化集中經營（differentiation focus）

圖示如下：

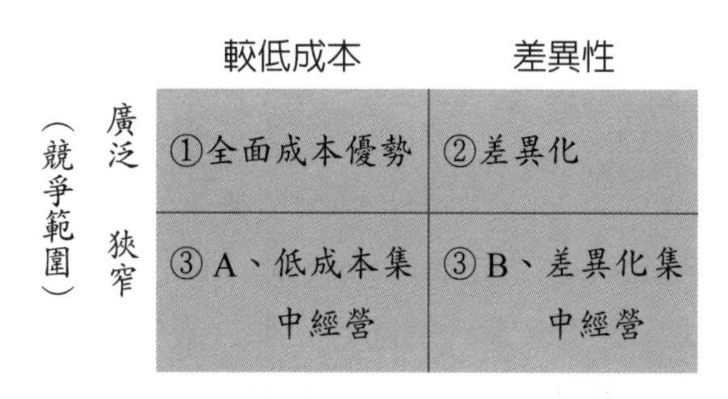

（競爭範圍）	較低成本	差異性
廣泛	①全面成本優勢	②差異化
狹窄	③A、低成本集中經營	③B、差異化集中經營

註：競爭範圍狹窄係指針對「區隔市場」（segment market）來經營。

那麼，企業如何創造出差異化呢？可以下列 12 種角度去實踐：1. 產品外觀設計差異化；2. 產品功能差異化；3. 產品包裝差異化；4. 產品等級品質差異化；5. 售後服務差異化；6. 配送速度差異化；7. 品牌價值差異化；8. 服務人員素質差異化；9. 付款方式差異化（分期付款）；10. 廣告宣傳差異化；11. 原物料材質使用差異化；12. 限量銷售差異化。

實務上，企業可從下列 7 種方向去落實成本競爭優勢：

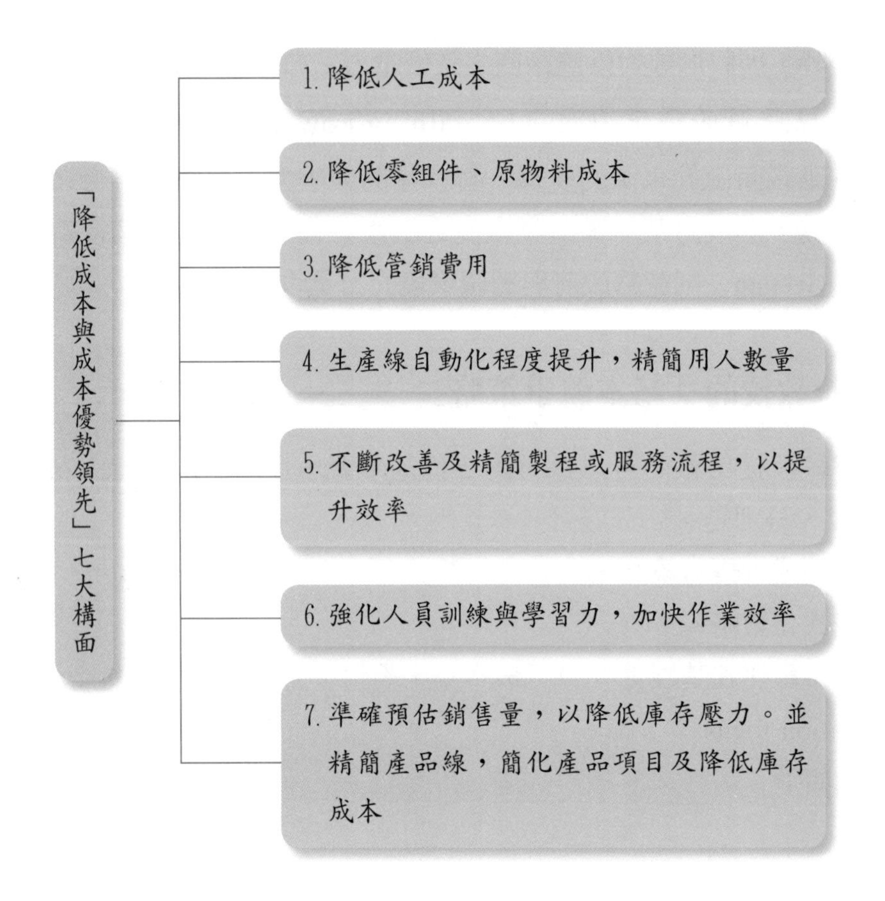

七、何謂OEM、ODM、OBM

㈠所謂 OEM（original equipment manufacture）即是指「委託代工生產」之意，包括國內廣達、仁寶公司等為國外名牌大廠代工生產筆記型電腦，其生產規格、功能等均依照國外大廠的要求而做，賺的是辛苦的微薄生產代工利潤。但是，OEM 量很大，還是值得做的，否則就沒有大訂單了。而國外大廠因為擁有品牌、通路及市場能力，故能賺取較多的行銷利潤，這與製造代工利潤是天與地之差別。

㈡所謂 ODM（design）又比 OEM 高一個層次，亦即指代工產品的設計、規格、功能，均由臺灣本公司所提出，有一些附加設計與研發價值在裡面，只要獲得國外大廠認同，即可以形成訂單生產。

㈢所謂 OBM（brand）又比 ODM 高一個層次，也是最高的層次。此即指**自創品牌**。包括生產與行銷均掛上自己公司的品牌，享有行銷利潤。畢竟，以自有品牌行銷全球是一段投資很大，而且很艱辛的路途。不是大廠的實力，是做不起來自有品牌的。不過，由韓國三星手機、三星家電的成功事實來看，國內某些大廠的自創品牌是正確的。（註：三星品牌已進入全球品牌 2016 年排名第 10 名，而臺灣迄無一家進入排名。）

㈣茲將前述 OEM、ODM 及 OBM 層次，圖示如下：

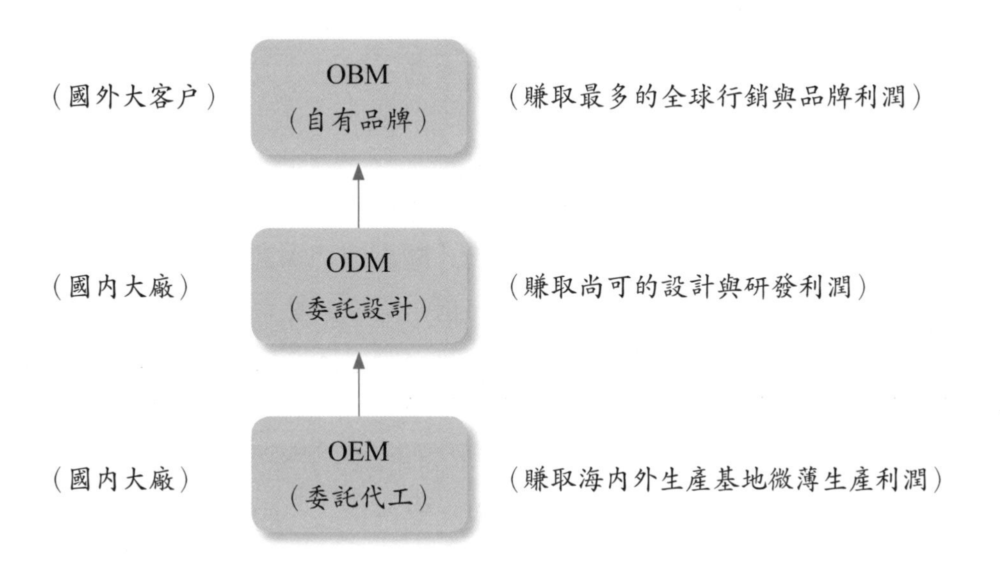

八、何謂「經營團隊」或「管理團隊」

「經營（或稱管理）團隊」（management team）是企業經營成功的最本質核心。企業是靠人及組織營運展開的。

因此，公司如擁有「專業的」、「團結的」、「用心的」、「有經驗的」經營團隊，則必可為公司打下一片江山。但是團隊，不是指董事長、或總經理，而是指公司中堅幹部（指經理、協理）及高階幹部（副總級及總經理級）等更廣泛的各層主管所形成的組合體。而在部門別方面，則是跨部門所組合而成的。

九、策略「綜效」的意義

所謂綜效（synergy），即指某項資源與某項資源結合時，所創造出來的綜合性效益。

㈠例如：金控集團是結合銀行、證券、保險等多元化資源而成立的，而且其彼此間的交叉銷售，也可產生整體銷售成長的效益。

㈡再如某公司與他公司合併後，亦可產生人力成本下降及相關資源利用結合之綜合性改善。

㈢統一 7-11 將其多年經營的零售流通技術 Know how，移植到統一康是美及星巴克公司身上，加快經營成效，此亦屬一種綜效成果。

十、何謂「關鍵成功要素」（KSF）

㈠任何一個產業及公司均有其必然的「**關鍵成功因素**」（key success factor）。成功因素自然很多，面向也很多，但是其中必然有最重要與最關鍵的。

就好像電視主播也可區分爲超級主播及一般主播，超級主播對收視率成功提升是一個關鍵因素。

㈡值得注意的是，在不同的行業及不同市場，可能會有不同的關鍵成功因素。例如：筆記型電腦大廠跟經營一家大型百貨公司的成功因素，可能不完全一樣。

㈢最重要的是，公司必須去探索爲什麼在這些關鍵因素上沒做好而落後競爭對手呢？如要超越對手，就必須在這些 KSF 上面，尋求突破、革新及優勢才行。

十一、何謂成本／效益分析

所謂「**成本／效益分析**」（cost and effect analysis）分析，即指對某一件投資案、某一件設備更新案、某一件策略聯盟合作案、某一個業務革新計畫、某一個單位的成立、某一件政策的改變或是某一個委外事務及某一個組織的存廢等，均必須進行成本與效益的分析，提出投入成本與產出效益之分析及評估。

然後依據效益必須大於成本的正面結果，才能做出好的決策，避免決策失誤的不良影響。當然，有時候企業會考量到長期的戰略性效益，而暫時犧牲短期的回收效益。因此，必須從戰略層面與戰術層面，區別看待此事。

十二、何謂持續性競爭優勢

所謂「持續性競爭優勢」（sustainable competitive advantage）是指公司對目前所擁有的各種競爭優勢，能夠在可見的未來持續下去。

因為，競爭優勢是瞬息萬變的，不管在技術、規模、人力、速度、銷售、服務、研發、生產、特色、財務、成本、市場、採購等優勢，均會隨著競爭對手及產業環境的變化而變化。因此，今天的優勢，明天不見得會仍然保有，必須想盡各種方法與行動，以確保優勢能持續領先下去。至少領先半年，一年也可以。

十三、常見的營運績效指標

㈠稅後盈餘額或淨利額（億元）：即每年賺多少錢。

㈡稅後每股盈餘（earning per share, EPS）：即每股賺多少元。

㈢股東權益報酬率（return on equity, ROE）：即稅後淨利額除以股東權益總額。

㈣資產報酬率（return on assets, ROA）：即稅後淨利額除以資產總額。

㈤毛利率（gross profit ratio）：營收額扣減營業成本後，即為毛利額，再除以營收額，即為毛利率。

㈥稅後純益率（net profit ratio）：即稅後純益額除以營收額，即為稅後純益率。

㈦公司總市值（market value）：即公司現在每股價格乘上在外流通總股數，即得公司總市值。例如：統一超商公司每股 60 元，若流通在外股數為 7 億股，即該公司總市值為 420 億元。

十四、何謂事業模式／商業模式、獲利模式（profit model）

即企業以什麼樣的方式，去產生營收來源及獲利來源。事業模式（business model）是企業經營裡頭，非常重要的一件事。不管是既有事業或是進入新事業領域，都必須要有可行的、具成長性的、有優勢條件的、吸引人的，以及能夠賺錢的事業模式。細一點來看，就是做任何一個事業，都必須先考慮 3 點：

㈠營收模式是什麼？客戶群有哪些？市場規模多大？想進入哪一塊市場？憑什麼能耐進去？營收來源及金額會是多少？這些都做得到嗎？實現了嗎？模式可不可行？是否有競爭力？如何勝過別人？顧客願意給你生意做嗎？爲什麼？

㈡營業成本及營業費用要花費多少？占營收多少比率？要多少營收額，才會損益平衡？別的競爭者又是如何？

㈢最後，才會看到是否眞能獲利？在第幾年獲利？獲利多少金額？對公司總體貢獻及重要性大不大？獲利率又是多少？以及投資報酬率是多少？國際的標準數據又是如何？

十五、何謂異業聯盟合作

異業聯盟合作已愈來愈多，主因是透過異業資源的互補互助，產生對雙方均甚有利的結果。例如：百貨公司與銀行信用卡的聯名卡合作，對雙方均有利。再如汽車銷售業、電視購物業、三 C 資訊賣場、百貨公司等均與銀行合作信用卡扣款的分期付款模式，以提升消費者的分期分次付款購買能力。

十六、何謂營運計畫書

㈠所謂營運計畫書是指公司向金融機關融資貸款，或向特定個別對象做私募增資，發行公司債募資、或是信用評等、向董事會及股東會做年度檢討報告、公司正式上市上櫃申請、或是申請現金增資等財務計畫時都必須撰寫營運計畫書，可能是未來 3 年或未來 5 年或當年度等情況。

㈡營運計畫書的內容架構，包括產業分析、市場分析、競爭分析、營運績效現狀、未來發展策略與計畫、經營團隊、競爭優勢，以及未來幾年之財務預測等內容，讓對方對本公司產生信心。

十七、何謂 IPO

㈠所謂 IPO（initial public offering），即是股票首次公開發行，或是首次上市。

㈡公司申請上市上櫃是大部分企業追求的一個階段性目標。

1. 因爲透過公司上市上櫃，才能從資本市場取得公司發展所需的成本資金。
2. 可以創造出高股價，以及公司總市價。員工在分紅配股時，有可觀的巨額紅利可分得。
3. 可以拿公司高價的股票，作爲融資抵押品，以取得銀行貸款，再去快速擴張事業版圖。

㈢目前在臺灣上市上櫃之前，都必須先經過興櫃市場掛牌至少 3 個月以上，然後再正式申請上市或上櫃。而欲獲得上市上櫃的結果，則須經較爲嚴謹的證期局審核程序，以及最後經由 15 位學者專家所組成的審查委員會多數同意通過才行。另外也必須到現場做簡報，並接受委員會的質詢。欲 IPO 通常都要有一家主辦證券公司協助輔導整個過程才行。

㈣目前臺灣上市加上櫃公司，合計已超過 1,100 家。另外，政府已放寬資本額在 5,000 萬元以上的中小企業，也可申請上市上櫃，並放寬門檻。

十八、何謂損益平衡點

㈠所謂「**損益平衡點**」（break-even point，簡稱 BEP），即是指當公司營運一項新事業或新業務時，他必須每月或每年達成多少銷售量或銷售額時，才能使該項事業損益平衡，而不賺也不賠。

㈡很多新事業或部門，在剛起頭的時候，因連鎖店數規模或公司銷售量，尚未達到一定規模量，因此呈現短期的虧損，這是必然的。但是一旦跨越過損益平衡點的關卡，公司營運獲利就有明顯的起色。

㈢從會計角度來看，達到損益平衡點時，代表公司的銷售額，已足可支應固定成本及變動成本，因此，才能損益平衡。

㈣就公司經營立場看，當然盡量力求加速達到損益平衡點，至少 3 年內，最多不能超過 5 年。即使不賺錢但是也不要再繼續虧損下去，因爲會把資本額虧光，而被迫再增資，或是向銀行再借款，或是必須關門倒閉。

十九、預算制度的重要性何在

㈠ 意義

企業預算是對未來期間（1年、2年或3年），業務經營財務需要之估計。申言之，所謂預算，即是對未來一定期間可能的營業收入及其所需要支出的成本費用，以及將來可能獲致的利潤估計。簡言之，預算即是未來財務收支的估計。

㈡ 重要性

預算制度在公司財務管理上具有甚多功用，故爲任何公司所不可少，玆分述如下：

1. 利用預算可以使各種生產要素做最有效之配合，俾產銷業務能在最經濟情形下，達到減少成本，增加收益之目標。
2. 利用預算控制各部門活動，使各部門業務照既定之計畫進行。
3. 利用預算可與實際情形相比較，以便隨時檢討改進。

二十、企業的功能別策略面向

就企業執行與運作的實際功能來區分，企業的功能別策略，大致可以有下列12種：

㈠ 行銷策略（業務策略，marketing strategy）

如何把商品賣出去，並賣到好價格之策略。

㈡ 資訊策略（information strategy）

如何建構公司內部以及與上游供應商及下游顧客之有效率資訊情報之連結策略，以加速資訊流通並互相連結在一起。

㈢ 採購策略（procurement strategy）

如何爭取到價錢好、量充足、準時交貨及品質穩定之商品或零組件或原物料來源之策略。

㈣ 流通、庫存策略（inventory strategy & logistic strategy）

如何將商品在顧客指定的時間及地點內，快速運送完成，並且控制好公司的庫存數量到最低天數水準。

㈤ 製造策略（manufacture strategy）

如何以最低成本、最快製程、最多元彈性、最高技能與最穩定品質，在既定交貨時間內，將產品製造完成，然後出貨運送到顧客手上。

㈥ 價格策略（pricing strategy）

如何以最具競爭力並兼顧公司一定利潤要求下之定價策略及優惠措施，以爭取到顧客的 OEM 訂單，或是讓一般消費者能在賣場上產生吸引力而拿取購買。

㈦ 技術研發策略（R&D strategy）

如何選定及培養主流產品與主流技術結合之 R&D 策略，並透過 R&D 而取得技術領先的競爭力。

㈧ 財務策略（finance strategy）

如何以最低的資金成本，獲得公司擴張所需要的財務資金。如何操作不同幣別的外匯收入，以產生財務收入。

㈨ 組織策略（organization strategy）

如何以適當的組織結構及組織人力資源，去滿足公司在不同階段與不同策略的營運發展與人才需求。

㈩ 子公司及購併策略（M&A strategy）

如何在國內與海外各地擴展新事業、新市場與新投資之進入方式，包括設立海外子公司及購併模式進入之選擇。

(十一) 海外策略（overseas strategy）

如對海外投資、生產、銷售、研發、上市、本土化等相關，一連串事務之政策與策略。

(十二) 產品策略（product strategy）

如何選擇、評估及研發各時期因應新產品上市的策略，以及對既有產品革新改善，力求產品市占率的維持，與得到顧客的好評。

(十三) 服務策略（service strategy）

如何以各種規劃完善與及時體貼的服務提供給顧客，讓顧客能感受到不僅買到產品，而且買到了良好的服務，並深受感動。

自我評量

1. 試說明何謂 3C/1E？
2. 試說明何謂 SWOT 分析？
3. 試說明何謂企業價值鏈？
4. 試說明波特教授的產業五力架構分析爲何？
5. 試說明波特教授的基本競爭策略爲何？
6. 試圖示 OEM、ODM、OBM 爲何？
7. 試說明何謂經營團隊或管理團隊？
8. 試說明何謂成本／效益分析？
9. 試說明何謂競爭優勢？
10. 試列示企業營運績效的常見指標爲何？
11. 試說明何謂 Business Model？
12. 試說明何謂 Business Plan？
13. 試說明何謂 IPO？
14. 試說明預算制度的重要性爲何？
15. 試說明何謂損益平衡點？

第 15 章

企業經營與管理的 124 個重要知識

一、SWOT分析

為什麼要作 SWOT 分析

1. 才能知己／知彼，百戰不殆。
2. 隨時檢視自己、檢討改進、革新進步。
3. 隨時掌握外部新商機，避掉外部新威脅。

二、競品分析（競爭對手分析）

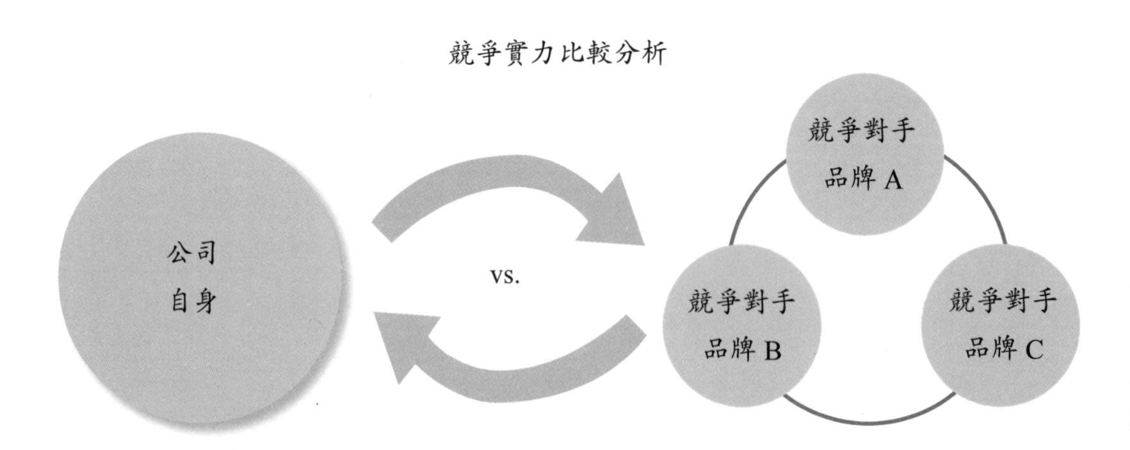

1. 競爭實力比較的層級種類：(1) 集團對集團、(2) 品牌對品牌、(3) 公司對公司、(4) 產品組合對產品組合。
2. 競爭對手實力比較的六大項目：(1) 研發與技術競爭力、(2) 生產競爭力、(3) 財務競爭力、(4) 行銷競爭力、(5) 業務競爭力、(6) 人才競爭力。
3. 為什麼要做競爭對手分析：(1) 了解、洞悉、掌握競爭對手的一切動態。(2) 知道如何因應對策，隨時保持領先。(3) 有利制定對的戰略及戰術。

三、外部經營環境的分析及洞察（國內／國外）

1. 政治、 2. 經濟景氣、 3. 國民所得與消費力、 4. 媒體趨勢、 5. 競爭者（同業／異業）、 6. 人口結構、 7. 社會文化、 8. 科技與技術、 9. 上游供應商、 10. 下游通路商、 11. 政策與法令、 12. 人口結構。

例如：

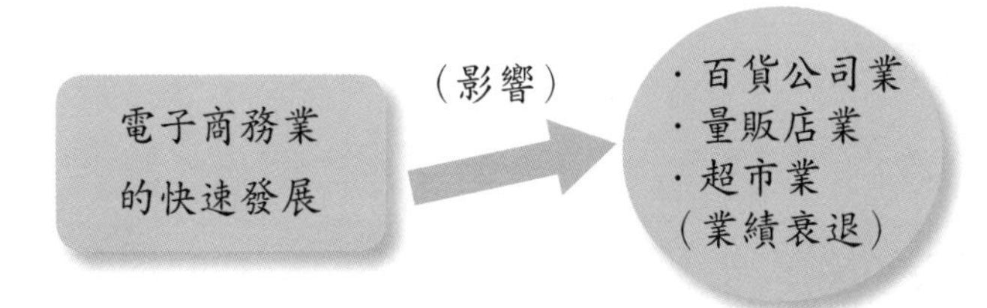

例如：

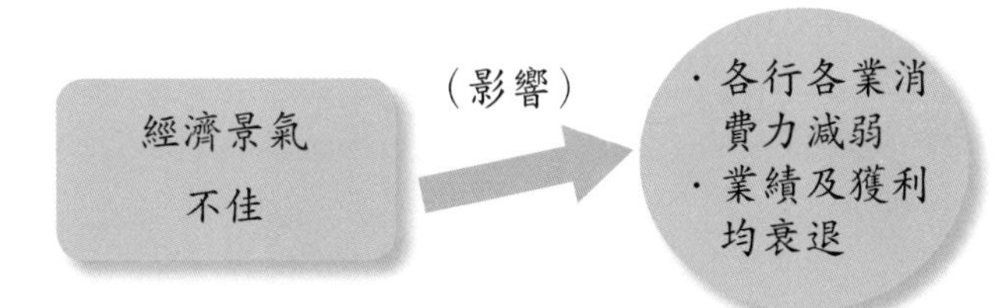

四、堅持顧客導向、市場導向

1. 顧客在哪裡，市場在哪裡，我們就在哪裡。顧客至上、市場至上。

2.離開了顧客，公司就一無所有。有顧客，才有公司。

3.日本 7-11 今年的經營總訓示：顧客！顧客！顧客！

五、因應變化的能力

1.日本 7-11 今年的經營總訓示：因應變化！

2.日本 7-11 因應變化三部曲：(1)關心變化！(2)看到變化！(3)因應變化！

六、KPI指標管理（關鍵績效指標）

KPI 指標的 4 種層次

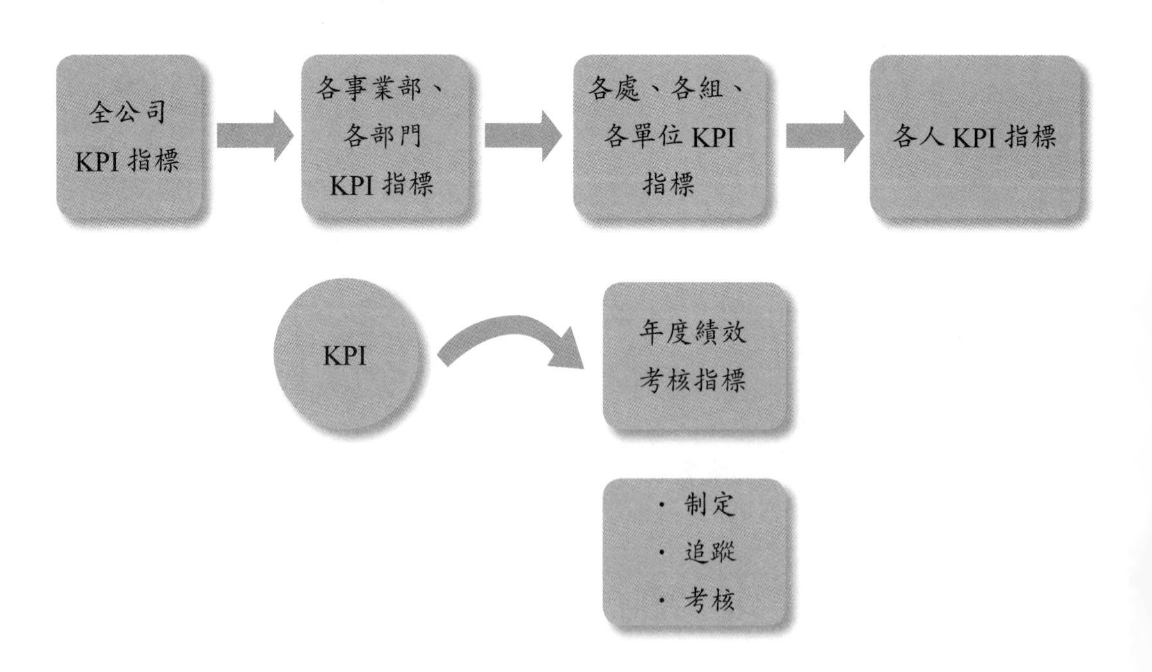

七、績效管理

績效管理（performance management）：每日、每週、每月、每季、每半年、每年檢核，視不同單位而定。

績效管理 3 大工具

1. 年度預算目標（月目標）管理。
2. 各單位 KPI 指標管理。
3. 各部門銷售量、生產量、出貨量等數據目標管理。

八、分析每個月賺不賺錢的一張會計報表：損益表（格式）

營業收入
–（營業成本）

營業毛利
–（營業費用）

營業損益
±（營業外收入與支出）

稅前損益
–（17% 所得稅）

稅後損益
÷（在外流通總股數）

＝ 每股盈餘（EPS）

(一) 損益表：每月關注幾個比例

1. 營收額：成長或衰退
2. 營業成本：成本率上升或下降
3. 營業毛利：毛利率上升或下降，毛利額增加或減少

4. 營業費用：費用率上升或下降
5. 營業損益：本業淨利或虧損
6. 稅前損益：稅前獲利或虧損，獲利率上升或下降

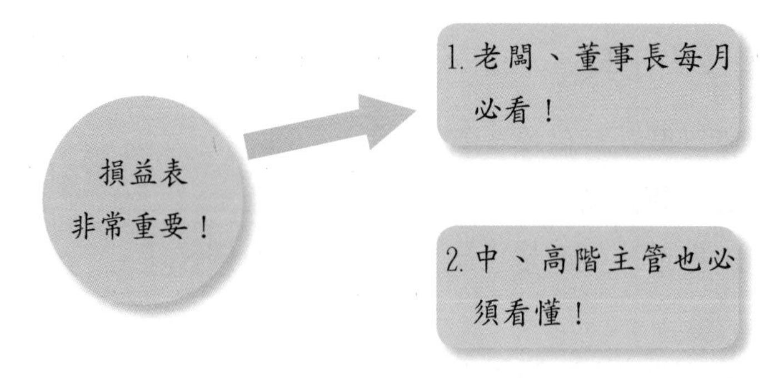

㈡ 一般的、合理的毛利率及獲利率是多少

1. 毛利率在 30%～40% 之間。
2. 獲利率在 5%～10% 之間。

九、企業獲利二大方向：開源／節流

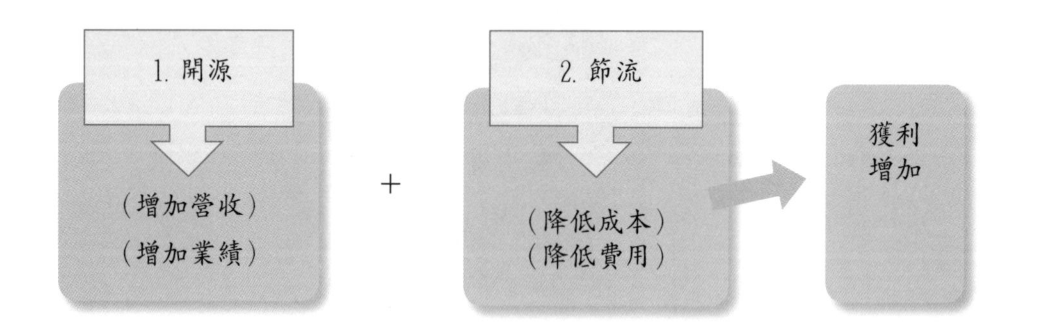

㈠ 二大節流

1. 成本降低：製造成本降低（工廠成本、原物料成本、零組件成本）。
2. 費用降低：臺北總公司費用降低（員工人數精簡、辦公租金、水電費、廣告費、交際費、業績資金等）。

㈡ 六大開源方法

1. 成功開發新產品、新品牌；2. 成功拓展新事業；3. 深耕既有市場；4. 成功改革既有產品；5. 成功加強行銷 4P 組合戰略與戰術；6. 成功開發新市場。

十、行銷4P/1S組合戰略、戰術

㈠ 行銷 4P/1S

1. 產品力（product）；2. 定價力（price）；3. 通路力（place）；4. 推廣力（promotion）：廣告、公關、業務、行銷活動；5. 服務力（service）。

組合意義：同時、同步做好這五件工作！

㈡ 行銷五大競爭策略

1. 產品策略、2. 定價策略、3. 通路策略、4. 推廣策略、5. 服務策略。

十一、外界評價一家企業優良與否的六大財務指標（必懂）

1. 企業總市值（股價 × 在外流通總股數）
2. 營收額及其成長率
3. 獲利額及其成長率
4. EPS（每股盈餘）（盈餘 ÷ 在外流通總股數）
5. 股價（股票流通價格）
6. ROE（股東權益報酬率）

獲利額增大、獲利率成長，EPS 就會升高、股價升高、企業總市值升高、ROE 升高。

獲利成長是第一王道，營收成長是第二王道。

十二、市占率與心占率

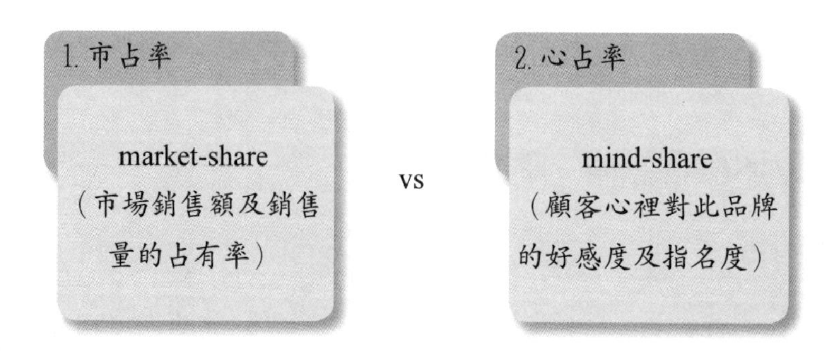

十三、品牌力（品牌資產）

品牌資產（brand assets）六大內涵：品牌知名度、品牌喜愛度、品牌指名度、品牌信賴度、品牌忠誠度、品牌回購率。

十四、顧客回購率爭奪戰

1. 現代行銷最重要的指標：顧客回購率、回店率、再購率。
2. 提高回購率，就可以提升業績。

十五、行銷發展十二大趨勢

1. 會員卡行銷（會員卡、貴賓卡、紅利點數卡）
2. 體驗行銷
3. 社群行銷（臉書、Line 粉絲經營）
4. 代言人行銷
5. 公益行銷
6. 公仔行銷
7. 直銷行銷
8. 店頭行銷（通路行銷）
9. 公關報導行銷

10.異業合作行銷
11.促銷行銷
12.電視廣告及冠名贊助行銷

十六、會員卡（貴賓卡、紅利點數卡）可提高回購率

1. 全聯福利中心（福利卡）
2. 家樂福（好康卡）
3. 7-11（icash 卡）
4. 新光三越（貴賓卡）
5. 誠品書店（誠品卡）
6. 屈臣氏（寵 i 卡）
7. SOGO 百貨（HAPPY GO 卡）

十七、促銷的10種主要方式

1	買一送一，買二送一	6	大抽獎
2	全面八折、五折、折價券	7	集點贈
3	滿千送百，滿萬送千	8	第二杯（件）五折
4	滿額贈	9	加價購
5	刷卡禮	10	買二件，八折算

十八、影響業績二大力量：行銷力＋產品力

1. 短期：靠「行銷力」（促銷活動）。
2. 長期：靠「產品力」。

十九、粉絲經營術：深化、鞏固業績

1. 臉書：粉絲專頁、粉絲團經營。
2. Line：Line 貼圖、官方帳號、Line@ 粉絲經營。

二十、所有行銷活動的最終二大目的

1. 達成業績、提振業績。
2. 打造品牌力、維繫品牌力。

二十一、行銷的S-T-P架構

1. S（segmentation）：區隔市場／市場區隔。
2. T（target market / target audience (TA)）：鎖定目標客層、消費族群。
3. P（positioning）：品牌定位／產品定位。

二十二、BU管理制度

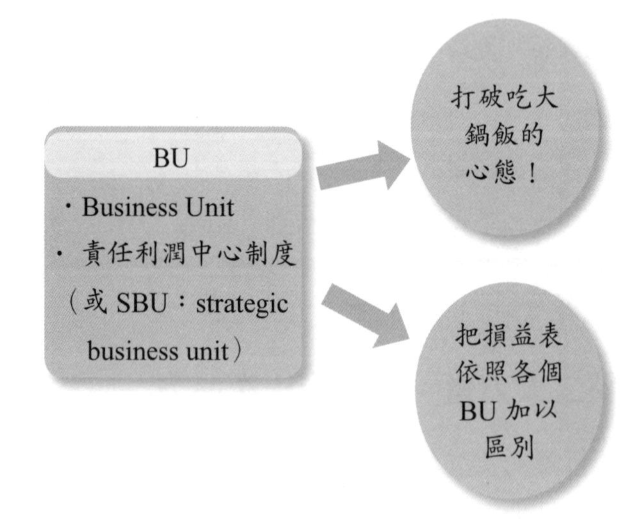

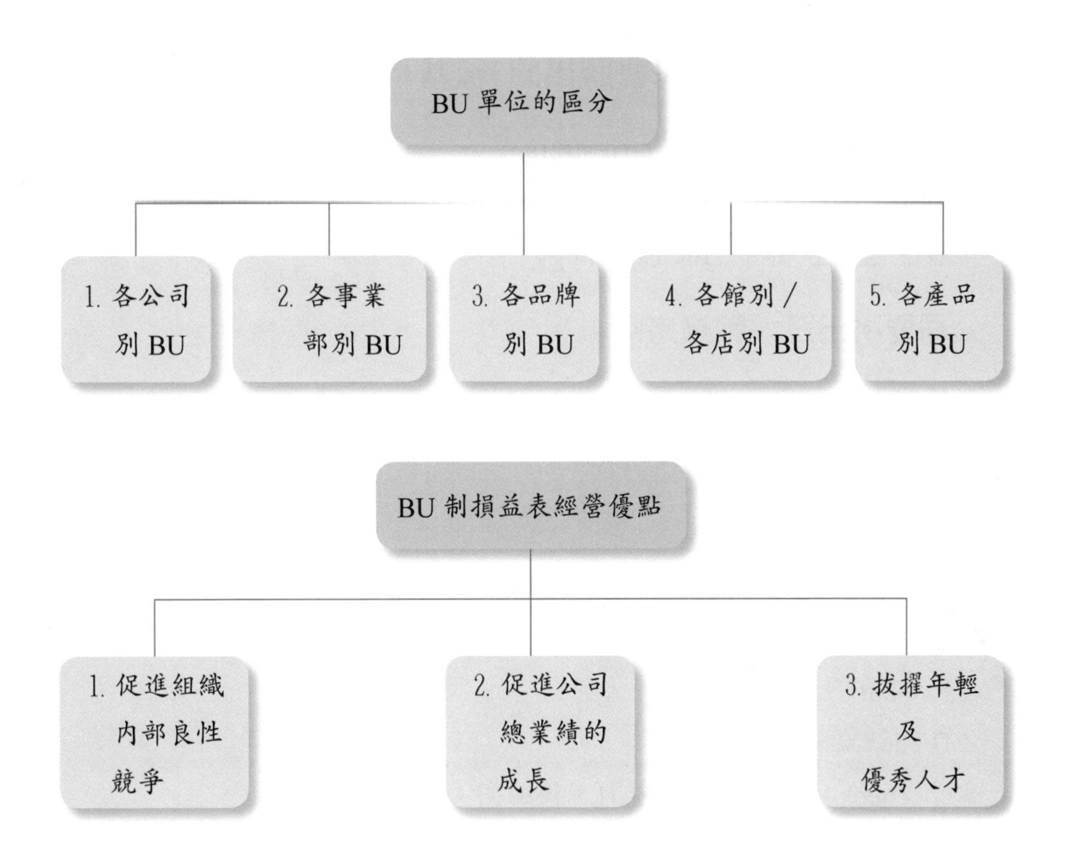

二十三、波特教授：產業五力架構分析

影響一家公司或一個產業獲利的五大因素，如下：

1. 既有競爭者狀況
2. 潛在新加入者動態
3. 未來替代品的威脅狀況
4. 與下游客戶端關係的好壞
5. 與上游供應商關係的好壞

產業或公司的獲利愈來愈下滑及衰退時，代表：

1. 競爭壓力愈大
2. 未來被替代的機率愈高
3. 與下游客戶關係不夠鞏固
4. 與上游供應商關係不夠好

二十四、波特教授：公司會勝出的3種基本競爭戰略分析

1. 低成本競爭策略（low-cost strategy）
2. 差異化競爭策略（differential strategy）
3. 專注化競爭策略（focus strategy）

公司要勝出三大戰略方向

1. 低成本
2. 差異化（特色化）（獨家化）
3. 專注

二十五、管理四大循環：P-D-C-A

1. P（plan）：計畫力。
2. D（do）：執行力。
3. C（check）：考核、追蹤力、督導力。
4. A（action）：再行動、再調整。

二十六、管理六大循環：O-S-P-D-C-A

1. Objective（目標）
2. Strategy（戰略）
3. Plan（計畫）
4. Do（執行）
5. Check（考核）
6. Action（再行動）

二十七、問題解決四步驟：Q-W-A-R

1. 問題是什麼（Question what）
2. 造成問題原因是什麼？（Reason why）
3. 解決的對策及方案（Answer how to do）

4. 查看問題是否已解決（Result）

二十八、波特教授：企業價值鏈

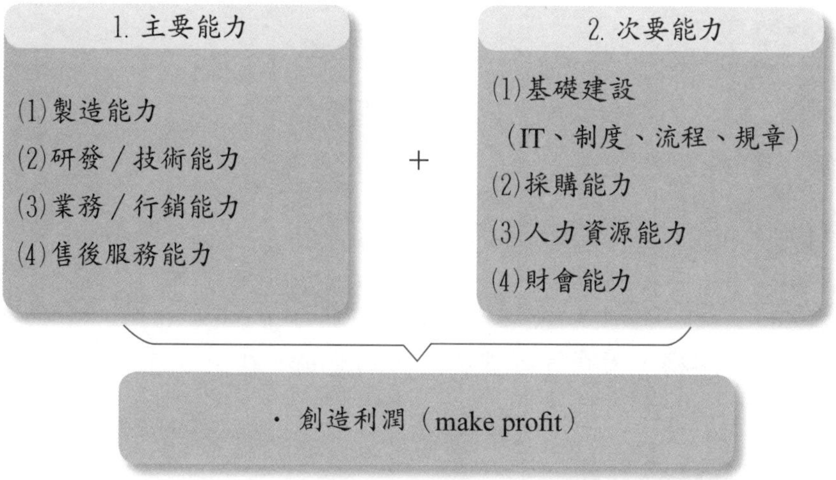

1. 主要能力
(1)製造能力
(2)研發／技術能力
(3)業務／行銷能力
(4)售後服務能力

＋

2. 次要能力
(1)基礎建設
（IT、制度、流程、規章）
(2)採購能力
(3)人力資源能力
(4)財會能力

・創造利潤（make profit）

企業價值鏈的五大力量

1. 研發力（技術力、商品開發力）
2. 業務力（含行銷力）
3. 製造力（含品質力）
4. 服務力
5. 人才力

二十九、P-D-F致勝三原則

1. Positioning（定位成功）
2. Differential（差異化特色）
3. Focus（專注經營，不跨行）

三十、競爭優勢與核心競爭力

打造：1. 競爭優勢（competitive advantage）；2. 核心能力（core competence）。

三十一、標竿學習

1. 向國內／國外第一名公司借鏡學習、取經學習。
2. 刺激自身公司加速進步。

學習什麼？

學習各種能力與突破，包括技術、製造、設計、採購、物流、品質、業務、組織、行銷、服務、策略等各種經營 Know how。

三十二、成本／效益分析

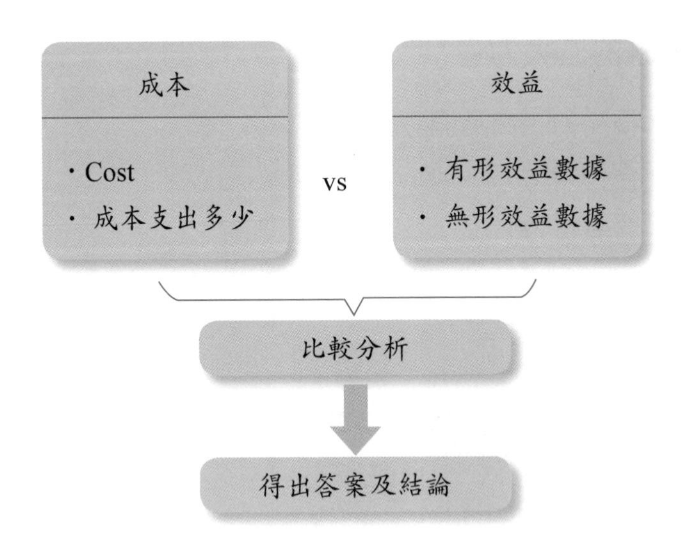

成本／效益分析的目的，讓每一筆重大支出都能花在刀口上，提醒員工重視效益的必要概念。

三十三、有形效益vs.無形效益

1. 有形效益：有確切數據及百分比可加以分析。
2. 無形效益：無法有明確數據及百分比可得。

三十四、目標管理（MBO）

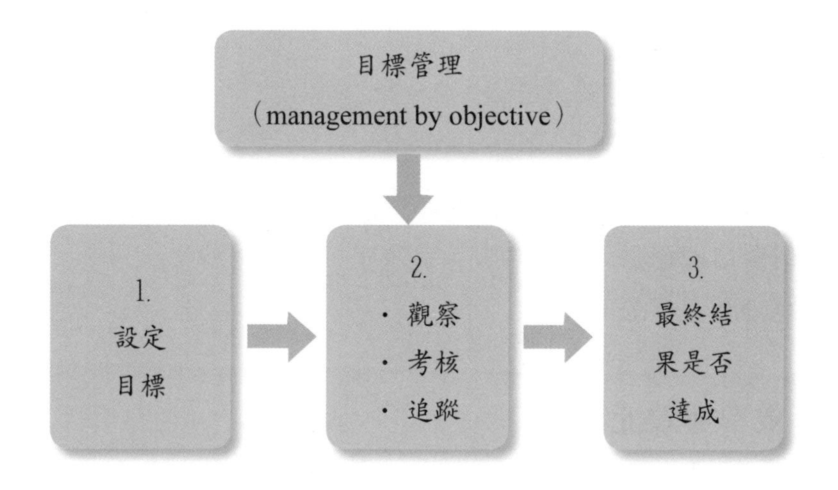

三十五、企業經營二大目標

1. 獲利
2. 善盡企業社會責任（corporate social responsibility, CSR）

三十六、企業投入與產出

1. 投入（input）：人力、物力、財力、資訊。
2. 過程（processing）：製作過程、服務過程。
3. 產出（output）：產品、服務。

三十七、企業二大有形資源與無形資源

1. 有形資源

(1) 人力、人才資源

(2) 資金資源

(3) 機械設備、廠房資源

(4) 物力資源

(5) 資訊資源

2. 無形資源

(1) 品牌資源

(2) 組織文化資源

(3) 信譽口碑資源

(4) 經營歷史資源

三十八、效率與效能

1. 效率（efficiency）：動作快、執行力強、效率快。

2. 效能（effectiveness）：效果好、成效好、結果佳。

三十九、IPO的意義

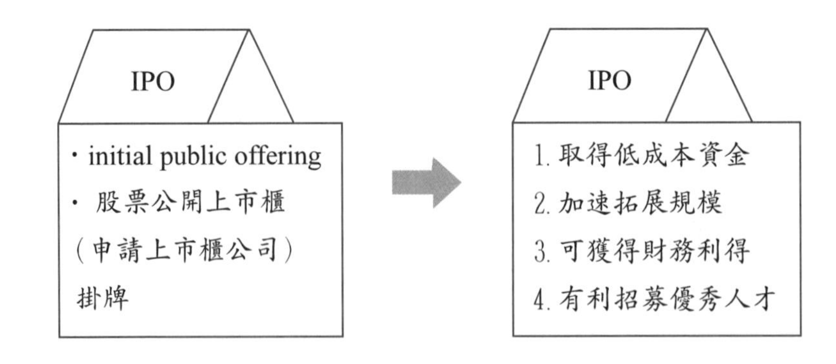

四十、公司進階的3種

未公開發行公司→公開發行公司→公開上市公司。

四十一、企業功能與管理功能之矩陣表

管理功能 企業功能	1. 規劃	2. 組織	3. 領導與激勵	4. 溝通與協調	5. 控制與考核
1. 研發與設計					
2. 採購					
3. 生產與品管					
4. 業務與行銷					
5. 人力資源					
6. 財會					
7. 資訊					
8. 法務					
9. 行政總務					

四十二、管理五機能與管理四聯制

1. 管理五機能：(1) 計畫、(2) 組織、(3) 用人、(4) 領導、(5) 控制。
2. 管理四聯制（P-D-C-A）：(1) 計畫、(2) 執行、(3) 考核、(4) 再行動。

四十三、企業願景

美國國家願景
- 世界第一大強國
- 世界警察角色

台積電
- 世界第一名的晶圓半導體研發與製造大廠

四十四、企業的主要組織功能部門名稱（17個）

1. 研發部（商品開發部）、2. 設計部、3. 製造部、4. 品管部、5. 採購部、6. 倉儲物流部、7. 業務部、8. 行銷部、9. 客服中心、10. 財會部、11. 資訊部、12. 法務部、13. 人資部、14. 行政總務部、15. 公共事務部、16. 會員經營部、17. 企劃部。

四十五、正確的與可行的營運模式／商業模式／收入模式

所謂商業模式，即是指這個新事業可以帶來明確的收入（營收）是哪些？這些收入來源可靠嗎？可行嗎？穩定的嗎？若是，這就是有明確可行的商業模式了，公司必可投入經營了！

四十六、企業成長六大策略

1. 既有市場深耕策略、2. 新市場開拓策略、3. 新產品開發策略、4. 併購策略、5. 海外投資策略、6. 多角化策略。

四十七、企業必要的使命

1. 企業成長、2. 業績成長、3. 獲利成長、4.EPS 成長、5. 總市值成長。

四十八、企業成長的基柱

1. 研發創新、2. 技術創新、3. 產品創新、4. 業務創新、5. 行銷創新、6. 設計創新、7. 組織創新。

四十九、現代企業重視公司治理

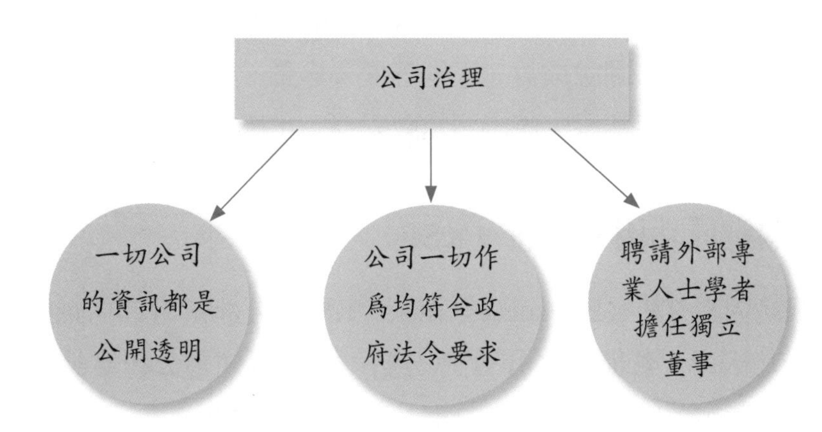

五十、有效提升自己決策能力的作爲

1. 多看書、多吸取新知與資訊。
2. 多掌握公司內部各種會議的學習機會。
3. 多向世界級卓越公司學習。
4. 多累積豐厚的人脈關係。
5. 多善用資訊工具及數據資料。
6. 多親臨第一現場，腳到、眼到、手到及心到。
7. 思維要站在戰略高點及前瞻視野。
8. 多掌握競爭對手情報。
9. 培養直觀、直覺判斷的能力。

五十一、優秀人力團隊／經營團隊

企業經營成功與勝利的最根本核心，在於「要有優秀的人才團隊」，包括優秀的研發、設計、採購、製造、質量、倉儲、物流、銷售業務、營銷企劃、財務會計、人力資源、總務、法務、客服中心、售後服務、稽核、訊息、商品、經營分析、經營企劃等團隊。所以，公司經營不善、虧損或成不了大公司的原因可能是，除了老闆因素外，就是缺乏優秀的人才團隊。

五十二、團隊決策討論會

團隊決策討論（group decision making）即現在的任何決策，大部分已是團隊討論所做的決策。團隊成員有不同經歷、專長、觀點與立場，因此整合團隊成員的討論、意見與智慧，將得到比較妥善、正確的決策。

五十三、關鍵成功因素分析（KSF）

關鍵成功因素分析（key success factor, KSF）是指經營任何企業，一定會有其關鍵成功因素。若能從 KSF 下手分析，就可以知道公司應該如何做才會成功。公司要勝出，就一定要努力打造及強化這些 KSF。

五十四、3C分析法

1. Consumer：消費者分析、顧客分析（了解顧客需求）。
2. Competitor：競爭者分析（了解競爭對手狀況）。
3. Company：公司自我條件分析（了解自己狀況）。

五十五、管理＝科學＋藝術

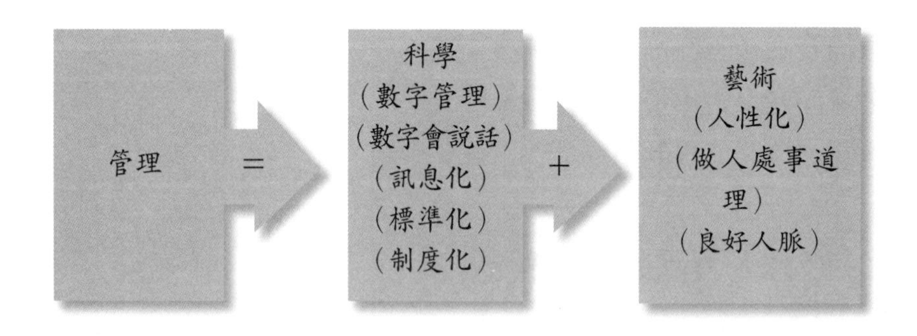

五十六、高度、深度、寬度分析法

各層主管發現問題時，立即分析問題、解決問題，必須站得高、看得遠、看得深，才能領導企業走得長遠。

五十七、多重方案比較、分析及選擇

遇到重大決策問題時，應該以不同的角度、不同的觀點、不同的條件，提出多重方案（甲案、乙案、丙案）供比較分析及最後抉擇。

五十八、Trade-off（選擇、抉擇）

公司資源是有限的，公司面對的環境是多變的，公司的對策可以是多種的。但最終只能選定一種，就必須做trade-off（抉擇、選擇），然後堅持下去。

五十九、知識→常識→見識→膽識

1. 知識

 課本、書上的學問與知識必須足夠。

2. 常識

 除了自己的專業知識與技術外，還必須掌握其他多方面的常識，要多觀察、多與別人交談、多看電視、多看書報雜誌、上網查詢瀏覽。

3. 見識

 多歷練、多做事，經一事長一智，眞正做過一遍後，才會有眞正的體會，並成爲自己的能力。

4. 膽識

 前三者都具備之後，就會有膽識，能當機立斷，做出正確決策，並且會有直覺觀，有勇氣面對一切變化。

六十、會議召開法，加速各單位執行力

1. 全公司每週一次，召開一級主管匯報會議。
2. 業務部（營業部）每天傍晚召開內部會議。
3. 跨公司每月一次關係企業資源支持會議。
4. 海外子公司（公司、工廠）每週一次主管匯報（視頻電話會議）。
5. 其他各部門內部定期或不定期機動會議。

6. 會議召開目的：主管及老闆追蹤工作執行狀況及檢查營運績效，並研討對策。

六十一、鎖定強項，做有勝算的事

找出自身強項，專注最有勝算的事。企業經營如此，個人職業生涯亦是如此。

六十二、獨立思考能力的培養

身爲領導者與管理者要多思考，要有自己的獨立思考能力，不要人云亦云，毫無自己的見解、分析與判斷力。獨立思考能力包括：要周全、完整，不要缺漏；要全方位，考慮各方面；要有自己的想法；看問題要有深度。

六十三、成功人生方程式

六十四、市場法則與邏輯分析

1. 所謂市場法則，就是一般市場同業或其他行業的習慣做法是什麼？爲何要如此做法？他們的成功，一定有其合理性與共識性，不能違背這種市場法則。
2. 所謂邏輯分析，就是看待事情、詢問事情、思考與分析問題必須合乎邏輯，若不合乎邏輯，可能就不是正確的解決之道。

六十五、任何報告，要能賺錢至上

任何一位老闆所重視的各種分析報告、企劃報告、檢查報告及創新報告，其背後一定要「能賺錢」，才是一份好的報告。

六十六、圖示法、表格法

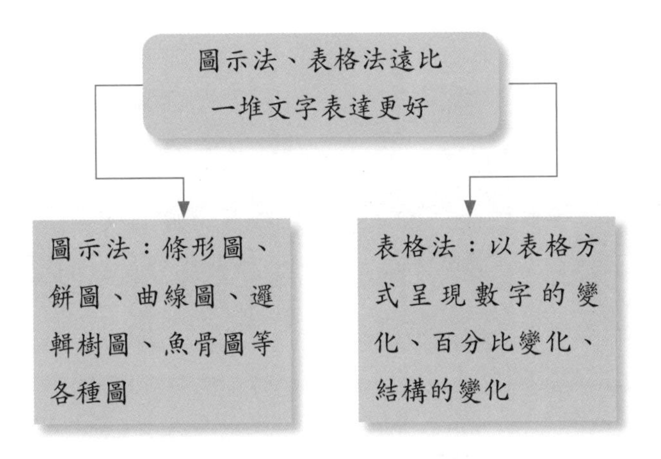

六十七、管理的意涵

管理是關乎人的，管理的任務，就是要讓組織中的一群人有效的發揮其長才，從而讓他們共同做出績效來。

六十八、現在管理的定義

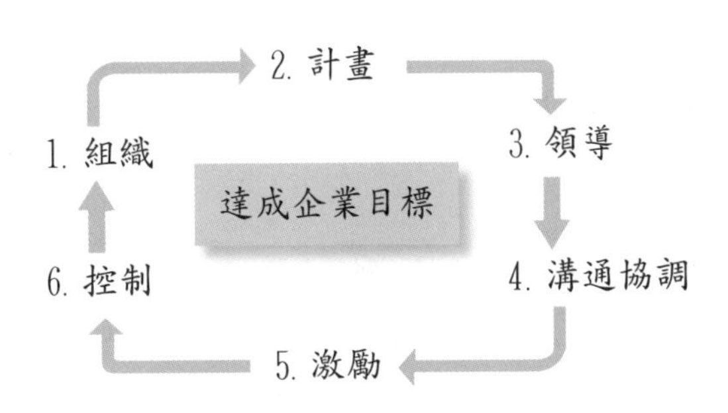

六十九、彼得・杜拉克的人生學習觀

1. 學習不間斷，才能和契機賽跑。
2. 我只有一句話：繼續學習。
3. 終身學習（每隔 3～4 年學習一個新的主題）。

七十、學歷只是敲門磚，不是唯一重要

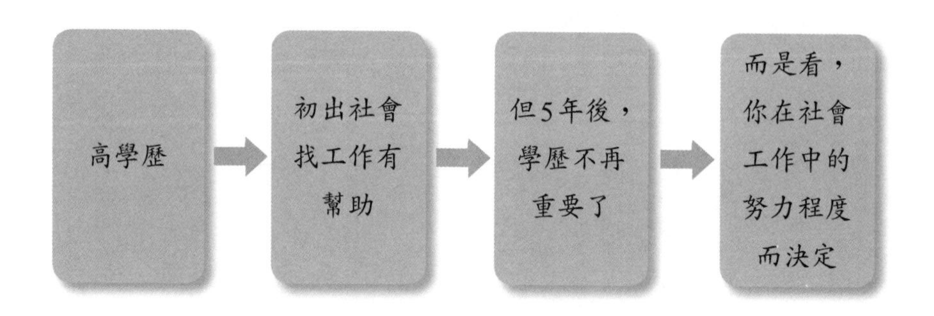

七十一、終身學習五大要點

1. 要有目標性、2. 要有計畫性、3. 要有紀律性、4. 要有堅持性、5. 要有檢討性。

七十二、經理人五大工作

1. 設定目標、2. 組織與人員安排、3. 激勵與溝通、4. 評量與考核、5. 發展各級人才。

七十三、唯有創新，才能成長

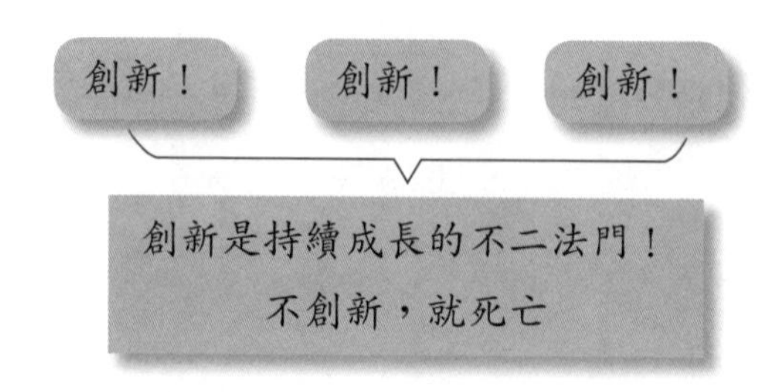

七十四、創新十大類方向

1. 新事業模式創新、2. 新技術創新、3. 新產品創新、4. 新 IT 資訊創新、5. 新作業流程創新、6. 新行銷方式創新、7. 新管理模式創新、8. 新市場創新、9. 新人才創新、10. 新服務創新。

七十五、行銷的根本本質

七十六、顧客滿意，才能獲利

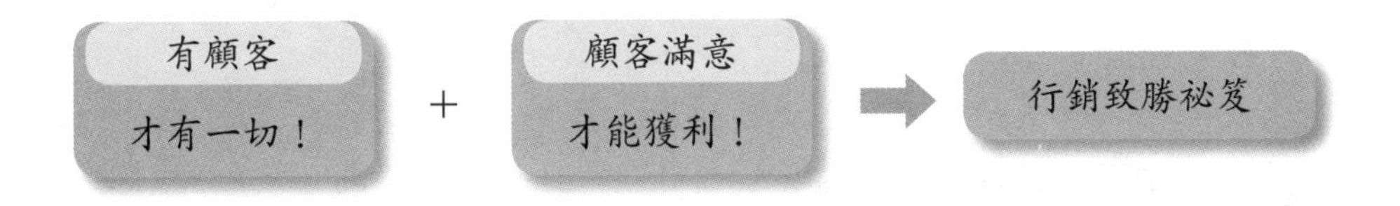

七十七、人力資源的三對主義

1. 找對的人！
2. 放在對的位置上！
3. 教他做對的事！
4. 然後，才會有對的成果出來！

七十八、高階領導人才應做的三件大事

1. 找人才、求人才、邀人才、發掘人才、培育人才，重用人才及留住人才。
2. 做好整個公司短、中、長期的戰略布局。

3. 制定出好的、對的、正確的策略及方向。

七十九、經理人自信心與能力的培養

1. 努力做中學，學中做
2. 向比你強的長官多學習
3. 利用各種會議學習
4. 多向外界學者、專家、先進學習
5. 多出國參訪、參展、拜會、取經
6. 嘗試自己負責一個專案
7. 多培養自己系統化、結構化、組織化、邏輯化與思考性的能力
8. 提高自己決策判斷能力

八十、如何打造高效能組織

1. 要有一個卓越最高領導人。
2. 要有一個很堅強的合作人才團隊。
3. 要設定大家努力的願景目標。
4. 要賞罰分明、激勵人心。
5. 全員要永存危機感。
6. 要不斷創新，再創新。
7. 要洞燭機先。
8. 要做出正確的經營策略及方向。

八十一、效率與效能的區別

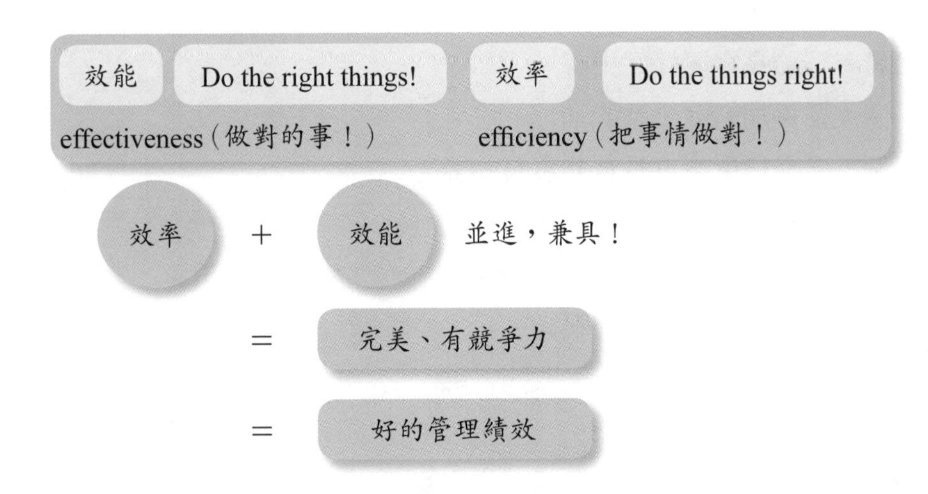

八十二、如何做正確的事

1. 重大決策要集體討論。
2. 堅守專注策略，勿碰外行之事。
3. 資訊情報要完整、對稱。
4. 下決策前，要多問幾次 why？
5. 坦誠做 SWOT 分析及檢視自己能力與機會。

八十三、如何有效率的做事

1. 要派出行動力強大的專責組織人才。
2. 要訂出完成日期表，以做考核。
3. 完成日期表，要具挑戰性，要比競爭對手更快。
4. 要用具有效率的手法及工具去執行。
5. 要每天或每週檢討每人的工作進度。

八十四、提升判斷力的要點

1. 個人經驗要加速累積。
2. 具有經驗長官要好好指導。
3. 個人要更加勤奮，勤能補拙。
4. 個人要累積更多專長及非專長知識。
5. 個人要有更多廣泛性的常識。
6. 個人要養成大格局／全局的觀念。
7. 個人要具有高瞻遠矚的眼光。
8. 個人要參考以前成功或失敗的經驗。
9. 要加強各種方式的訓練。
10. 要加強各種語言（英、日語）的充實。
11. 不懂的要多問。
12. 要多思考、深度思考、再思考。
13. 要了解、體會及記住老闆的訓示。
14. 要接觸更多外部的人。
15. 要堅持科學化、系統化的數據分析。
16. 靠直覺也很重要。

八十五、主管人員應常到第一線現場去

企劃人員要腳到、眼到、手到、心到：

1. 去門市店
2. 去零售賣場
3. 去工廠
4. 去物流中心
5. 去活動舉辦現場
6. 去記者會現場
7. 去競爭對手現場

八十六、累積足夠經驗，直觀能力就出來了

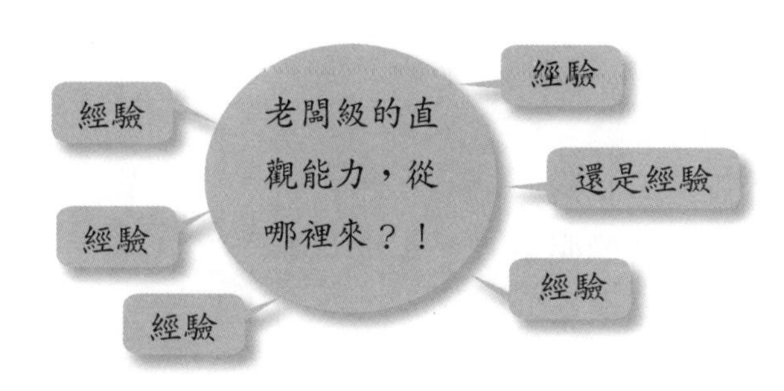

八十七、部屬對主管，不應做的八件事

1. 不可批評主管
2. 不可看不起自己主管
3. 不可拒絕主管交辦之事
4. 不能拖延完成時間
5. 不能對主管隱瞞事情
6. 不能對主管太隨便
7. 不能失去主管對你的信任
8. 不能讓主管爲你收拾爛攤子

八十八、部屬對主管，應做的八件事

1. 適度讚美肯定自己的主管
2. 完全服從自己的主管
3. 應該取得主管的信任
4. 應該完全接受主管交辦之事
5. 應該在期限內完成交辦之事
6. 應該對主管適度尊重及禮貌
7. 應該對主管完全坦白及透明
8. 應該爲主管扛起責任

八十九、對員工、部屬激勵的方式、工具

㈠ 物質面激勵

1. 加薪、調薪
2. 晉升職稱、晉升主管級
3. 加發年終獎金、各節獎金
4. 發給業務單位業績獎金
5. 加發紅利獎金
6. 發給股票選擇權
7. 可以認購公司股票
8. 高階主管給予配車／配司機／配祕書
9. 給予獨立辦公室
10. 出國旅遊招待
11. 給予更大授權

㈡ 心理面激勵

1. 長官給部屬適時口頭公開讚美或鼓掌
2. 舉行表揚、表彰大會
3. 發出 e-mail 鼓勵
4. 單位或個人聚餐或聯誼

九十、對員工、部屬激勵六原則

1. 及時激勵
2. 公平、公正、公開式激勵
3. 訂定合理激勵辦法及制度
4. 各階層、各階級激勵均要顧到
5. 激勵大小程度視對公司貢獻而定
6. 兼具物質性與心理性兩項激勵工具

九十一、成功上班族應有的12項工作態度

1. 負責任
2. 強大執行力
3. 主動積極
4. 注重細節
5. 爲公司創造價值
6. 重視貢獻與成果
7. 承擔重大任務
8. 善於團隊合作
9. 善於溝通協調
10. 善於激勵部屬
11. 身先士卒、以身作則
12. 善於領導與被領導

九十二、能力的 3 種組成內涵

1. 專業知識能力 ＋ 2. 執行能力 ＋ 3. 學習能力

九十三、能力養成的 5 個等級

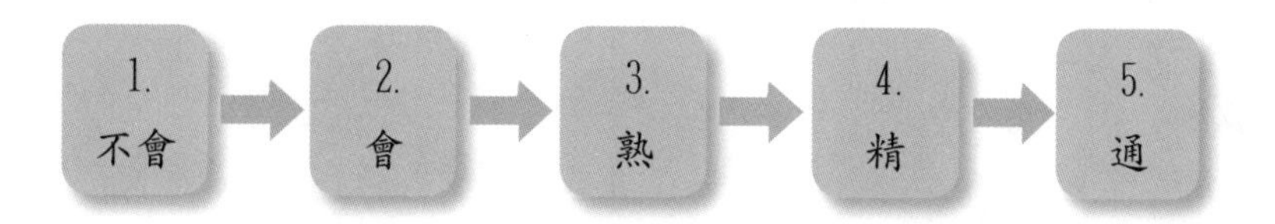

九十四、獨立思考與融會貫通

1. 精

(1)能夠獨立思考

(2)系統性思考

(3)結構性思考

2. 通

(1)能夠融會貫通

(2)能夠舉一反三

九十五、大將之才的3項基本條件

1. 客觀無私

唯有客觀看待所有事物，才能做到無私。

2. 思考、判斷的平衡感

在做重要決策時，必須能夠綜觀全局，而非單一考量。

3. 要看得廣、看得遠

如此一來，決策品質才能提升。

九十六、格局要放大

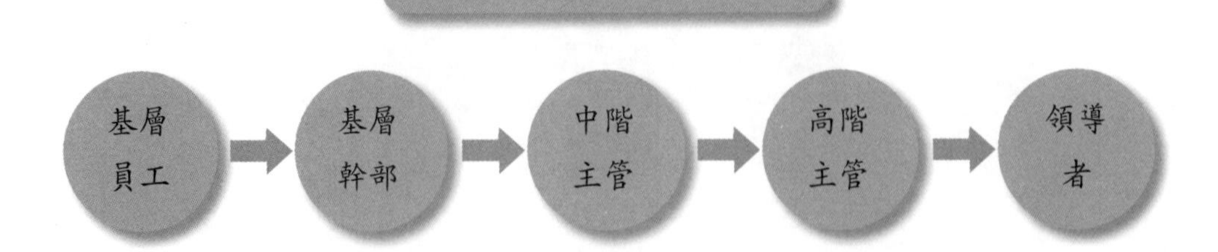

九十七、了解人的溝通

1. 多了解對方。
2. 站在對方角度與立場思考。
3. 多了解人的習慣。
4. 多謙虛與尊敬。

九十八、把握時機，大膽進攻，做就對了

1. 猶豫不定：必會失敗
2. 凡事先行動再說：做就對了
3. 成功法則：決斷力＋行動力

決斷力及行動力在這個瞬息萬變的21世紀，是身為領導者須具備的能力。

九十九、不只有管理能力，更要有創造力

1. 缺乏創造力，就等於這個組織沒有未來。
2. 更高層次的領導人，必定是一個想法與眾不同又有創造力的人。

一○○、重要的是人、人，還是人

1. 成功的領導者，必是一個求才若渴的領導者。
2. 根本經營理念：人才第一。（花 70% 工作時間）

一○一、人要居安思危，保持危機意識

事業成功之時，勿驕傲、勿自大、勿自滿、勿怠惰，隨時保持危機意識。

一〇二、21世紀的事業，是與時間的競爭

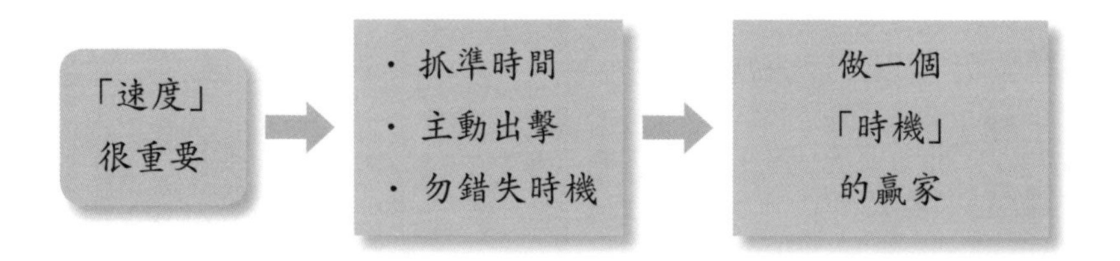

一〇三、人要站在高處，要看得最遠

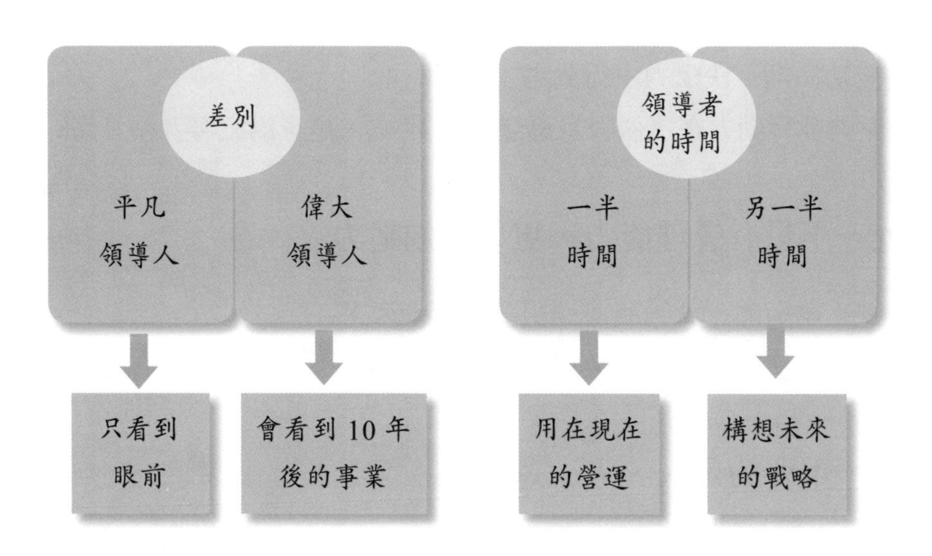

一〇四、領導，是成敗的決定性關鍵

改革＋革新＋創造＝領導者必備內涵

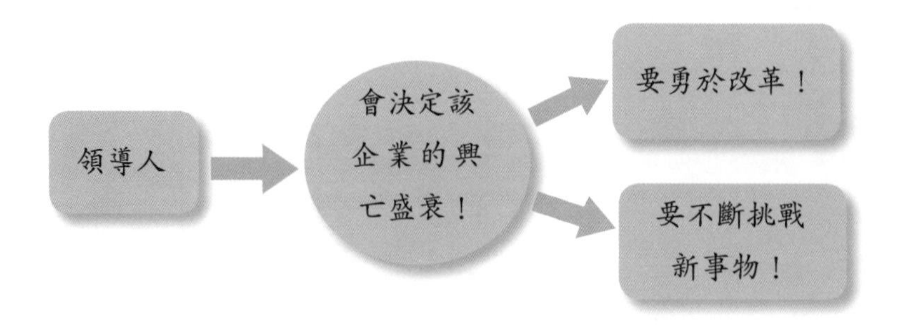

一〇五、只有不斷改變，才能生存

1. 領導人先從改變自己開始，底下人就會跟著改變。
2. 最後能生存下來的人，面對環境變化，能善於應變。

一〇六、統一超商如何做到轉虧為盈

有七大關鍵要素：

1. 必須多看、多學，也就是終身學習。
2. 要思考怎麼做。
3. 要給一個清楚成長目標。
4. 一定要選對人，用對人；不行，就要下決心換人。
5. 對各種的人才特色，要很敏銳。
6. 選對人之後，要授權。
7. 塑造一個可以讓他們很安心的企業文化。

一〇七、成功領導者五大要件

1. 領航者要知道將船開往哪個目標與方向。
2. 要有一個擔負責任的決心。
3. 自己一定要有遠見，要有自己的思維。
4. 要正派、透明的經營。
5. 經營事業，不進則退。

一〇八、策略方向最重要

1. 沒有站在高度且無法定調時，行動會徒勞無功。
2. 沒有正確的策略方向時，企業很難有長期性成功。
3. 策略清楚與方向對之外，還要靠認真執行策略的人馬。

一〇九、領導者，要做好領航角色

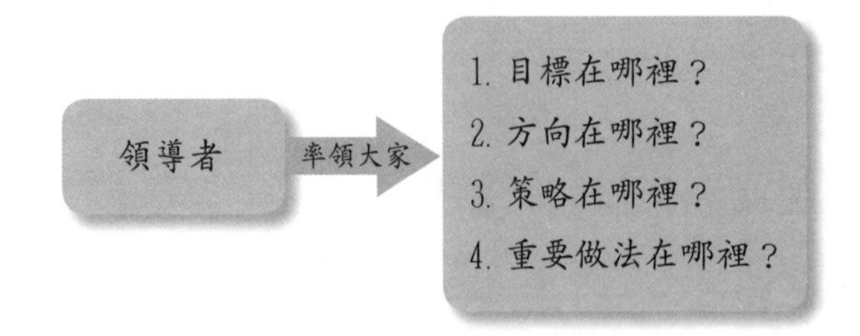

一一〇、安逸於現狀，潛伏於未來的衰退風險

安逸於現狀、不能再創新突破，最後，會有衰退與失敗風險。

一一一、看到未來商機

1. 成功勿滿足

   處於成功階段時。

2. 發現新商機

   要再花更多心思去偵測、洞察未來潛在新商機。

3. 知道趨勢是什麼

   堅持必須改變，一定要知道未來的改變與趨勢。

一一二、每個人要努力吸收學習

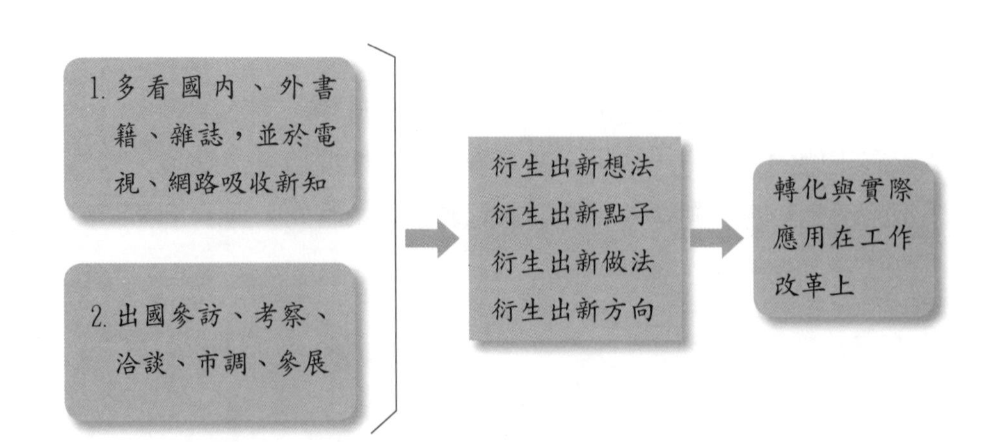

一一三、7-11超商集團——從國外引進臺灣

7-11、無印良品、黑貓宅急便、統一阪急百貨、多拿滋甜甜圈、星巴克、COLD STONE 冰淇淋、Afternoon Tea。

一一四、要思考未來成長曲線何在

1. 現在成功了！
2. 5 年後：第二條成長曲線何在？
3. 10 年後：第三條成長曲線何在？

一一五、7-11的7項重要經營信念

1. 建立企業核心價值
2. 策略方向要對
3. 用心，就有用力之處
4. 要跟上世界潮流變化
5. 持續創新與突破
6. 實踐顧客導向
7. 要不斷修正方向、策略與做法

一一六、貝佐斯的高度：一切都是從長遠來看

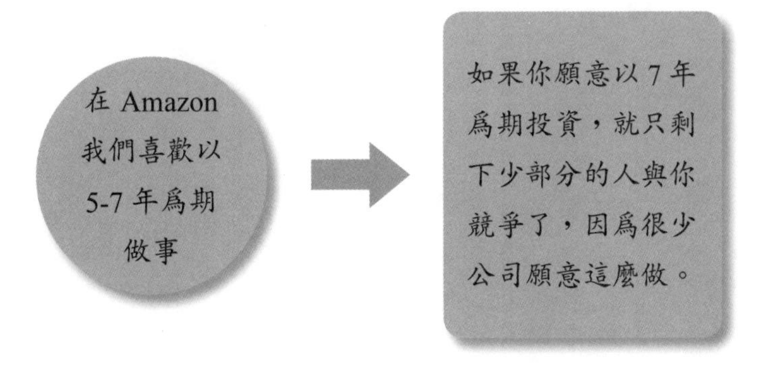

一一七、要強化長期市場領導地位，不應短視

短期獲利，將不會進入我們的決策視野

Amazon 要的是長期市場的領導地位！這個想法，從創業至今 17 年，都沒有改變過。

一一八、否定現狀，不斷改革

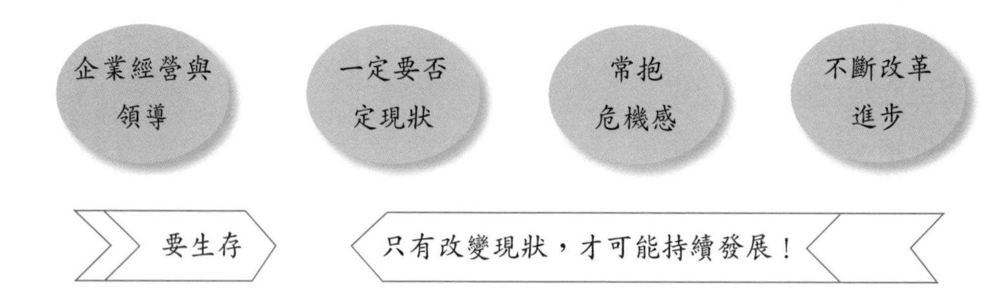

一一九、人，是策略第一步

一二〇、領導三步驟

1. 確立短中長期目標與預算
2. 激勵、獎勵員工
3. 建立人才團隊

一二一、日本7-11董事長經營四課程

1. 我不分析過去的成功
2. 朝令夕改是對的
3. 不要當組織內乖小孩
4. 一定要多談顧客需求

一二二、7-11的最核心本質觀念：顧客

企業經營最核心本質＝顧客＋顧客需求

一二三、統一超商如何挖掘出消費者的需求

1. 強大的 POS 系統（即時銷售情報系統）。
2. 經常走訪海外，如日本、美國、歐洲、韓國、中國大陸等觀察他們的最新發展趨勢，推測臺灣的未來。
3. 各單位人員主動用心→用心，就能找到用力之處。

一二四、豐田：人才資本，決勝關鍵

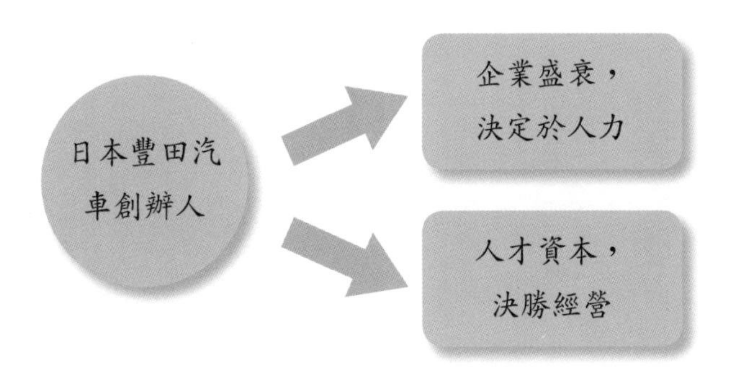

小結

1. 賈伯斯說：「若知若渴，虛懷若谷」。
2. 紀律很重要，有紀律性的學習、有紀律性的進步、有紀律性的目的，最後一定成功。
3. 把握現在，投資未來。
4. 每天學習一件事、一個觀念，一年就有 365 件事及觀念，10 年就有 3000 多件事及觀念。這些事及觀念，終有一天在工作上會用得上。

參考書目

1. David D. Van Fleet (1991). *Contemporary Management*, Houghton Mifflin Company.
2. Dubrin, A. J. (2000). *Essentials of Management*, 5 edition, South Western, College Publishing.
3. Goleman, D. (2002). *Primal Leader Shop: Kealizing the Power of Emotional Intelligence*, Harvard Business School.
4. Hellriegel, D., Slocum, J. W. Jr., & Woodman, R. W. (1983). *Organizational Behavior*, West Publishing Co., 3 ed. p. 459.
5. Hickson, et al., (1971). "A Strategic Contineencies Theory of Interoganizational Power", *Administratives Science Quarterly*, pp. 215-229.
6. Hodge B. J. & Johnson H. J. (1970). *Management and Organization Behavior: A Multidimensional Approach*, N. Y. John Wiley & Sons.
7. Kantor, R. M. (1979). "Power Failure in Management Circuits", *Harvard Business Review*, Vol. 57, No. 7, p. 66
8. Kouzes, J. M. (2002). *The Leader Shop Challenge: How to Keep Getting Extraordinary Things Done in Organizations*, John Wiley & Sons.
9. Kreitner, R. (1989). *Management*, fourth edition, Houghton Mifflin Company.
10. Lussier, R. N. (2000). *Management Fundamentals: Concepts, Applications, Shill Development*, South Western College Publishing.
11. Madura, J. (1998). *Introduction to Business*, South Western College Publishing.
12. Magretta, J. (2002). *What Management Is: How it work and Why it's everyone's business*. Free press.
13. Mondy, R. W. & Premeaux, S. R. (1993). *Management: Concepts, Practices, and Skills*, 6th edition, Simon & Schuster, Inc.

14. Newman, W. H., Warren, E. K., & Mc Gill, A. R. (2000). *The Process of Management: Strategy, Action, Results*, Prentice-Hall, Inc.
15. Plunkett, W. R. & Attner, R. F. (1989). *Introduction to Managemen*t, the third edition, PWS-Kent Publishing Ltd.
16. Plunkett, W. R. (2000). *Introduction to Business: A Functional Approach*, Brown Company Publisher.
17. Robbins, S. P. (1983). *Organizational Behavior: Concepts, Controversies and Applications*, Prentice-Hall, Inc. Revised ed. p. 337.
18. Robbins, S. P. (1994). *Management*, 4th edition, Prentice-Hall International, Inc.
19. Rue, L. W. & Byars, L. L. (1989). *Management: Theory and Application*, fifty edition, IRWIN.
20. Thomas, K. W., "Conflict and Conflict Management," (1976), in Handbook of Industrial and Organizational Psychology, ed. M. Dunnett, (Chicago: Rand McNally, 1976).
21. Williams, L. (2000). *Management*, South-Western College Publishing.

國家圖書館出版品預行編目資料

企業管理：精華理論與本土案例／戴國良著. --二版. --臺北市：五南, 2017.06
面； 公分
ISBN 978-957-11-9202-4（平裝）
1.企業管理
494　　106008415

1FP2

企業管理：精華理論與本土案例

作　者— 戴國良
發 行 人— 楊榮川
總 經 理— 楊士清
主　編— 侯家嵐
責任編輯— 劉祐融
文字校對— 陳俐君
封面設計— 盧盈良
出 版 者— 五南圖書出版股份有限公司
地　址：106台北市大安區和平東路二段339號4樓
電　話：(02)2705-5066　傳　真：(02)2706-6100
網　址：http://www.wunan.com.tw
電子郵件：wunan@wunan.com.tw
劃撥帳號：01068953
戶　名：五南圖書出版股份有限公司
法律顧問　林勝安律師事務所　林勝安律師
出版日期　2017年6月二版一刷
定　價　新臺幣560元

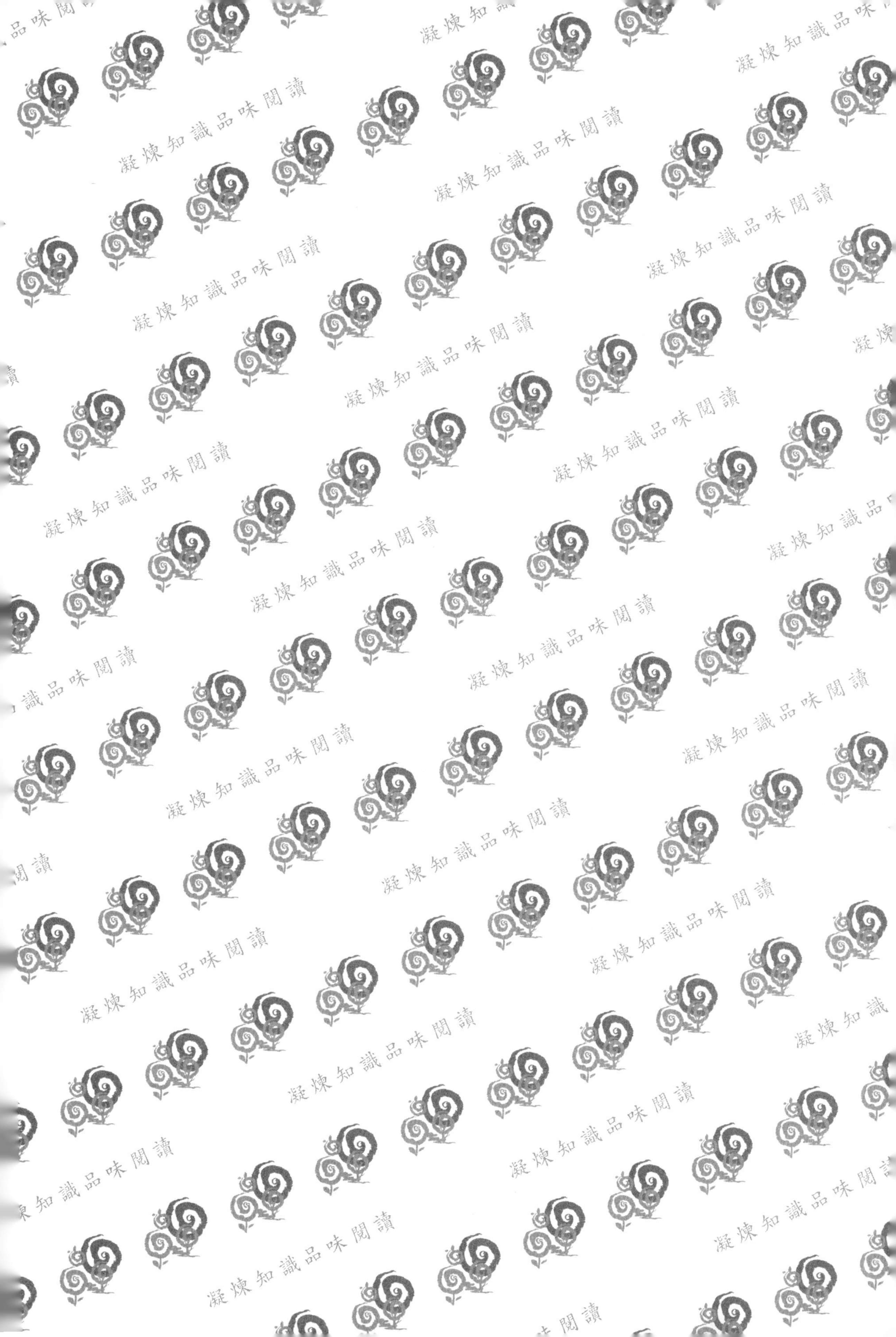
凝煉知識品味閱讀